无机及分析化学实验

主　编　梁春华

副主编　韦国兰　毛新平　曾珠亮　何春萍
　　　　　阮运飞　刘　瞻　李　荡　董　玮

西南交通大学出版社

·成　都·

图书在版编目（CIP）数据

无机及分析化学实验 / 梁春华主编. —成都：西南交通大学出版社，2020.9
ISBN 978-7-5643-7606-2

Ⅰ. ①无… Ⅱ. ①梁… Ⅲ. ①无机化学－化学实验－高等学校－教材②分析化学－化学实验－高等学校－教材 Ⅳ. ①O61-33②O65-33

中国版本图书馆 CIP 数据核字（2020）第 166619 号

Wuji ji Fenxi Huaxue Shiyan
无机及分析化学实验
主编　梁春华

责任编辑	牛　君
封面设计	何东琳设计工作室
出版发行	西南交通大学出版社 （四川省成都市金牛区二环路北一段 111 号 西南交通大学创新大厦 21 楼）
发行部电话	028-87600564　87600533
邮政编码	610031
网　　址	http://www.xnjdcbs.com
印　　刷	成都中永印务有限责任公司
成品尺寸	185 mm × 260 mm
印　　张	15
字　　数	375 千字
版　　次	2020 年 9 月第 1 版
印　　次	2020 年 9 月第 1 次
书　　号	ISBN 978-7-5643-7606-2
定　　价	39.00 元

课件咨询电话：028-81435775
图书如有印装质量问题　本社负责退换

前　言

“无机及分析化学实验”是高等院校化学、制药、应用化学、材料及生物、农林水产等专业的一门十分重要的专业基础课，既具有较强的理论性，又具有广阔的工程应用背景。在目前高校扩招，学时紧张的情况下，如何在有限的学时内完成无机及分析化学实验教学是摆在高校实验老师面前的一大难题。我们在怀化学院十几年和凯里学院近几年的无机及分析化学实验教学的基础上，根据“三位一体”人才培养模式改革的指导思想，结合学校化学实验仪器的发展情况及实验过程中存在的实际问题，对某些仪器和实验条件及实验教材进行了更新和补充完善，参考国内兄弟院校有关教材编写了本实验教材。

我们不求面面俱到，但是力图在各个实验里安排尽量多的实验基本操作和无机及分析化学知识点，使学生对无机及分析化学需掌握的实验操作在实验中得到反复训练，同时加深学生对无机及分析化学基本概念的理解和掌握程度。本书的编写以加强基础训练和注重能力培养为主线，按照由浅入深、循序渐进的认识规律，将所选实验分成基本操作与技能、基础实验、综合实验与设计实验四个层次，旨在使学生掌握化学实验的基本常识及操作技能，充分运用无机及分析化学基本原理，达到夯实基础、全面提高学生综合素质的效果。本书注重无机化学和分析化学实验各自的系统性和二者之间内容的衔接，将化学物质的“制备—组成—结构—性能检测”完整地融为一体。加入学生自主设计性实验，培养学生综合运用知识的能力与创新精神。

本书编写分工如下:阮运飞负责第 1 章和第 2 章的编写，韦国兰负责第 3 章的编写，曾珠亮负责第 4 章的编写，李荡、董玮负责第 5 章和附录的编写，毛新平负责第 3 章的校稿，何春萍负责第 4 章的校稿，刘瞻负责第 1，2 章的校稿，梁春华负责全书的统稿、修改和定稿。编写过程中，得到了怀化学院化学系实验室和凯里学院化学实验室老师的大力支持，在此谨向他们表示衷心的感谢。本书在编写过程中参考了一些教材和网络资料，在此一并表示感谢。

由于编者水平有限，加上时间仓促，书中难免有错误和疏漏之处，恳请读者批评指正。

编　者

2020 年 6 月于凯里学院

目　录

1 绪 论

1.1 化学实验的目的

在无机及分析化学的学习中，实验占有极其重要的地位，是基础化学实验平台的重要组成部分，也是高等工科院校化工、生工、轻工等专业的主要基础课程。无机及分析化学实验作为一门独立设置的课程，突破了原无机化学和分析化学实验分科设课的界限，使之融为一体。旨在充分发挥无机及分析化学实验教学在素质教育和创新能力培养中的独特地位，使学生在实践中学习、巩固、深化和提高化学的基本知识、基本理论，掌握基本操作技术，培养实践能力和创新能力。通过实验，我们要达到以下四个方面的目的：

（1）掌握物质变化的感性知识，掌握重要化合物的制备、分离和分析方法，加深对基本原理和基本知识的理解，培养用实验方法获取新知识的能力。

（2）熟练掌握实验操作的基本技术，正确使用无机和分析化学实验中的各种常用仪器，培养独立工作能力和独立思考能力（如在综合性和设计性实验中，培养学生独立准备和进行实验的能力），培养细致观察和及时记录实验现象以及归纳、综合、正确处理数据、用文字表达结果的能力，培养分析实验结果的能力和一定的组织实验、科学研究和创新的能力。

（3）培养实事求是的科学态度，准确、细致、整洁等良好的科学习惯以及科学的思维方法，培养敬业、一丝不苟和团队协作的工作精神，养成良好的实验室工作习惯。

（4）了解实验室工作的有关知识，如实验室试剂与仪器的管理、实验可能发生的一般事故及其处理、实验室废液的处理方法等。

1.2 化学实验的学习方法

要很好地完成实验任务，达到上述实验目的，除了应有正确的学习态度外，还要有正确的学习方法。无机及分析化学实验课一般有以下三个环节：

（1）预习。为了使实验能够获得良好的效果，实验前必须进行预习，通过阅读实验教材、参考资料等，明确实验的目的与要求，理解实验原理，弄清操作步骤和注意事项，设计好数据记录格式，写出简明扼要的预习报告（对综合性和设计性实验写出设计方案），并于实验前对时间做好统一安排，然后才能进入实验室有条不紊地进行各项操作。

（2）实验。在教师指导下独立地进行实验是实验课的主要教学环节，也是训练学生正确掌握实验技术，实现化学实验目的的重要手段。实验原则上应根据实验教材上所提示的方法、步骤和试剂进行操作，设计性实验或者对一般实验提出新的实验方案，应该与指导教师讨论、修改，定稿后方可进行实验。并要求做到以下几点：第一、认真操作，细心观察，如实而详细地记录实验现象和数据；第二、如果发现实验现象和理论不相符，应首先尊重实验事实，并认真分析和检查其原因，通过必要手段重做实验，有疑问时力争自己解决问题，也可以相互轻声讨论或询问教师；第三、实验过程中应保持肃静，严格遵守实验室工作规则；实验结束后，洗净仪器，整理药品及实验台。

（3）实验报告。做完课堂实验只是完成实验的一半，余下更为重要的是分析实验现象，整理实验数据，将直接的感性认识提高到理性思维阶段。实验报告的内容一般应包括：

① 实验目的。

② 实验原理。

③ 实验步骤：尽量采用表格、图表、符号等形式清晰明了地表示。

④ 实验现象、数据记录:实验现象要仔细观察、全面正确表达，数据记录要完整。

⑤ 解释、结论或数据处理：根据实验现象做出简明扼要的解释，并写出主要化学反应方程式或离子式，分题目做出小结或最后结论。若有数据计算，务必将依据的公式和主要数据表达清楚。

⑥ 讨论：报告中可以针对本实验中遇到的疑难问题，对实验过程中发现的异常现象，或数据处理时出现的异常结果展开讨论，敢于提出自己的见解，分析实验误差的原因，也可对实验方法、教学方法、实验内容等提出自己的意见或建议。实验报告的格式参见 1.5.3。

1.3　化学实验规则

（1）实验前应认真预习，明确实验目的要求，弄清实验原理，实验操作步骤及注意事项。

（2）实验过程中，要听从教师的指导，集中精神，认真操作，细致观察，积极思考，在实验记录本上如实、详细地做好记录。

（3）操作时按规定量取药品试剂，注意节约，若需要更改药品试剂的用量和规格，必须征得指导教师的同意。严禁任意混合化学药品，以免发生危险。

（4）遵守纪律，不迟到，不早退，不要大声喧哗和到处乱走，保持实验室内安静有序。

（5）爱护国家财产，小心使用仪器和实验室的设备。公用仪器和临时供用的仪器用完后应洗净放回原处，凡仪器、设备出现故障应及时报告指导教师，切勿乱动。

（6）实验中如损坏仪器、设备，应及时报告教师，并办理更换仪器设备的手续。

（7）保持实验室内的清洁整齐。实验台上的仪器应摆放整齐，并保持台面清洁。废纸、火柴梗等应倒入垃圾箱内；废酸、废碱倒入废液缸内，切勿将固体物品和酸性废液倒入水槽，以防堵塞或腐蚀下水道。

（8）严禁私拿实验室的仪器和药品；未经许可，不得擅自进入准备室取仪器和药品。

（9）禁止穿背心和拖鞋进实验室做实验。

（10）禁止将食品带入实验室。

（11）实验完毕后，应把仪器清洗干净放入柜内，并把实验台面和试剂架整理干净，经教师检查同意后，方可离开实验室。每次实验后由学生轮流值日，负责打扫和整理实验室，检查水、电、门窗是否关好，确保实验室的整洁和安全。

1.4 化学实验室安全

实验室是教师职业发展、学生探索知识的地方。在进入实验室之前，了解关于实验室的常规安全知识，有利于增强师生的安全意识和安全责任感。

1.4.1 实验室安全规则

（1）浓酸、浓碱、洗液具有强腐蚀性，用时要小心，不要洒在皮肤和衣服上，更要注意保护眼睛。稀释浓硫酸时，必须把酸注入水中，而不是把水注入酸中。

（2）有机溶剂等易燃物质，使用时一定要远离火源。

（3）制备具有刺激性、有毒的气体或进行这些气体实验，以及用盐酸、硝酸、硫酸溶解或消化试样应在通风橱内进行。

（4）有毒的药品（氰化物、汞及汞的化合物、砷的化合物、钡盐、铅盐、铬盐等）不得进入口内或接触伤口。

（5）加热、浓缩液体要十分小心，不能俯视正在加热的液体，试管在加热过程中管口不能对着自己或别人。

1.4.2 意外事故的处理

（1）割伤。先挑出伤口内的异物，然后涂上碘酒或贴上“创可贴”，用消毒纱布包扎。必要时送医院治疗。

（2）烫伤。切勿用水冲洗。在伤口处涂烫伤膏或万花油，不要把烫出的水泡挑破。

（3）酸碱腐蚀。酸灼伤后立即用大量流动清水冲洗，冲洗时间一般不少于 15 min。然后用 2% ~ 5% 碳酸氢钠溶液、石灰水、肥皂水等进行中和。碱灼伤皮肤，立即用大量清水冲洗至皂样物质消失为止，然后用 1% ~ 2% 醋酸或 3% 硼酸溶液进一步冲洗。

（4）酸或碱溅入眼内。立即用大量清水冲洗，再用 2% ~ 5% 碳酸氢钠溶液或 3% 硼酸溶液冲洗，然后立即到医院治疗。

（5）吸入刺激性或有毒气体。如氯气、氯化氢和溴蒸气，可吸入少量酒精和乙醚混合蒸气。

1.4.3 消　防

消防应以防为主，万一不慎起火，要掌握灭火方法，切不要惊慌。

1. 常见灭火器类型及灭火范围

（1）泡沫灭火器。

泡沫灭火器的灭火范围：适用于扑救木材、棉、麻、纸张等火灾，也能扑救石油制品、油脂等火灾；但不能扑救水溶性易燃液体的火灾，如醇、酯、醚、酮等物质的火灾。

（2）干粉灭火器。

干粉灭火器的灭火范围：适用于扑救可燃液体、气体、电气火灾以及不宜用水扑救的火灾。ABC 干粉灭火器可以扑救带电物质火灾。

（3）二氧化碳灭火器。

二氧化碳灭火器的灭火范围：适用于扑救 600 V 以下电气设备、精密仪器、图书、档案的火灾，以及范围不大的油类、气体和一些不能用水扑救的物质的火灾。

（4）1211 灭火器。

1211 灭火器的灭火范围：适用于扑救易燃、可燃液体、气体及带电设备的火灾，尤其适用于扑救精密仪表、计算机、珍贵文物以及贵重物资仓库的火灾，也能扑救飞机、汽车、轮船、宾馆等场所的初起火灾。

2. 使用方法

（1）手提式灭火器（图 1.4.1）的使用。

① 机械泡沫、1211、二氧化碳、干粉灭火器。

上述灭火器一般由一人操作，使用时在距起火点 5 m 处，放下灭火器，先撕掉安全铅封，拔掉保险销，然后右手紧握压把，左手握住喷射软管前端的喷嘴（没有喷射软管的，左手可扶住灭火器底圈）对准燃烧处喷射。灭火时，应把喷嘴对准火焰根部，由近而远，左右扫射，并迅速向前推进，直至火焰全部扑灭。泡沫灭油品火灾时，应将泡沫喷射在大容器的器壁上，使得泡沫沿器壁流下，再平行地覆盖在油品表面，从而避免泡沫直接冲击油品表面，增加灭火难度。

② 化学泡沫灭火器。

将灭火器直立提到距起火点 10 m 处，一只手握住提环，另一只手抓住筒体的底圈，将灭火器颠倒过来，泡沫即可喷出，在喷射泡沫的过程中，灭火器应一直保持颠倒和垂直状态，不能横卧或直立过来，否则，喷射会中断。

图 1.4.1　手提式灭火器

图 1.4.2　推车灭火器

（2）推车灭火器（图 1.4.2）的使用。

推车灭火器一般由两人操作，使用时，在离起火点 10 m 处停下。一人将灭火器放稳，然后撕下铅封，拔下保险销，迅速打开气体阀门或开启机构；一人迅速展开喷射软管，一手握住喷射枪枪管，另一只手扣动扳机，将喷嘴对准燃烧场，扑灭火灾。

1.4.4 实验室环保（三废处理）规则

在化学实验中经常会产生某些有毒的气体、液体和固体，如不经处理直接排放可能污染周围的空气和水源，造成环境污染。因此废液、废气和废渣一定要经过处理后才能排放。

（1）产生少量有毒气体的实验应在通风橱内进行，通过排风设备将少量毒气排到室外，以免污染室内空气。产生毒气量大的实验必须备有吸收或处理装置，如 NO_2、SO_2、Cl_2、H_2S、HF 等可用导管通入碱液中使其大部分被吸收后排出。

（2）实验产生的废渣、废药品应存放于指定的地点，由专业环保机构进行回收、焚烧等处理。

（3）实验中产生的废液不能随便倒入下水道，必须倒入指定的废液装置中。一般的酸碱废液可中和后排放。含重金属离子或汞盐的废液可加碱调 pH 至 8 ~ 10 后再加入硫化钠处理，使其毒害成分转变成难溶于水的氢氧化物或硫化物而沉淀分离，上清液达环保排放标准后方可排放。

（4）有机类实验废液对实验室环境和安全有极大的威胁，应引起高度重视。主要注意事项如下：

① 尽量回收溶剂，回收的溶剂在对实验结果没有影响的情况下可反复使用。

② 甲醇、乙醇、乙酸之类的溶剂能被细菌作用而分解，这类溶剂的稀溶液经大量水稀释后即可排放。

③ 其他各类不易回收利用或不易被细菌分解的有机溶剂，由实验室回收后送专业环保公司进行回收、焚烧等处理。

1.5 实验数据处理

1.5.1 数据记录和有效数字

1. 数据记录规则

（1）学生应有专门的实验记录本（预习报告本），标上页码，不得撕页。数据只能记在该本子上，绝不允许记在单页纸、小纸片上或随意记在任意地方。预习本与实验报告本分开。

（2）实验过程中各种测量数据及有关现象，应及时、准确而清楚地记录下来。不能随意拼凑和伪造数据。

（3）实验过程中测量数据，应注意有效数字的位数。

（4）重复观测实验，数据即使与原来完全相同，也应记录下来。

（5）文字记录，应清洁整齐；数据记录，应用一定的表格形式或竖式记录。如发现数据算错、测错或读错需改动时，将该数据画一横线，并在其上方写上正确数据。

2. 有效数字

（1）定义。是指在分析工作中实际能够测量到的数字。所谓能够测量到包括最后一位估计的、不确定的数字。

（2）有效数字的舍入规则：四舍六入五成双。

① 当保留有效数字位后的数字≤4，就舍掉。

② 当保留有效数字位后的数字≥6，进位。

③ 当保留 n 位有效数字，若 $n+1$ 位数字 $=5$ 且后面数字为 0 时，则第 n 位数字若为偶数就舍掉后面的数字，第 n 位数字为奇数就加 1；若第 $n+1$ 位数字 $=5$ 且后面还有不为 0 的任何数字，无论第 n 位数字是奇数还是偶数都加 1。

（3）计算规则。

① 加减法。

先按小数点后位数最少的数据保留其他各数的位数，再进行加减计算，计算结果也使小数点后保留相同的位数。

② 乘除法。

先按有效数字最少的数据保留其他各数，再进行乘除运算，计算结果仍保留相同的有效数字位数。

1.5.2 分析实验数据处理

1. 分析数据处理

算术平均值 $\bar{x}=\dfrac{x_1+x_2+\cdots+x_n}{n}$

相对偏差 $\dfrac{x_i-\bar{x}}{\bar{x}}\times 100\%$

标准偏差 $s=\sqrt{\dfrac{\sum(x_i-\bar{x})^2}{n-1}}$

平均偏差 $\bar{d}=\dfrac{|x_1-\bar{x}|+|x_2-\bar{x}|+\cdots+|x_n-\bar{x}|}{n}$

相对平均偏差 $\bar{d}_{\mathrm{r}}=\dfrac{\bar{d}}{\bar{x}}\times 100\%=\dfrac{|x_1-\bar{x}|+|x_2-\bar{x}|+\cdots+|x_n-\bar{x}|}{n\bar{x}}\times 100\%$

2. 数据的取舍

（1）Q 检验法。首先把数据按照从大到小排序，找出最大值与最小值，并计算可疑值与相邻值的差值，将其与最大值、最小值之差做商 $Q_{计算}$。

$$Q_{计算}=\frac{|x_{可疑}-x_{邻近}|}{x_{最大}-x_{最小}}$$

再根据测定次数 n 和置信度查 Q 值表（见表 1.5.1），若 $Q_{计算}>Q_{表}$，可疑值应舍去，反之则应保留。

表 1.5.1 Q 值表

测量次数	3	4	5	6	7	8	9	10
$Q_{0.90}$	0.94	0.76	0.64	0.56	0.51	0.47	0.44	0.41
$Q_{0.95}$	0.97	0.84	0.73	0.64	0.59	0.54	0.51	0.49

（2）G 检验法（格鲁布斯检验法）：用于一组测定数据中可疑值不止一个时。先将一组数据按从小到大顺序排列：x_1，x_2，…，x_n，求出这组数据的平均值和标准偏差 s（包括可疑值在内），求出 G 值。若 x_i 为可疑值，则

$$G=\frac{|x_i-\bar{x}|}{s}$$

若计算出的 G 值大于或等于表 1.5.2 中的 G 值，舍去可疑值；否则，应保留。

表 1.5.2 G 值表

测定次数 n	置信度		测定次数 n	置信度	
	95%	99%		95%	99%
3	1.15	1.15	14	2.37	2.66
4	1.46	1.49	15	2.41	2.71
5	1.67	1.75	16	2.44	2.75
6	1.82	1.94	17	2.47	2.79
7	1.94	2.10	18	2.50	2.82
8	2.03	2.22	19	2.53	2.85
9	2.11	2.32	20	2.56	2.88
10	2.18	2.41	21	2.58	2.91
11	2.23	2.48	22	2.60	2.94
12	2.29	2.55	23	2.62	2.96
13	2.33	2.61	24	2.64	2.99

1.5.3 实验报告的撰写要求

1. 撰写实验报告的意义

实验报告是对实验的全面总结。通过书写实验报告，可学习和掌握科学论文书写的基本格式、图表绘制、数据处理、文献查阅的基本方法，并利用实验资料和文献资料对实验结果进行科学的分析和总结，提高分析、综合、概括问题的能力，为今后撰写科学论文打下良好的基础。

2. 实验报告的一般格式要求

不同的实验报告构成部分不尽相同。实验报告一般由下面几部分组成：

（1）实验名称：实验名称应该简洁、鲜明、准确。

（2）实验目的：指出为什么要进行此项实验，要短小精悍，简明扼要。

（3）实验原理：实验原理是进行实验的理论依据。化学实验常给出反应方程式。

（4）仪器设备或原材料：应列出每项实验所需的仪器设备、原材料，仪器设备应标明规格型号，原材料应标明化学成分，化学实验中的试剂，应标明形态、浓度，成分等。

（5）实验步骤：实验步骤就是实验进行的程序，通常都是按操作时间先后划分成几步进行，并在前面标注上序号：（一）①②；（二）①②……操作过程的说明要简单、明了、清晰。

（6）数据表格及处理结果：这是对整个实验记录的处理，数据记录要求是实验中的原始数据。从仪器仪表中读取数据时，要根据仪器仪表的最小刻度单位或准确度决定实验数据的有效数字位数。数据都要列表加以整理，如发现异常数据，则应及时重做，及时纠正。列表表示时，表格一定要精心设计，使其易于显示数据的变化规律及参数之间的相互关系。项目栏要列出所测物理量的名称、代号及量纲单位，说明栏中的小数点要上下对齐。

（7）实验结果：对于非测量的实验，当然无须记录数据、分析误差、进行计算。其结果部分，主要描述和分析实验中所发生的现象，如化学实验中反应速度的快慢，放热还是吸热，生成物的形态、颜色及气味；金相或岩相实验，拍摄的显微照片；电学实验，观察到的波形图；等等。因实验结果部分是整个实验的核心和成果，在写作前，一般应将数据整理好，并列出表格，写作时分好类，按一定顺序安排好数字、表格及图，并做必要的说明。为了准确起见，最好采用专业术语来描写，不许任何夸张，引用的数据必须是真实的，结论必须可靠，图与表格要符合规范要求，数字的记录方法和处理方法必须符合规定，否则，将会使整个实验报告丧失价值。

（8）讨论或结论：结论是根据实验结果所做出的最后判断，并将实验结果逐条列出，叙述时应该采用肯定的语言，可以引用关键性数据，一般不再列出图和表格。讨论是对思考题的回答，对异常现象或数据的解释，对实验方法及装置提出改进建议。通常分条进行讨论，说明也比较简单，如影响实验的根本因素是什么，提高与扩大实验结果的途径是什么，实验中发现了哪些规律，实验中观察到哪些现象，将实验结果与理论结果相对照，解释它们之间存在的差异，测量的误差分析。如果认为没有必要讨论，也可以不写。实验报告的构成，并非千篇一律，不同学科的实验，其报告的写法也有所差异。

3. 实验报告示例

（1）无机制备实验。

实验名称：粗食盐的提纯

一、实验目的：

1. 学习提纯粗食盐的原理和方法。

2. 学习减压过滤、蒸发浓缩等基本操作。

二、实验原理：

粗食盐中含有不溶性杂质（如泥沙等）和可溶性杂质（主要是 Ca^{2+}、Mg^{2+}、SO_4^{2-}）。不溶性杂质可以将粗食盐溶于水后用过滤的方法除去。Ca^{2+}、Mg^{2+}、SO_4^{2-} 等离子可以选择适当的试剂使它们分别生成难溶化合物的沉淀而被除去。一般在粗盐溶液中加入过量的 $BaCl_2$ 溶液，除去 SO_4^{2-}；然后在滤液中加入 Na_2CO_3 溶液，除去 Mg^{2+}、Ca^{2+} 和沉淀 SO_4^{2-} 时加入的过量 Ba^{2+}。溶液中过量的 Na_2CO_3 可以用盐酸中和除去。粗盐中的 K^+ 由于 KCl 的溶解度大于 NaCl 的溶解度，且含量较少，因此在蒸发和浓缩过程中，NaCl 先结晶出来，而 KCl 则留在溶液中。

三、实验步骤：

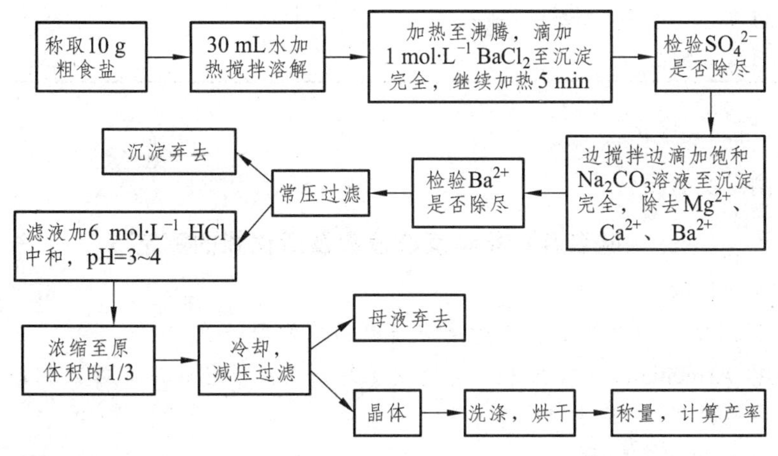

四、数据处理：

1. 实验现象：

2. 数据记录：

① 粗盐____________；　　② 精盐____________；

③ 产率__________。

五、结果与讨论：

成功对粗食盐产品进行了提纯。本实验产率为__________，造成产率低的原因有：

（1）

（2）

（3）

（2）无机性质实验。

实验名称：配合物的生成和性质

一、实验目的：

1. 比较配合物与简单化合物和复盐的区别；

2. 了解配位平衡与沉淀反应、氧化还原反应、溶液酸碱性的关系；

3. 了解螯合物的形成条件。

二、实验步骤：

实验内容	实验现象	解释和反应
配合物与简单化合物和复盐的区别 10 滴 1 mol · L^{-1} 硫酸铜 + 2 mol · L^{-1} 氨水，至溶液显深蓝色。 将溶液分为三份，1 份 + 少量氢氧化钠溶液，1 份 + 氯化钡溶液，有何现象？ 在第三份中加入 10 滴无水酒精，观察现象。	无现象，或少量 $Cu(OH)_2$ 产生白色沉淀 蓝色	$[Cu(NH_3)_4]^{2+} + NaOH \longrightarrow$ 无现象，或少量 $Cu(OH)_2$ 配离子中 Cu^{2+} 浓度低 $Cu(NH_3)_4SO_4 + BaCl_2 \longrightarrow BaSO_4 + Cu(NH_3)_4Cl_2$ 析出 $Cu(NH_3)_4SO_4$(蓝色)

三、讨论：（略）

（3）无机测定实验报告。

实验名称：化学反应速率及活化能的测定

一、实验目的：

1. 验证浓度、温度及催化剂对反应速率影响的理论。

2. 根据 Armenians 方程式，学会使用图解法测定反应速率常数及反应活化能。

二、实验原理：

1. 化学反应速率的测定

在水溶液中，$(NH_4)_2S_2O_8$ 和 KI 发生如下反应：

$$S_2O_8^{2-} + 3I^- = 2SO_4^{2-} + I_3^- \qquad (1)$$

速率方程式为

$$v = -\frac{dc(S_2O_8^{2-})}{dt} = kc(S_2O_8^{2-})^m \cdot c(I^-)^n$$

实验中无法测定 dt 时间内 $S_2O_8^{2-}$ 浓度的改变量，以平均速率 $\Delta c(S_2O_8^{2-})/\Delta t$ 代替瞬间速率 $dc(S_2O_8^{2-})/dt$。速率方程式改为

$$v = -\frac{\Delta c(S_2O_8^{2-})}{\Delta t} = kc(S_2O_8^{2-})^m \cdot c(I^-)^n$$

为了测定Δt内的$\Delta c(S_2O_8^{2-})$，在混合$(NH_4)_2S_2O_8$、KI溶液的同时，加入一定体积的已知浓度的$Na_2S_2O_3$溶液和淀粉溶液（做指示剂），在反应（1）进行的同时，还发生以下反应：

$$2S_2O_3^{2-} + I_3^- = S_4O_6^{2-} + 3I^- \tag{2}$$

已知反应（2）的速率比反应（1）快得多，一旦$Na_2S_2O_3$耗尽，反应（1）生成的微量I_3^-就立即与淀粉作用，使溶液呈蓝色。记下反应开始至溶液出现蓝色所需要的时间Δt。

从反应（1）和（2）可得出，$\Delta c(S_2O_8^{2-}) = \dfrac{\Delta c(S_2O_3^{2-})}{2}$

故反应速度为

$$v = -\frac{\Delta c(S_2O_8^{2-})}{\Delta t} = -\frac{\Delta c(S_2O_3^{2-})}{2\Delta t} = \frac{c(S_2O_3^{2-})}{2\Delta t}$$

2. 反应级数和反应速率常数的计算

由速率方程式可得：

$$\frac{v_1}{v_2} = \frac{kc_1(S_2O_8^{2-})^m \cdot c_1(I^-)^n}{kc_2(S_2O_8^{2-})^m \cdot c_2(I^-)^n}$$

若固定$c(S_2O_8^{2-})$，改变$c(I^-)$，可得下式：

$$\frac{v_1}{v_2} = \frac{c_1(I^-)^n}{c_2(I^-)^n} = \left[\frac{c_1(I^-)}{c_2(I^-)}\right]^n$$

两边取对数，即可求出反应级数n的值，同理可求出反应级数m的值。将m、n代入反应速率方程式中，可求得反应速率常数k。

3. 反应活化能的计算

根据阿仑尼乌斯方程式，反应速率常数与反应温度之间存在如下关系：

$$\lg k = -\frac{E_a}{2.303RT} + \ln A$$

式中 E_a——反应活化能；

A——给定反应的特征常数。

以$\lg k$对$1/T$作图，可得一直线，其斜率为：

$$斜率 = -E_a / 2.303R$$

三、实验步骤：（略）

四、数据记录和结果处理：

1. 浓度对反应速率的影响

实验温度 $T=$ ℃					
实验组号	1	2	3	4	5
反应时间Δt/s					
反应速率 v/mol·dm^{-3}·s^{-1}					
反应速率常数 k					
反应级数					

2. 温度对反应速率的影响

实验组号	1	2	3	4	5
实验温度/℃					
反应时间Δt/s					
反应速率 v/mol·dm^{-3}·s^{-1}					
反应速率常数 k					
lg k					
1/T					
活化能 E_a/kJ·mol^{-1}					

五、问题和讨论：

1. 浓度对反应速率有影响；随反应物浓度的增加，反应速率也增加；反应速率常数在实验误差范围内不变；该反应为____级反应。

2. 温度对反应速率有影响；随反应温度的升高，反应速率加快，反应速率常数增大，该反应的活化能为____kJ·mol^{-1}；催化剂对反应速率有影响。

（4）定量分析实验。

实验名称：食用白醋中 HAc 浓度的测定

一、实验目的：

1. 学习食用醋中总酸度的测定方法。

2. 掌握强碱滴定弱酸的滴定过程，突跃范围及指示剂的选择原理。

二、实验原理：

醋的主要成分是 HAc（$K_a=1.8\times10^{-5}$），此外还含有少量其他弱酸如乳酸（$K_a\geqslant10^{-8}$）等。

$$NaOH + HAc = NaAc + H_2O$$

滴定化学计量点显弱碱性，用酚酞为指示剂，终点：无色变为微红色（30 s 内不褪色）。滴定时，醋中可能存在其他各种形式的酸也与 NaOH 反应，故滴定所得为总酸度，以 ρ(HAc)（g·L^{-1}）表示。

三、实验步骤：

1. 0.1 mol·L^{-1} NaOH 标准溶液浓度的标定

准确称量 0.4～0.6 g 邻苯二甲酸氢钾 3 份＋40～50 mL 蒸馏水溶解＋2～3 滴酚酞指示剂，用 NaOH 溶液滴定至呈微红色。平行滴定 3 份。

2. 食用白醋含量的测定

移取白醋 25.00 mL 置于 250 mL 容量瓶中，用蒸馏水稀释至刻度，摇匀。用 50 mL 移液管分取 3 份上述溶液，分别置于 250 mL 锥形瓶中，加入酚酞指示剂 2～3 滴，用 NaOH 标准溶液滴定至微红色。平行滴定 3 份。

四、实验记录和结果处理：

1. NaOH 溶液浓度的标定　　　　　　　　指示剂：

实验次数	Ⅰ	Ⅱ	Ⅲ
$m(KHC_8H_4O_4)$/g			
$V(NaOH)_{终}$/mL			
$V(NaOH)_{始}$/mL			
$V(NaOH)_{消耗}$/mL			
c (NaOH)/mol·L^{-1}			
$\overline{c}$ (NaOH)/mol·L^{-1}			
相对平均偏差/%			

2. 食用白醋含量的测定　　　　指示剂：

实验次数	Ⅰ	Ⅱ	Ⅲ
V(食用白醋)/mL			
$V(NaOH)_{终}$/mL			
$V(NaOH)_{始}$/mL			
$V(NaOH)_{消耗}$/mL			
w/g·L^{-1}			
$\overline{w}$/g·L^{-1}			
相对平均偏差/%			

五、结果与讨论：（略）

2　无机及分析化学实验基础知识

2.1　化学试剂

2.1.1　化学试剂分级

常用化学试剂根据纯度的不同分为不同的规格，目前常用的试剂一般分四个级别，见表 2.1.1。

表 2.1.1　试剂的规格与适用范围

级别	名称	代号	瓶标颜色	适用范围
一级	优级纯	GR	绿色	痕量分析和科学研究
二级	分析纯	AR	红色	一般定性定量分析实验
三级	化学纯	CP	蓝色	一般的化学制备和教学实验
四级	实验试剂	LR	棕色或其他颜色	一般的化学实验辅助试剂

除上述一般试剂外，还有一些特殊要求的试剂，如指示剂、生化试剂和超纯试剂（如电子纯、光谱纯、色谱纯）等，这些都会在瓶标签上注明，取用时应按不同的实验要求选用不同规格的试剂。例如，一般无机实验用三级或四级试剂即可，分析实验则需取用纯度较高的二级甚至一级试剂。因不同规格的试剂其价格相差很大，选用时应注意节约，防止超级使用造成浪费。若能达到应有的实验效果，应尽可能采用级别较低的试剂。

2.1.2　试剂的包装和保存

化学试剂保管时也要注意安全，要防火、防水、防挥发、防曝光和防变质。化学试剂的保存，应根据试剂的毒性、易燃性、腐蚀性和潮解性等各不相同的特性，采用不同的保管方法。

固体试剂一般装在带密封的广口瓶中，液体试剂则盛在细口瓶（或滴瓶）中，见光易分解的试剂（如硝酸银）应装在棕色瓶中，容易侵蚀玻璃的试剂（氢氟酸、含氟盐、氢氧化钠等）应保存在塑料瓶内。遇水燃烧的物品（金属锂、钠、钾、电石和锌粉等）可与水剧烈反应，放出可燃性气体。锂要用石蜡密封，钠和钾应保存在煤油中，电石和锌粉等应放在干燥处。实验室分装时，固体只标明试剂名称，液体还须注明浓度。

2.1.3 试剂的取用

（1）固体粉末试剂可用洁净的牛角勺或塑料勺取用。要取一定量的固体时，可把固体放在称量纸或表面皿上在台秤上称量。要准确称量时，则用称量瓶在天平上进行称量。液体试剂常用量筒量取。如需少量液体试剂则可用滴管取用，取用时应注意不要将滴管碰到接收容器壁或插入接收容器。

（2）取用试剂的规则。

取用试剂时应遵守以下规则，以保证试剂不受污染和不变质：

① 试剂不能与手接触。

② 要用洁净的药勺、量筒或滴管取用试剂，绝对不准用同一种工具同时连续取用多种试剂。取完一种试剂后，应将工具洗净（药勺要擦干）后，方可取用另一种试剂。

③ 试剂取用后一定要将瓶塞盖紧，不可放错瓶盖和滴管，绝不允许张冠李戴，用完后将瓶放回原处。

④ 已取出的试剂不能再放回原试剂瓶内。

2.2 实验室用水

2.2.1 实验室常见水的种类

1. 蒸馏水（Distilled Water）

实验室最常用的一种纯水，虽设备便宜，但极其耗能和费水且速度慢，应用会逐渐减少。

2. 去离子水（Deionized Water）

用离子交换树脂去除自来水中的阴离子和阳离子，离子树脂交换柱除去离子的效果好，故称去离子水，其纯度比蒸馏水高。

2.2.2 纯水的概念及水的纯化方法

2.2.2.1 纯水的概念

纯水又称纯净水、去离子水，是指以符合生活饮用水卫生标准的水为原水，通过电渗析法、离子交换法、反渗透法、蒸馏法及其他适当的加工方法，制得的密封于容器内，且不含任何添加物，无色透明，可直接饮用的水，也可以称为纯净物（在化学上），在实验中使用较多，又因是以蒸馏等方法制得的，故又称蒸馏水。市场上出售的太空水、蒸馏水均属纯净水；但纯水还是少喝为好，因为里面并没有太多人体需要的矿物质。纯水不易导电，是绝缘体。铅酸蓄电池补水时要使用纯水。

2.2.2.2 水的纯化方法

1. 蒸馏法

按蒸馏器皿可分为玻璃、石英蒸馏器，金属材质的有铜、不锈钢和白金蒸馏器等。按蒸馏次数可分为一次、二次和多次蒸馏法。此外，为了去掉一些特殊的杂质，还需采取一些特殊的措施。例如，预先加入一些高锰酸钾可除去易氧化物；加入少许磷酸可除去三价铁；加入少许不挥发酸可制取无氨水等。蒸馏水可以满足普通分析实验的用水要求。由于很难排除二氧化碳的溶入，所以水的电阻率是很低的，达不到 MΩ 级，不能满足许多新技术的需要。

2. 离子交换法（去离子水）

主要有两种制备方式：

（1）复床式，即按阳床—阴床—阳床—阴床—混合床的方式连接并生产去离子水。早期多采用这种方式，便于树脂再生。

（2）混床式（2 ~ 5 级串联不等），混床去离子的效果好，但再生不方便。

离子交换法可以获得十几 MΩ 的去离子水。但有机物无法去掉，TOC 和 COD 值往往比原水还高。这是因为树脂不好，或是树脂的预处理不彻底，树脂中所含的低聚物、单体、添加剂等没有除尽，或树脂不稳定，不断地释放出分解产物。这一切都将以 TOC 或 COD 指标的形式表现出来。例如，当自来水的 COD 值为 2 $mg \cdot L^{-1}$时，经过去离子处理得到的去离子水的 COD 值常在 5 ~ 10 $mg \cdot L^{-1}$。当然，使用好树脂时会得到好结果，否则就无法制备超纯水了。

3. 电渗析法（电导水）

产生于 1950 年，由于其能耗低，常作为离子交换法的前处理步骤。它在外加直流电场作用下，利用阴阳离子交换膜分别选择性地允许阴阳离子透过，使一部分离子透过离子交换膜迁移到另一部分水中去，从而使一部分水纯化，另一部分水浓缩。这就是电渗析的原理。电渗析是常用的脱盐技术之一。产出水的纯度能满足一些工业用水的需要。例如，用电阻率为 1.6 kΩ · cm（25 °C）的原水可以获得 1.03 MΩ · cm（25 °C）的产出水。换言之，原水的总硬度为 77 $mg \cdot L^{-1}$时产出水的总硬度则为 ~ 10 $mg \cdot L^{-1}$。

4. 反渗透法

它是一种目前应用最广的脱盐技术。反渗透膜虽在 1977 年就有了，但其规模化生产和广泛用于脱盐却是近几年的事情。反渗透膜能去除无机盐、有机物（相对分子质量 > 500）、细菌、热源、病毒、悬浊物（粒径 > 0.1 μm）等。产出水的电阻率能比原水的电阻率升高近 10 倍。

2.3 各类试纸、滤纸和指示剂的使用

2.3.1 试纸的种类

1. 石蕊（红色、蓝色）试纸

用来定性检验气体或溶液的酸碱性。$pH<5$ 的溶液或酸性气体能使蓝色石蕊试纸变红色；$pH>8$ 的溶液或碱性气体能使红色石蕊试纸变蓝色。

2. pH 试纸

用来粗略测量溶液 pH 大小（或酸碱性强弱）。pH 试纸遇到酸碱性强弱不同的溶液时，显示出不同的颜色，可与标准比色卡对照确定溶液的 pH。巧记颜色：赤（$pH=1$ 或 2）、橙（$pH=3$ 或 4）、黄（$pH=5$ 或 6）、绿（$pH=7$ 或 8）、青（$pH=9$ 或 10）、蓝（$pH=11$ 或 12）、紫（$pH=13$ 或 14）。

3. 淀粉-碘化钾试纸

用来定性地检验氧化性物质的存在。遇较强的氧化剂时，I^- 被氧化成 I_2，I_2 与淀粉作用而使试纸显示蓝色。

4. 醋酸铅（或硝酸）试纸

用来定性地检验硫化氢气体和含硫离子的溶液。遇气体或硫离子时因生成黑色的 PbS 而使试纸变黑色。

5. 品红试纸

用来定性地检验某些具有漂白性的物质。遇到有漂白性的物质时会褪色（变白）。

2.3.2 试纸的使用

1. 检验溶液的性质

取一小块试纸在表面皿或玻璃片上，用沾有待测液的玻璃棒或胶头滴管点于试纸的中部，观察颜色变化，判断溶液的性质。

2. 检验气体的性质

先用蒸馏水把试纸润湿，粘在玻璃棒的一端，用玻璃棒把试纸靠近气体，观察颜色变化，判断气体的性质。

3. 使用注意事项

（1）试纸不可直接伸入溶液。

（2）试纸不可接触试管口、瓶口、导管口等。

（3）测定溶液的 pH 时，试纸不可事先用蒸馏水润湿，因为润湿试纸相当于稀释被检验的溶液，这会导致测量不准确。

（4）取出试纸后，应将盛放试纸的容器盖严，以免被实验室内的一些气体污染。

2.3.3 滤纸的种类和使用

滤纸（Filter Paper）是一种常见于化学实验室的过滤工具，常见的形状是圆形，多由棉质纤维制成。

1. 种　类

滤纸一般可分为定性及定量两种。定性滤纸经过过滤后有较多的棉质纤维生成，因此只适用于定性分析；定量滤纸，特别是无灰级的滤纸经过特别的处理程序，能够较有效地抵抗化学反应，因此所生成的杂质较少，可用于定量分析。

2. 性　质

选择合适的滤纸可通过考虑以下四种因素而决定。

（1）硬度：滤纸在过滤时会变湿，一些长时间过滤的实验步骤应考虑使用湿水后较坚韧的滤纸。

（2）过滤效率：滤纸上渗水小孔的疏密程度及大小影响它的过滤效率。高效率的滤纸不仅过滤速度快，而且分辨率也高。

（3）容量：过滤时积存的固体颗粒会阻塞滤纸上的小孔，因此渗水小孔越密集，也就表示其容量越高，容许过滤的滤液越多。

（4）适用性：有些滤纸是采用特殊的制作步骤完成的，例如，在医学中用于测定血液中的氮含量，必须使用无氮滤纸等。

3. 使用方法

在实验中，滤纸多连同过滤漏斗或布氏漏斗等仪器一同使用。使用前需把滤纸折成合适的形状，常见的折法是把滤纸折成类似花的形状。滤纸的折叠程度越高，能提供的表面面积越大，过滤效果越好，但要注意不要过度折叠而导致滤纸破裂。把引流的玻璃棒放在多层滤纸上，用力均匀，避免滤纸被破坏。

具体操作过程：① 将滤纸对折，连续两次，叠成 90° 圆心角形状。② 把叠好的滤纸，按一侧三层，另一侧一层打开，成漏斗状。③ 把漏斗状滤纸装入漏斗内，滤纸边要低于漏斗边，向漏斗口内倒一些清水，使浸湿的滤纸与漏斗内壁贴靠，再把余下的清水倒掉，待用。④ 将装好滤纸的漏斗安放在过滤用的漏斗架上（如铁架台的圆环上），在漏斗颈下放接纳过滤液的烧杯或试管，并使漏斗颈尖端靠于接纳容器的壁上。⑤ 向漏斗里注入需要过滤的液体时，右手持盛液烧杯，左手持玻璃棒，玻璃棒下端紧靠漏斗三层纸一面，使杯口紧贴玻璃棒，待滤液体沿杯口流出，再沿玻璃棒倾斜之势，顺势流入漏斗内。流到漏斗里的液体，液面不能超过漏斗中滤纸的高度。⑥ 当液体经过滤纸沿漏斗颈流下时，要检查一下液体是否沿杯壁顺流而下，注到杯底。否则应该移动烧杯或旋转漏斗，使漏斗尖端与烧杯壁贴牢，就可以使液体顺杯壁流下。

4. 滤纸的选择

在滤纸选择上应主要考虑几点：① 有效面积。滤纸使用面积大，容尘量就大，阻力就小，使用寿命就长，当然成本也就相应增加。② 纤维直径。纤维直径越细，拦截效果越好，过滤效率相应越高。③ 滤材中黏结剂含量。黏结剂含量高，纸的抗拉强度就高，过滤效率就高，掉毛现象就少，滤材本底积尘小，抗性好，但阻力相应增大。

2.3.4 指示剂

1. 定　义

化学试剂中的一类。在一定介质条件下，其颜色能发生变化、能产生浑浊或沉淀，以及有荧光现象等。常用它检验溶液的酸碱性，滴定分析中用来指示滴定终点，环境检测中检验有害物。一般分为酸碱指示剂、氧化还原指示剂、金属指示剂、吸附指示剂等。

2. 分　类

（1）酸碱指示剂。指示溶液中 H^+浓度的变化，是一种有机弱酸或有机弱碱，其酸性和碱性具有不同的颜色。指示剂酸 HIn 在溶液中的离解常数 $K_a = c(H^+)c(In^-)/c(HIn)$，即溶液的颜色决定于 $c(In^-)/c(HIn)$，而 $c(In^-)/c(HIn)$又决定于 $c(H^+)$。以甲基橙（$pK_a = 3.4$）为例，溶液的 pH < 3.1 时，呈酸性，具红色；pH > 4.4 时，呈碱性，具黄色；而 pH 在 3.1 ~ 4.4，则出现红黄的混合色——橙色，称为指示剂的变色范围。不同的酸碱指示剂有不同的变色范围。

（2）金属指示剂。络合滴定法所用的指示剂，大多是染料，它在一定 pH 下能与金属离子配合，呈现一种与游离指示剂完全不同的颜色而指示终点。

（3）氧化还原指示剂。为氧化剂或还原剂，它的氧化型与还原型具有不同的颜色，在滴定中被氧化（或还原）时，即变色，指示出溶液电位的变化。

（4）沉淀滴定指示剂。主要是 Ag^+与卤素离子的滴定，以铬酸钾、铁铵矾或荧光黄为指示剂。

2.4 实验室常用玻璃仪器

2.4.1 玻璃仪器的洗涤和干燥

无机及分析化学实验中使用的玻璃仪器表面常黏附有化学药品，既有可溶性物质，也有灰尘和其他不溶性物质以及油污等。为了使实验得到正确的结果，实验所用的玻璃仪器必须是洁净的，有时还需要干燥，所以须对玻璃仪器进行洗涤和干燥。玻璃仪器的洗涤根据实验要求、污物性质和沾污的程度选用适宜的洗涤方法。化学实验室中常用的洗涤剂是洗衣粉、去污粉、各种洗涤液和有机溶剂等。其方法有冲洗、刷洗及药剂洗涤等。

1. 一般污物的洗涤

（1）用水刷洗。用毛刷刷洗仪器（从里到外），可洗去可溶性物质、部分不溶性物质和尘土等，但不能除去油污等有机物质。

（2）洗涤剂洗。用蘸有去污粉或洗涤剂的毛刷擦拭，再用自来水冲洗干净，可除去油污等有机物。

上述方法不能洗涤的仪器或不便于用毛刷刷洗的仪器，如容量瓶、移液管等，若内壁黏附油污等物质，可视其沾污的程度，选择洗涤剂进行清洗，即先把去污粉或洗涤剂配成溶液，倒少量洗涤液于容器内振荡几分钟或浸泡一段时间后，再用自来水冲洗干净。

（3）铬酸洗液洗涤。铬酸洗液是用重铬酸钾的饱和溶液和浓硫酸配制而成的，具有极强的氧化性和酸性，能彻底除去油污等物质。但在使用时要注意不可溅在身上，以免灼伤皮肤和烧伤衣服。取用该洗液洗移液管时，只能用洗耳球吸取，千万不能用嘴吸取。用过的洗液应倒回原来密封的容器中。

2. 特殊污物洗涤

对不能用一般方法洗涤的某些污物，可通过化学反应将黏附在器壁上的物质转化为水溶性物质。例如，铁盐引起的黄色污物可加入稀盐酸或稀硝酸浸泡片刻即可除去；接触、盛放高锰酸钾后的容器可用草酸溶液清洗（沾在手上的高锰酸钾也可同样清洗）；沾在器壁上的二氧化锰用浓盐酸处理使之溶解；沾有碘时，可用碘化钾溶液浸泡片刻，或加入稀的氢氧化钠溶液温热之，或用硫代硫酸钠溶液也可除去；银镜反应后黏附的银或有铜附着时，可加入稀硝酸，必要时可稍微加热，以促进溶解。

用自来水洗净后的玻璃仪器，还需要用蒸馏水或去离子水淋洗 2 ~ 3 次，洗净的玻璃仪器器壁上不能挂有水珠。

3. 玻璃仪器的干燥

玻璃仪器的干燥方法有下列几种：

（1）倒置晾干。将洗净的仪器倒置在干净的仪器架上或仪器柜内自然晾干。

（2）热（或冷）风吹干。仪器如急需干燥，可用吹风机吹干。对于一些不能受热的容量器皿可用吹冷风干燥。吹风前用乙醇、乙醚、丙酮等易挥发的水溶性有机溶剂冲洗一下，干得更快。

（3）加热烘干。洗净的仪器可放在烘箱内烘干。烘干温度一般控制在 105 °C 左右，仪器放进烘箱前应尽量把水倒净。能加热的仪器如烧杯、试管也可直接用小火加热烘干。加热前，要把仪器外壁的水擦干，加热时，仪器口要略向下倾斜。

2.4.2 无机及分析化学实验中常用的玻璃器皿

1. 玻璃器皿（图 2.4.1）

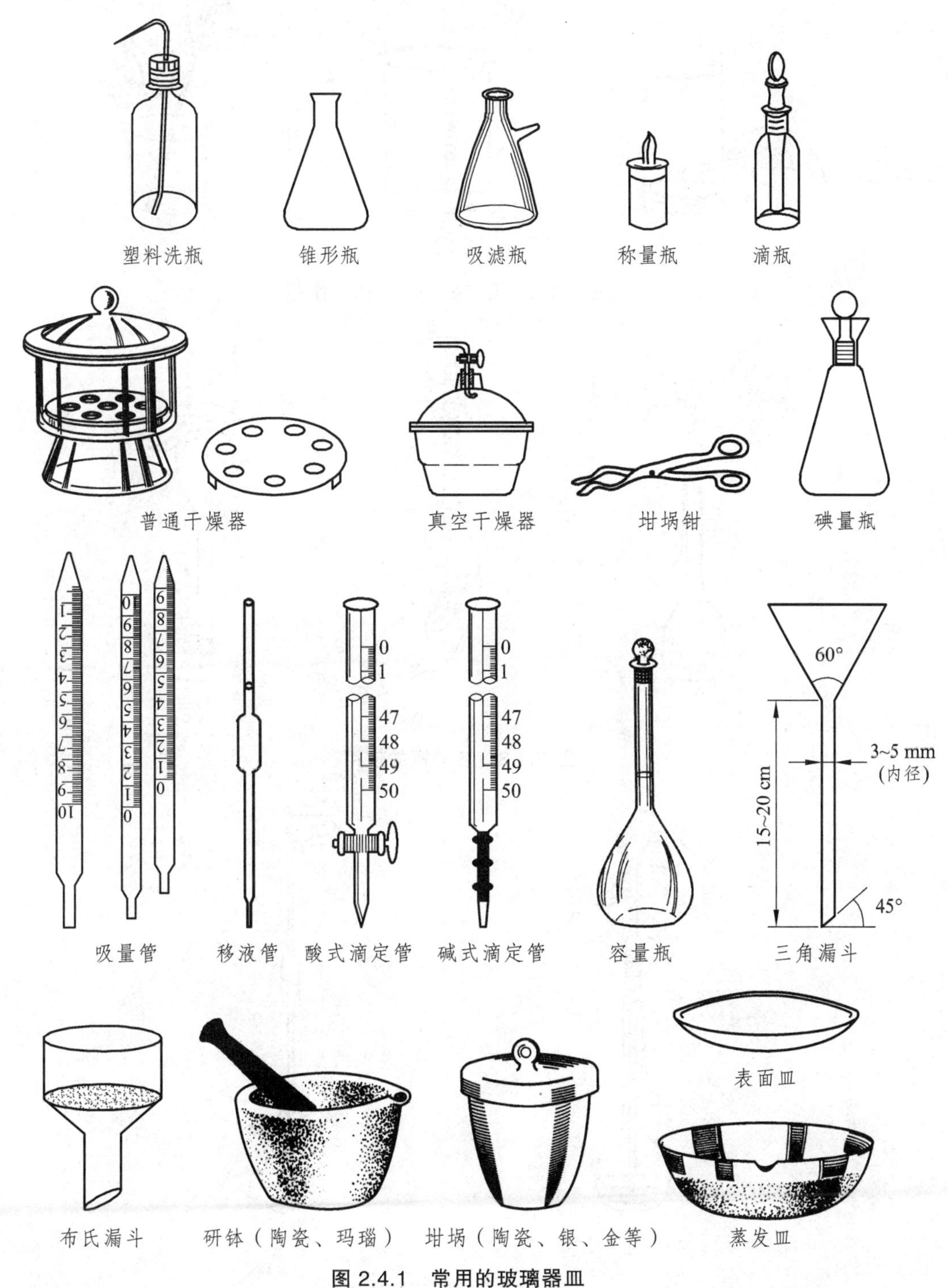

图 2.4.1 常用的玻璃器皿

2. 操作示意图（图 2.4.2、2.4.3、2.4.4、2.4.5）

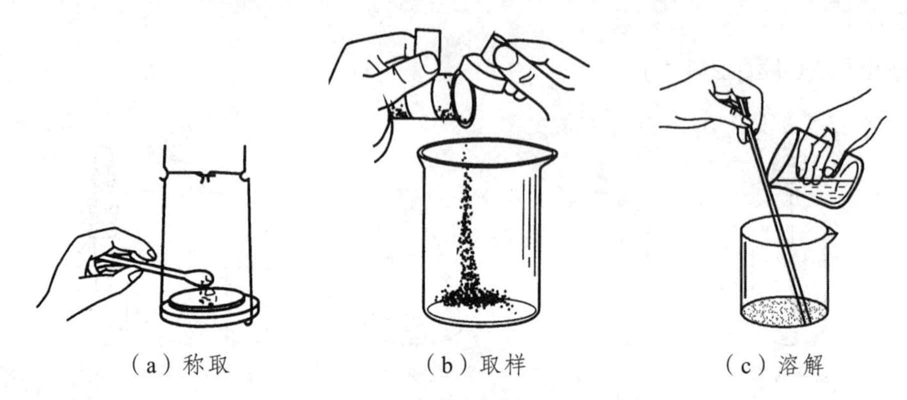

（a）称取　　（b）取样　　（c）溶解

图 2.4.2　固体试样的取用操作

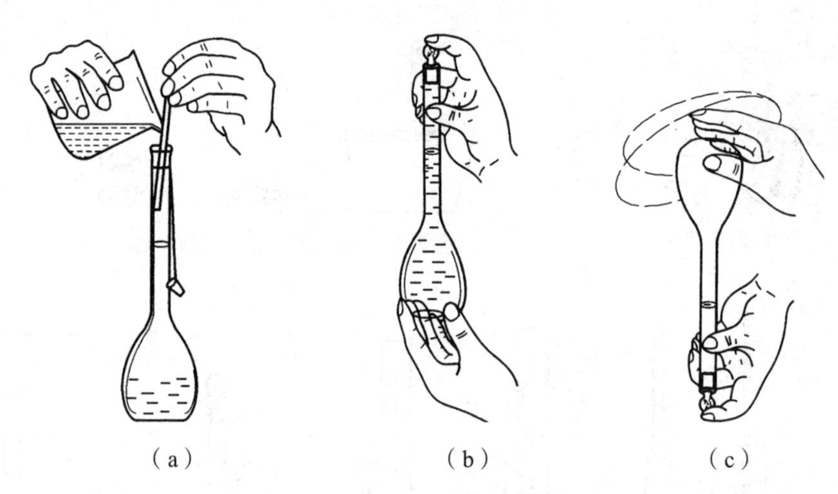

（a）　　（b）　　（c）

图 2.4.3　容量瓶的使用

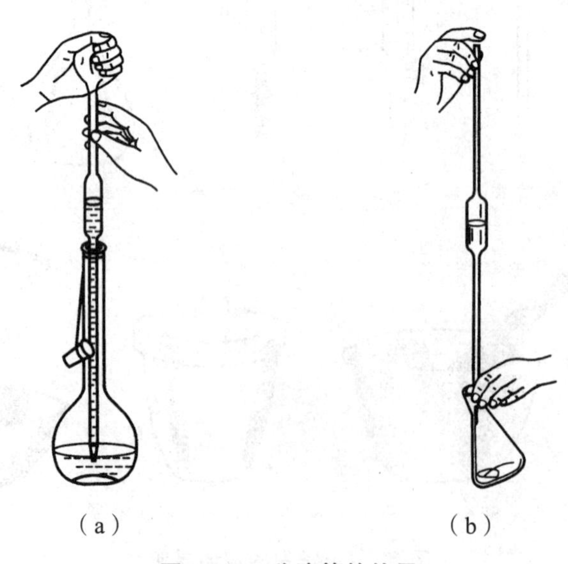

（a）　　（b）

图 2.4.4　移液管的使用

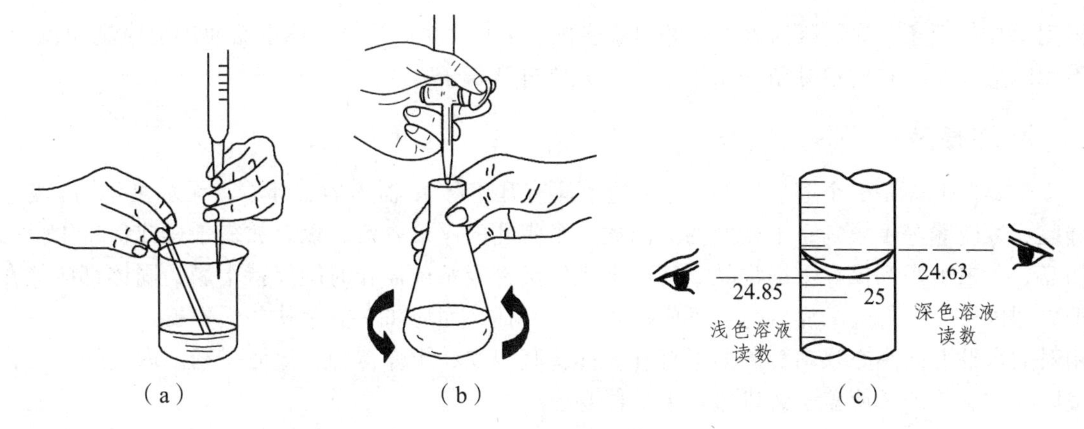

图 2.4.5 酸、碱式滴定管的使用

2.4.3 常用玻璃仪器的用途

1. 烧 杯

烧杯呈圆柱形，通常有玻璃烧杯、塑料烧杯两种。主要用作反应容器、配制溶液、蒸发和浓缩溶液。玻璃烧杯一般都可以加热，加热时放在石棉网上，最好不要干烧和直接加热。在操作时，经常会用玻璃棒或者磁力搅拌器进行搅拌（玻璃棒要配套，瓶外长度约为 1/3）。

2. 锥形瓶

有具塞和无塞两类。用作反应容器和定量分析容器。定量分析中锥形瓶的拿法：右手前三指拿住瓶颈，手腕转动，随滴随摇，液体以同一方向做圆周运动。加热时应放在石棉网上。

3. 量 筒

量筒是量度液体体积的仪器。常用的有 10 mL、25 mL、50 mL、100 mL、250 mL、500 mL、1 000 mL 等。实验中应根据所取溶液的体积，尽量选用能一次量取的最小规格的量筒。向量筒里注入液体时，应用左手拿住量筒，使量筒略倾斜，右手拿试剂瓶，瓶口紧挨着量筒口，使液体缓缓流入。待注入的量比所需要的量稍少时，把量筒放平，改用胶头滴管滴加到所需要的量。注入液体后，等 1 ~ 2 min，使附着在内壁上的液体流下来，再读出刻度值。读数时，视线与量筒内液体的凹液面最低处保持水平。量筒不能加热，也不能用于量取过热的液体，更不能在量筒中进行化学反应或配制溶液。

4. 蒸发皿

主要用于蒸发液体、浓缩溶液或干燥固体物质。可以直接加热，但不宜骤冷。刚加热完的蒸发皿不能直接放在桌面上，应放在石棉网上。

5. 称量瓶

称量瓶分为扁形、筒形两种。它带有磨口塞，可以防止瓶中的试样吸收空气中的水分和 CO_2 等气体，称量时应盖紧玻璃塞。不能直接用手拿取，拿取时应用洁净的纸条将其套住，再用手捏住纸条。称量瓶的盖子是磨口配套的，不得丢失、弄乱。称量瓶使用前应洗净烘干，不用时应洗净，在磨口处垫一小纸条，以方便打开盖子。

6. 干燥器

干燥器上面是一个磨口边的盖子（边上涂有凡士林）；器内的底部放有无水氯化钙、变色硅胶、浓硫酸等干燥剂；干燥剂的上面放一个带孔的圆形瓷盘，以存放需干燥或保持干燥的物品。用来干燥和保存干燥物品。凡已干燥但又易吸水或需长时间保持干燥的固体都应放在干燥器内保存。打开干燥器时，不应把盖子往上提，而应将一只手扶住干燥器，另一只手从相对的水平方向小心移动盖子即可打开，并将其斜靠在干燥器旁，谨防滑动。取出物品后，按同样方法盖严，使盖子磨口边与干燥器吻合。

7. 容量瓶

容量瓶的用途是配制准确浓度的溶液或定量地稀释溶液。常与移液管配合使用。不能在容量瓶里溶解固体试剂，不能加热，如溶解中放热，要待溶液冷却后再进行转移，不能储存溶液。容量瓶用毕应及时洗涤干净，塞上瓶塞，并在塞子与瓶口之间夹一小纸条，防止瓶塞与瓶口粘连。使用容量瓶配制溶液的方法：

（1）使用前检查瓶塞处是否漏水。往瓶中注入 2/3 容积的水，塞好瓶塞。用手指顶住瓶塞，另一只手托住瓶底，把瓶子倒立过来停留一会儿，反复几次后，观察瓶塞周围是否有水渗出。经检查不漏水的容量瓶才能使用。

（2）把准确称量好的固体溶质放在烧杯中，用少量溶剂溶解。然后把溶液沿玻璃棒转移到容量瓶里。

为保证溶质能全部转移到容量瓶中，要用溶剂多次洗涤烧杯，并把洗涤液全部转移到容量瓶里[见图 2.4.3（a）]。

（3）向容量瓶内加入液体至液面离标线 1 cm 左右，改用滴管小心滴加，最后使液体的弯月面与标线正好相切。

（4）盖紧瓶塞，用倒转和摇动的方法使瓶内的液体混合均匀[见图 2.4.3（b）（c）]。

8. 滴定管

滴定管分为碱式滴定管和酸式滴定管。 酸式滴定管的下端为一玻璃活塞，开启活塞，液体即自管内滴出。使用前，先取下活塞，洗净后用滤纸将水吸干或吹干，然后在活塞的两头涂一层很薄的凡士林油（切勿堵住塞孔）。装上活塞并转动，使活塞与塞槽接触处呈透明状态，最后装水试验是否漏液。

碱式滴定管的下端用橡皮管连接一支带有尖嘴的小玻璃管。橡皮管内装有一个玻璃圆球。用左手拇指和食指轻轻地往一边挤压玻璃球外面的橡皮管，使管内形成一缝隙，液体即从滴管滴出。挤压时，手要放在玻璃球的稍上部；如果放在球的下部，则松手后，会在尖端玻璃管中出现气泡。

滴定时，滴定管下端不能有气泡。快速放液，可赶走酸式滴定管中的气泡；轻轻抬起尖嘴玻璃管，并用手指挤压玻璃球，可赶走碱式滴定管中的气泡。酸式滴定管不得用于装碱性溶液，碱式滴定管不宜用于装对橡皮管有腐蚀性的溶液，如碘、高锰酸钾和硝酸银等。

9. 移液管

用来准确移取一定体积溶液的量器。通常把具有刻度的直形玻璃管称为吸量管。常用的吸量管有 1，2，5，10 mL 等规格。使用移液管前，应先用铬酸洗液润洗，以除去管内壁的油污；然后用自来水冲洗残留的洗液，再用蒸馏水洗净。洗净后的移液管内壁应不挂水珠。移取溶液前，应先用滤纸将移液管末端内外的水吸干，然后用欲移取的溶液润洗管壁 2 ~ 3 次，以确保所移取溶液的浓度不变。

操作方法：移液时，右手大拇指和小指捏着移液管颈的上方，将其插入溶液中 1 ~ 2 cm，左手拿洗耳球，先把空气压出，再将球的尖嘴接在移液管上口，慢慢松开压扁的洗耳球使溶液吸入管内。当液面升高到刻线以上时，移去洗耳球，立即用右手食指堵住上口；将移液管提出液面，末端靠在容器的内壁，保持垂直；然后略为放松食指，并轻轻捻动管身，使液面缓慢下降，当溶液弯月面下沿恰与刻线相切时，立即用食指压紧上口，使溶液不再流出；将移液管取出并插入承接容器中，保持其垂直并使末端靠在容器内壁；松开食指，让管内溶液自然地全部沿容器壁流下。全部溶液流完后需等 15 s 再拿出移液管，以便使附着在管壁的部分溶液得以流出。

2.5 物质的分离技术——液固分离

2.5.1 过滤法

过滤是固-液分离最常用的方法。过滤时，沉淀物留在过滤器上，而溶液通过过滤器进入接收器中，过滤出的溶液称为滤液。过滤方法有：

1. 常压过滤

常压过滤最为简便，也是最常用的固-液分离方法，尤其沉淀为微细的结晶时，用此法过滤较好。过滤前先将圆形滤纸对折两次，然后展开成圆锥形（一边三层，另一边一层），放入玻璃漏斗中。改变滤纸折叠角度，使之与漏斗角度相适应。用手按着滤纸，用少量蒸馏水把滤纸湿润，轻压滤纸四周，赶走气泡，使其紧贴在漏斗上。把带滤纸的漏斗放在漏斗架上，下面放容器以收集溶液，调节漏斗架的位置，使漏斗尖端靠在容器内壁（见图 2.5.1），以免滤液溅失。

将要过滤的液体沿玻璃棒缓缓倾入漏斗中（玻璃棒下端靠在滤纸层较厚的一面上），倾入量应使液面低于滤纸上沿 2 ~ 3 mm，此时溶液透过滤纸流入收集器内，而沉淀被留在滤纸上。为使过滤进行较快，可让待过滤的溶液静置一段时间，使沉淀尽量下沉，过滤时不要搅动沉淀，先把沉淀上面的大部分清液过滤掉，再用玻璃棒搅起沉淀物连同溶液一起转移到滤纸上，附在烧杯壁上的沉淀可用少量蒸馏水或母液冲洗下来转移至滤纸上。

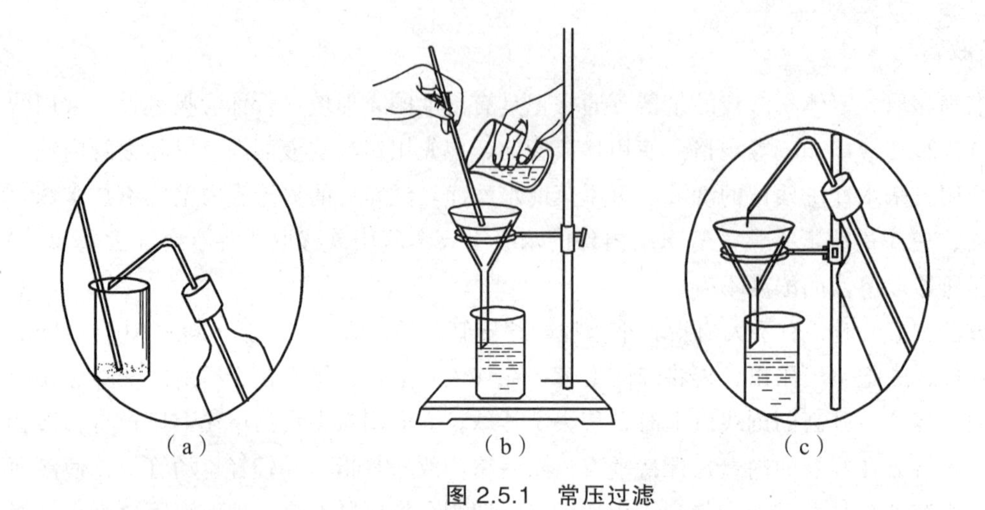

图 2.5.1　常压过滤

2. 减压过滤

减压过滤又叫抽滤、吸滤或真空过滤。减压过滤可加快过滤速度，并把沉淀抽滤得比较干燥。但胶状沉淀在过滤速度很快时会透过滤纸，不能用减压过滤；颗粒很细的沉淀会因减压抽吸而在滤纸上形成一层密实的沉淀，使溶液不易透过，反而达不到加速目的，也不宜用此法。

减压过滤装置如图 2.5.2 所示，先选好一张比抽滤漏斗（或布氏漏斗）内径略小的圆形滤纸，平整地放在抽滤漏斗上，用少量蒸馏水润湿滤纸，然后用橡皮塞把抽滤漏斗装在抽滤瓶上（注意漏斗下端的斜削面要对着抽滤瓶侧面的细嘴），用橡皮管将抽滤瓶与水流抽气泵接好，过滤时慢慢打开水阀门。过滤时，先把上部澄清液沿着玻璃棒注入漏斗内，加入的量不要超过漏斗容积的 2/3，然后把沉淀物均匀地分布在滤纸上，继续减压，直至沉淀物较干为止。用真空泵进行抽滤时，为了防止滤液倒流和潮湿空气抽入泵内，在抽滤瓶和真空泵之间要连接一个缓冲瓶和一个装有变色硅胶的干燥瓶。过滤完后，应把连接抽滤瓶的橡皮管拔下，再关闭水阀门（或停真空泵），否则水会倒流入抽滤瓶中，污染滤液。取下漏斗把它倒扣在滤纸上，轻轻敲打漏斗边缘，使滤纸和沉淀脱离漏斗。滤液则从过滤瓶的上口倾出，不要从侧面尖嘴倒出，以免弄脏滤液。

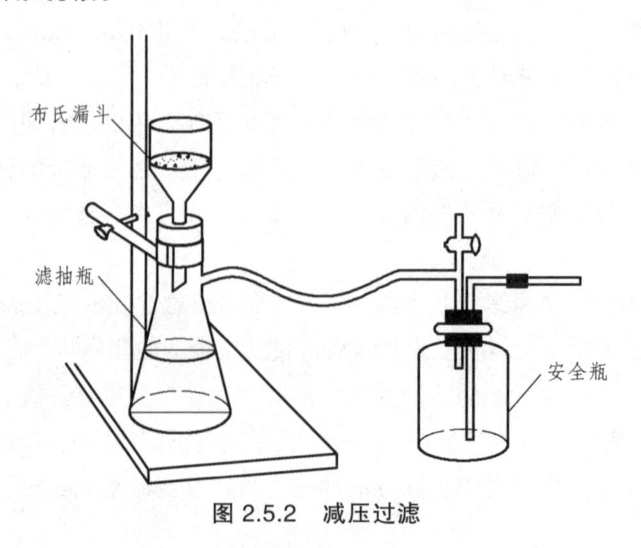

图 2.5.2　减压过滤

2.5.2 离心分离

当分离试管中少量的溶液与沉淀物时，常采用离心机分离法，这种方法操作简单而迅速。实验室常用的电动离心机是由高速旋转的小电动机带动一组金属套管做高速圆周运动。装在金属管内离心试管中的沉淀物受到离心力的作用向离心试管底部集中，上层便得到澄清的溶液。这样离心试管中的溶液与沉淀就分离开了。电动离心机的转速可由侧面的变速器旋钮调节。

使用电动离心机进行离心分离时，把装有少量溶液与沉淀的离心试管对称地放入电动离心机的金属（或塑料）套管内，如果只有一支离心试管中装有试样，为了使电动离心机转动时保持平衡，防止高速旋转引起震动而损坏离心机，可在与之对称的另一金属（或塑料）套管内也放入一支装有相同（或相近）质量的水的离心试管。放好离心试管后盖上盖子。先把电动离心机变速器旋钮拧到最低挡，通电后，逐渐转动变速器旋钮使其加速，大约高速转动半分钟后，再把变速器旋钮转到最低挡，切断电源，让离心机自然停止转动。千万不要用手或其他方法强制离心机停止转动，否则离心机很容易损坏，而且容易发生危险。

2.6 实验室公用设备

2.6.1 电子天平和称量

电子天平是最新一代天平，它是利用电子装置完成电磁力补偿的调节，使物体在重力场中实现力的平衡，或通过电磁力矩的调节，使物体在重力场中实现力矩的平衡。

自动调零、自动校准、自动去皮和自动显示称量结果是电子天平最基本的功能。这里的“自动”，严格地说应该是“半自动”，因为需要经人工触动指令键后方可自动完成指定的动作。实验室常用电子天平有 AUY220 型电子天平、AB204-N 型电子天平、FA2004N 型电子天平（如图 2.6.1）

（a）AUY220 型电子天平

（b）AB204-N 型电子天平

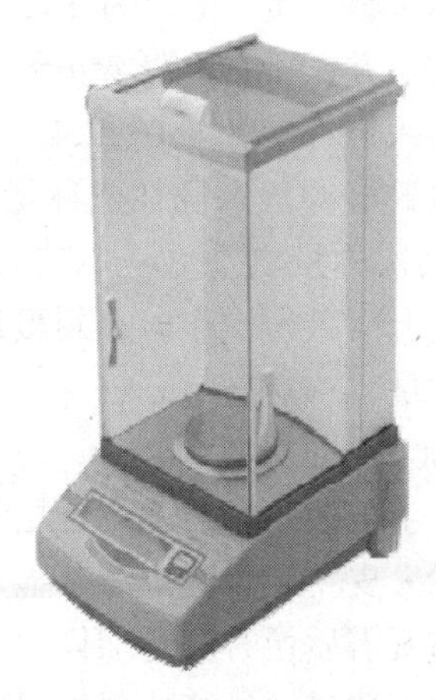

（c）FA2004N 型电子天平

图 2.6.1 实验室常用电子天平

1. AUY220型电子天平的使用方法

一般情况下，只能用开/关键、去皮调零键和校准/调整键。使用时的操作步骤如下：

（1）通电源，屏幕右上角显出一个“off”，预热30 ~ 40 min。

（2）检查水平仪，如不水平，应通过调节天平前边左、右两个水平支脚而使其达到水平状态。

（3）按一下“power”，显示屏很快出现“0.0000g”。

（4）如果显示不正好是“0.0000g”，则要按一下去皮键。

（5）将被称物轻轻放在称盘上，这时可见显示屏上的数字不断变化，待数字稳定并出现质量单位“g”后，即可读数，并记录称量结果。

（6）称量完毕，取下被称物，如果不久还要继续使用天平，可暂不按“开/关键”，天平将自动保持零位，或者按一下“power”（但不可拔下电源插头），让天平处于待命状态，即显示屏上数字消失，左下角出现一个“0”，再一次称样时按一下“power”键就可使用。如果较长时间（半天以上）不再用天平，应拔下电源插头，盖上防尘罩。

（7）如果天平长时间没有用过，或天平移动过位置，应进行一次校准。校准要在天平通电预热30 min以后进行，AUY220型程序电子天平的校准是：调整水平，按“power”键开机，按下“CAL”键，显示“E-cal”，按一下“O/T”键，稳定地显示“200.0000g”后，将校准砝码放入天平托盘中央，天平将自动进行校准。10 s左右，显示“0.0000g”，表示校准完毕。取出砝码。AB204-N型电子天平的校准是：调整水平，按“on/off”键开机，长按“CAL”键，稳定地显示“200.0000g”后，将校准砝码放入天平托盘中央，天平将自动进行校准。10 s左右，显示“0.0000g”，取出砝码，显示“cal down”，校准完毕。FA2004N型电子天平的校准是：调整水平，按“on/off”键开机，按“校正”键，显示“－200”后，将校准砝码放入天平托盘中央，显示“200.0000g”，10 s左右，听到“笛”声，校准完毕。

2. 称量方法

（1）差减法。

取一个的洁净干燥的称量瓶，装入约1 g $CaCO_3$试样，盖上称量瓶盖，在电子天平上准确称量其质量，记录为$m_{(称+试样)1}$；然后用纸条套住称量瓶从分析天平中取出，让其置于烧杯1的上方，用右手隔着小纸片打开称量瓶盖，慢慢将瓶口向下倾斜，用瓶盖敲击瓶口，使试样落入烧杯中（见图2.4.2）。当转移试样接近所需量时，在敲击中慢慢将瓶竖起，使附在瓶口的试样落入烧杯或称量瓶内，盖上瓶盖。称量并记录称量瓶和剩余试样的质量$m_{(称+试样)2}$。两次称量之差（$m_{(称+试样)1} - m_{(称+试样)2}$）即为称取试样的质量，若称取试样少于称量范围，重复上面敲击操作，直到敲出试样落在称量范围内为止。若称取试样超出称量范围，则应重新称量。

（2）去皮。

①（接收容器去皮）增量法：将干燥洁净的小容器轻轻放在天平称盘上，待显示平衡后按“去皮”键扣除皮重并显示零点，然后打开天平门往容器中缓慢加入试样并观察屏幕，当达到所需质量时停止加样，关上天平门，显示平衡后即可记录所称取试样的净质量。采用此法进行称量，最能体现电子天平称量快捷的优越性；但要求高（接收容器必须干净且干燥）。

②（称量瓶＋试样）去皮法：增量法是以天平上的容器内试样量的增加值为称量结果，

当用不干燥的容器称取样品时，不能用上述增量法。为了节省时间，可采用此法：用称量瓶粗称试样后放在电子天平的称盘上，显示稳定后，按一下“去皮”键使显示为零，然后取出称量瓶向容器中敲出一定量样品，再将称量瓶放在天平上称量，如果所示质量达到要求范围，即可记录称量结果。若敲出质量多于所需质量，则需重称，已取出的试样不能收回，须弃去。若需连续称取第二份试样，则再按一下“去皮”键，显示为零后向第二个容器中转移试样……

3. 使用注意事项

（1）称量结束，按“OFF”键关闭天平，将天平还原。在使用记录本上登记并签名。

（2）开关门与取放物，动作必须轻缓，不可用力过猛或过快，以免损坏天平。

（3）过热或过冷的称量物，应使其温度回到室温后方可称量。

（4）称量物总质量不能超过天平的称量范围。在固定质量称量时要特别注意。

所有称量物都必须置于一定的洁净干燥容器（如烧杯、表面皿、称量瓶等）中进行称量，以免沾染腐蚀天平。

（5）为避免手上的油脂汗液污染，不能用手直接拿取容器。称取易挥发或易与空气作用的物质时，必须使用称量瓶以确保在称量过程中物质质量不发生变化。

2.6.2 酸度计

1. 概　述

酸度计又名 pH 计，是测定溶液 pH 的仪器。酸度计的主体是精密的电位计。测定时把复合电极插在被测溶液中，由于被测溶液的酸度（氢离子浓度）不同而产生不同的电动势，将它通过直流放大器放大，最后由读数指示器（电压表）指出被测溶液的 pH。酸度计能在 0 ~ 14 pH 范围内使用。酸度计有台式、便携式、表型式等多种，读数指示器有数字式和指针式两种。

2. 操作方法

（1）校正：pH 计因电极设计的不同而类型很多，其操作步骤各有不同，因而 pH 计的操作应严格按照其使用说明书正确进行。所有 pH 读数都是经过自动温度补偿（ATC）的，温度值可以摄氏度显示，仪器可进行一点或两点校准，内置 2 组 3 个校准点（pH 4.01、7.01、10.01 和 pH 4.01、6.86、9.18），能够自动识别缓冲校准点。若进行高精度的测量，在显示屏的右上角会有一独特的稳定性指示标记。

（2）测量：

将电极插入待测样品，轻轻搅拌等待数字稳定。显示屏左上角的稳定指示符消失时进行测量。主显示显示的是经过温度补偿的 pH，副显示显示的是样品的温度值（图 2.6.2）。

复合电极的主要传感部分是电极的球泡，球泡极薄，千万不能跟硬物接触。测量完毕套上保护帽，帽内放少量电极保护液，保持电极球泡湿润。

图 2.6.2　酸度计

3. 电极的正确使用与保养

（1）复合电极不用时，应充分浸泡在 3 mol · L^{-1} 氯化钾溶液中。切忌用洗涤液或其他吸水性试剂浸洗。

（2）使用前，检查玻璃电极前端的球泡。正常情况下，电极应该透明而无裂纹；球泡内要充满溶液，不能有气泡存在。

（3）测量浓度较大的溶液时，尽量缩短测量时间，用后仔细清洗，防止被测液黏附在电极上而污染电极。

（4）清洗电极后，不要用滤纸擦拭玻璃膜，而应用滤纸吸干，避免损坏玻璃薄膜，防止交叉污染，影响测量精度。

（5）测量中注意电极的银-氯化银内参比电极应浸入球泡内氯化物缓冲溶液中，避免显示部分出现数字乱跳现象。使用时，注意将电极轻轻甩几下。

（6）电极不能用于强酸、强碱或其他腐蚀性溶液。

（7）严禁在脱水性介质如无水乙醇、重铬酸钾等中使用。

4. 标准缓冲液的配制及保存

（1）pH 标准物质应保存在干燥的地方，如混合磷酸盐 pH 标准物质在空气湿度较大时会潮解，一旦潮解，pH 标准物质即不可使用。

（2）配制 pH 标准溶液应使用二次蒸馏水或者去离子水。配制 pH 标准溶液应使用较小的烧杯来稀释，以减少沾在烧杯壁上的 pH 标准液。

（3）存放 pH 标准物质的容器，除了应洗干净以外，还应用蒸馏水多次冲洗，然后将其倒入配制的 pH 标准溶液中，以保证配制的 pH 标准溶液准确无误。

（4）配制好的标准缓冲溶液一般可保存 2 ~ 3 个月，如发现有浑浊、发霉或沉淀等现象，不能继续使用。

（5）碱性标准溶液应装在聚乙烯瓶中密闭保存，防止二氧化碳进入标准溶液后形成碳酸，降低其 pH。

2.6.3 分光光度计

分光光度计能在近紫外、可见光谱区域内对样品物质作定性和定量分析。仪器可广泛应用于医药卫生、临床检验、生物化学、石油化工、环境保护、质量控制等部门，是理化实验室常用的分析仪器之一。

使用方法

（1）使用仪器前，使用者应该首先了解本仪器的结构和工作原理，以及各个操作钮的功能。在未接通电源前，应对仪器进行检查，电源线接线应牢固，接地良好，各个调节旋钮的起始位置正确，然后接通电源开关。

（2）开启电源，指示灯亮，选择开关置于“T”，波长调至测试用波长。仪器预热 20 min。

（3）打开试样室盖，放入遮光体，盖上试样室盖，调节“0%”旋钮，使数字显示为“0.00”，将遮光体取出，使光电管受光，调节透过率“100%”旋钮，使数字显示为“100%”。

（4）预热后，按步骤（3）连续几次调整“0%”和“100%”，即可进行测定。

（5）吸光度的测量：按步骤（3）调整仪器的“00.0”和“100%”后，按功能键将选择开关置于“A”，将盛参比溶液的比色杯放入试样室，调节吸光度调零旋钮，使数字显示为“.000”，然后将被测样品移入光路，显示值即为被测样品的吸光度值。

（6）比色完毕，关上电源，取出比色皿，洗净，样品室用软布或软纸擦净。

2.6.4 加热与加热设备

2.6.4.1 加热设备

1. 酒精灯和酒精喷灯

酒精灯加热温度 400 ~ 500 °C，适用于所需温度不太高的实验，特别是在没有煤气设备时经常使用。酒精灯由灯帽、灯芯和盛有酒精的灯壶三大部分组成。酒精灯火焰分为焰心、内焰和外焰三部分，温度的高低顺序为：外焰 > 内焰 > 焰心。

常用的酒精喷灯有座式和挂式两种。座式喷灯的酒精储存在灯座内，挂式喷灯的酒精储存罐悬挂于高处。酒精喷灯的火焰温度可达 1 000 °C 左右。使用前，先在预热盆中注入酒精，点燃后铜质灯管受热。待盆中酒精将近燃完时，开启灯管上的开关（逆时针转）。调节开关阀控制火焰的大小。用毕后，挂式喷灯旋紧开关，同时关闭酒精储罐下的活栓，就能使灯焰熄灭。座式喷灯火焰的熄灭方法是用石棉网盖住管口，同时用湿抹布盖在灯座上，使它降温。在开启开关、点燃管口气体前必须充分灼热灯管，否则酒精不能全部汽化，会有液态酒精由管口喷出，可能形成“火雨”（尤其是挂式喷灯），甚至引起火灾。

2. 电炉和马弗炉

电炉设备通常是成套的，包括电炉炉体，电力设备（电炉变压器、整流器、变频器等），开闭器，附属辅助电器（阻流器、补偿电容等），真空设备，检测控制仪表（电工仪表、热工仪表等），自动调节系统，炉用机械设备（进出料机械、炉体倾转装置等）。

马弗炉是一种通用的加热设备，依据外观形状可分为箱式炉、管式炉、坩埚炉。

2.6.4.2 常用加热操作

1. 直接加热

在较高温下不分解的溶液或纯液体可装在烧杯、烧瓶中放在石棉网上直接加热。

（1）液体的加热。

试管：① 液体不超过试管容积 1/3；② 试管与桌面成 45°角；③ 试管要预热。

烧杯：① 液体占烧杯容积的 1/3 ~ 2/3；② 加热时垫石棉网。

烧瓶：① 液体占烧瓶容积的 1/3 ~ 2/3；② 加热前外壁要擦干；③ 加热时垫石棉网。

蒸发皿：① 液体不超过容积的 2/3；② 加热时要不断搅拌；③ 当蒸发皿析出较多固体时应减小火焰或停止加热，利用余热把剩余固体蒸干，以防止晶体外溅。

（2）固体的加热。

试管：① 试管口稍向下倾斜（加热 NH_4Cl 除外）；② 试管要预热；③ 酒精灯要对准固体部分加热。

蒸发皿：① 要注意充分搅拌；② 适用于固体的烘干或灼烧。

坩埚：① 先小火加热，后强火灼烧；② 适用于高温加热固体；③ 坩埚种类有瓷坩埚、氧化铝坩埚等，加热熔融强碱只能在铁坩埚中进行。

2. 水浴加热

当被加热物要求受热均匀，而温度又不能超过 100 °C 时，用水浴加热。加热温度在 90 °C 以下时，可将盛物容器部分浸在水浴中。

3. 油浴、沙浴加热

若需加热在 100 °C 以上至 250 °C 以下的温度可用油浴，若需加热到更高温度可用沙浴。

2.6.5 气体钢瓶

1. 气体钢瓶常用标记

除盛毒气的钢瓶外，钢瓶的一般工作压力都在 15 MPa 左右。按国家标准规定涂成各种颜色以示区别，如表 2.6.1 所示：

表 2.6.1 气体钢瓶常用标记

钢瓶内所装气体	钢瓶颜色	字体颜色
氧气	天蓝色	黑字
氮气	黑色	黄字
压缩空气	黑色	白字
氯气	草绿色	白字
氢气	深绿色	红字
氨气	黄色	黑字
石油液化气	灰色	红字
乙炔	白色	红字

2. 使用注意事项

（1）钢瓶应存放在阴凉、干燥、远离热源（如阳光、暖气、炉火）处。可燃性气体钢瓶必须与氧气钢瓶分开存放。

（2）绝不可使油或其他易燃性有机物沾在气瓶上（特别是气门嘴和减压阀）。也不能用棉、麻等物堵漏，以防燃烧引起事故。

（3）使用钢瓶中气体时，要用减压阀（气压表）。各种气体的气压表不得混用，以防爆炸。

（4）不可将钢瓶内的气体全部用完，一定要保留 0.05 MPa 以上的残留压力（减压阀表压）。可燃性气体如 C_2H_2 应剩余 0.2 ~ 0.3 MPa。

（5）为了避免各种气瓶混淆而用错气体，通常在气瓶外面涂以特定的颜色以便区别，并在瓶上写明瓶内气体的名称。

3 无机化学实验

实验一 无机及分析化学实验仪器领洗

（3学时）

一、实验目的

（1）熟悉化学实验室规则和要求。

（2）领取无机及分析化学实验常用仪器，为实验做好仪器准备。

（3）学习并练习常用仪器的洗涤和干燥方法。

二、实验内容

（1）按照实验仪器清单（见附表），领取玻璃仪器一套。领取时应仔细清点，如发现不符合规格、数量以及有破损时应在洗涤前及时调换。

（2）配制铬酸洗液 100 mL：称取 $K_2Cr_2O_7$ 5 g 于 250 mL 烧杯中，加水 10 mL，加热使它溶解。冷却后，缓缓加入 90 mL 粗浓硫酸，边加边搅拌，冷却后储于磨口细口瓶中。

（3）玻璃仪器的洗涤。

① 洗涤的目的：保证玻璃仪器上没有杂质，避免干扰反应；保证测量体积的读数可靠。

② 玻璃仪器洗涤的要求：清洁透明，水沿器壁自然流下后，均匀润湿，无水的条纹，且不挂水珠。

③ 玻璃仪器洗涤的方法：

a. 刷洗。用自来水和长柄毛刷除去仪器上的尘土、不溶性物质和可溶性物质。

b. 用去污粉或洗衣粉、合成洗涤剂刷洗，除去油垢和有机物质，最后再用自来水清洗。若油垢和有机物质仍洗不干净，可用热的碱液洗。但滴定管、移液管等量器，不宜用强碱性的洗涤剂，以免玻璃被腐蚀而影响容积的准确性。

c. 用洗液洗。坩埚、称量瓶、洗瓶、容量瓶、移液管、滴定管等宜用合适的洗液洗涤，必要时把洗液先加热，并浸泡一段时间（注意：为了更好地洗涤器皿，应在每次实验结束后立即清洗）。

d. 用去离子水荡洗。刷洗或洗涤剂洗过后，再用水连续淋洗数次，最后再用去离子水或蒸馏水荡洗 2 ~ 3 次，以除去由自来水带入的钙、镁、钠、铁、氯等离子。洗涤方法一般是用洗瓶向仪器内壁挤入少量水，同时转动仪器或变换洗瓶水流方向，使水能充分淋洗内壁，每次用水量不需太多，以少量多次为原则。

④ 玻璃仪器的干燥方法。

玻璃仪器有时还需要干燥。一般将洗净的仪器倒置一段时间后，若没有水迹，即可使用（晾干）。有些实验必须严格要求无水，这时，可将仪器放在烘箱中烘干（但容量器皿不能在烘箱中烘，以免影响体积准确度）。较大的仪器或者在洗涤后需立即使用的仪器，为了节省时间，可将水尽可能沥干后，加入少量丙酮或乙醇润洗（使用后的乙醇或丙酮应倒回专用的回收瓶中），再用电吹风吹干。先吹冷风 1 ~ 2 min，当大部分溶剂挥发后，再吹入热风使干燥完全（有机溶剂蒸气易燃易爆，故不宜先用热风吹），吹干后再吹冷风使仪器逐渐冷却。

⑤ 洗净的玻璃仪器放入实验台下指定柜子内，锁好。

三、思考题

（1）仪器洗净的标志是什么？不同类型的玻璃仪器应用什么方法洗涤？

（2）铬酸洗液配制时应注意什么？新配制的铬酸洗液应是什么状态及颜色？

（3）为什么说铬酸洗液不是万能的？应如何正确使用铬酸洗液？怎样知道铬酸洗液已经失效？

附表：基础实验仪器清单

名称	规格	数量	名称	规格	数量
无机实验常规仪器			分析实验常规仪器		
烧杯	500 mL	1 只	酸式滴定管	50 mL	1 支
烧杯	250 mL	1 只	碱式滴定管	50 mL	1 支
烧杯	100 mL 或 50 mL	3 只	小口试剂瓶	1 000 mL 或 500 mL	2 只
普通漏斗	6 cm	1 只	容量瓶	250 mL	1 只
量筒	50 mL	1 只	锥形瓶	250 mL	3 只
量筒	10 mL	1 只	移液管	10 mL	1 支
移液管	10 mL	1 支	移液管	5 mL	1 支
移液管	25 mL	1 支	移液管	25 mL	1 支
容量瓶	100 mL	1 只	洗耳球		1 只
试管	12×100（离心） 25×200 15×150 指型	4 支 2 支 6 支 12 支	烧杯	400 mL 250 mL 100 mL 或 50 mL	2 只 1 只 2 只

续附表

名称	规格	数量	名称	规格	数量
无机实验常规仪器			分析实验常规仪器		
胶头滴管		2 支	塑料洗瓶	500 mL	1 个
石棉网		1 块			
表面皿		1 只			
蒸发皿		1 只			
酒精灯		1 只			
试管夹		1 只			
试管架		1 个			
塑料洗瓶	500 mL	1 个			
洗耳球		1 只			

实验二　灯的使用和玻璃加工技术

（4 学时）

一、实验目的

（1）初步练习玻璃管的切割、弯曲、拉制、熔烧等操作。
（2）练习塞子钻孔的基本操作。
（3）掌握酒精喷灯的正确使用方法。

二、仪器及试剂

酒精灯，酒精喷灯，玻璃管，玻璃棒，橡皮胶头，锉刀，橡皮塞，打孔器。

三、实验内容

（一）灯的使用

酒精灯和酒精喷灯是实验室常用的加热器具。酒精灯的温度一般可达 400 ~ 500 °C；酒精喷灯可达 700 ~ 1 000 °C。

1. 酒精灯

（1）酒精灯的构造

酒精灯一般是由玻璃制成的。它由灯壶、灯帽和灯芯构成（见图 3.2.1）。酒精灯的正常火焰分为三层（见图 3.2.2），内层为焰心，温度最低；中层为内焰（还原焰），由于酒精蒸气燃烧不完全，并分解为含碳的产物，所以这部分火焰具有还原性，称为“还原焰”，温度较高；外层为外焰（氧化焰），酒精蒸气完全燃烧，温度最高。进行实验时，一般都用外焰来加热。

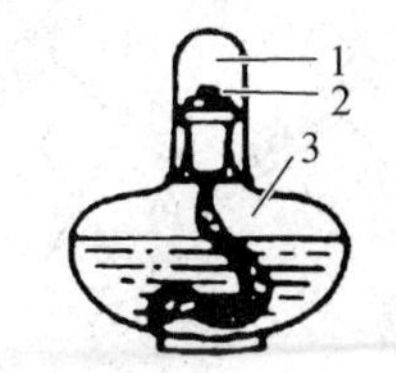

1—灯帽；2—灯芯；3—灯壶

图 3.2.1　酒精灯的构造

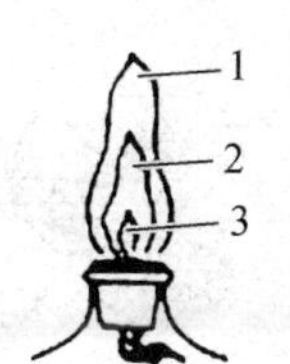

1—外焰；2—内焰；3—焰心

图 3.2.2　酒精灯的火焰

（2）酒精灯的使用方法

① 新购置的酒精灯应首先配置灯芯。灯芯通常是用多股棉纱拧在一起或编织而成的，它插在灯芯瓷套管中。灯芯不宜过短，一般浸入酒精后还要长 4～5 cm。对于旧灯，特别是长时间未用的酒精灯，取下灯帽后，应提起灯芯瓷套管，用洗耳球或嘴轻轻地向灯壶内吹几下以赶走其中聚集的酒精蒸气，再放下套管，检查灯芯。若灯芯不齐或烧焦，应用剪刀修整为平头等长，如图 3.2.3 所示。

② 酒精灯壶内的酒精少于其容积的 1/2 时，应及时添加酒精，但不能装得太满，以不超过灯壶容积的 2/3 为宜。添加酒精时，一定要借助小漏斗（见图 3.2.4），以免将酒精洒出。燃着的酒精灯，若需添加酒精，首先必须熄灭火焰，决不允许在酒精灯燃着时添加酒精，否则很易起火而造成事故。

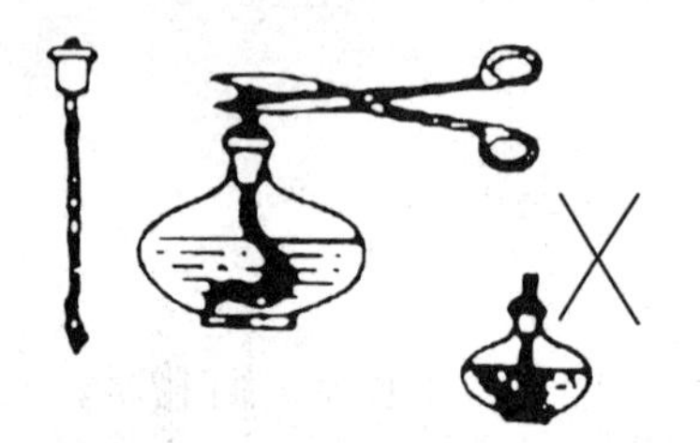

图 3.2.3　检查灯芯并修剪

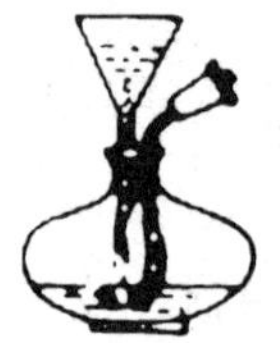

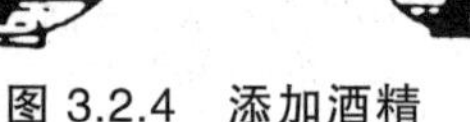

图 3.2.4　添加酒精

③ 新装的灯芯须放入灯壶内酒精中浸泡，而且将灯芯不断移动，使每端灯芯都浸透酒精，然后调好其长度，才能点燃。因为未浸过酒精的灯芯，一点燃就会烧焦。一定要用火柴点燃酒精灯，决不允许用燃着的另一酒精灯对点（见图 3.2.5），否则会将酒精洒出，引起火灾。

④ 加热时，若无特殊要求，一般用温度最高的火焰（外焰与内焰交界部分）来加热器具。加热的器具与灯焰的距离要合适，过高或过低都不正确。被加热的器具与酒精灯焰的距离可以通过铁环或垫木来调节。被加热的器具必须放在支撑物（三角架或铁环等）上，或用坩埚钳、试管夹夹持，决不允许用手拿着仪器加热（见图 3.2.6）。

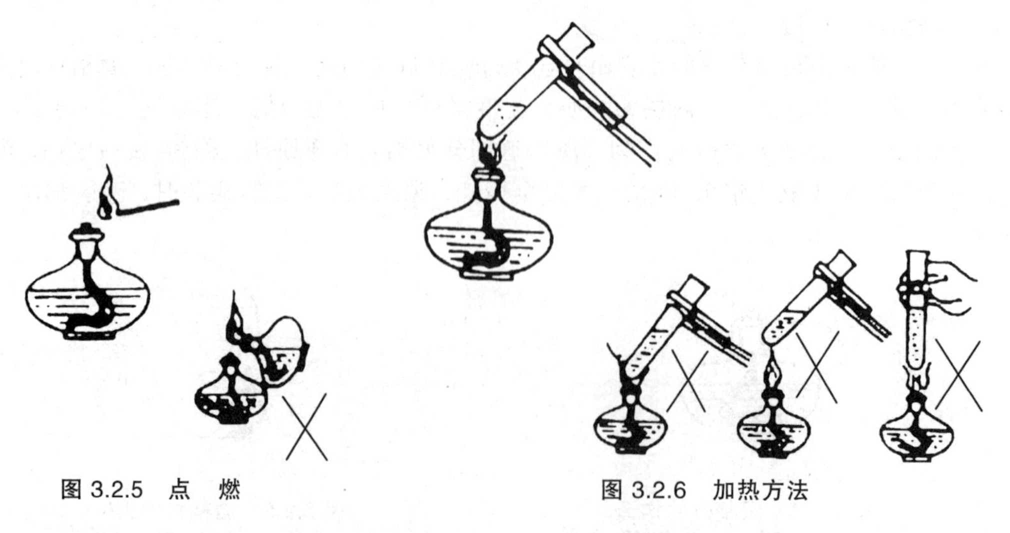

图 3.2.5　点　燃

图 3.2.6　加热方法

⑤ 若要使灯焰平稳，并适当提高温度，可以加一金属网罩（见图 3.2.7）。

⑥ 加热完毕或因添加酒精要熄灭酒精灯时，必须用灯帽盖灭，盖灭后需重复盖一次，让空气进入且让热量散发，以免冷却后盖内造成负压使盖打不开。决不允许用嘴吹灭酒精灯（见图 3.2.8）。

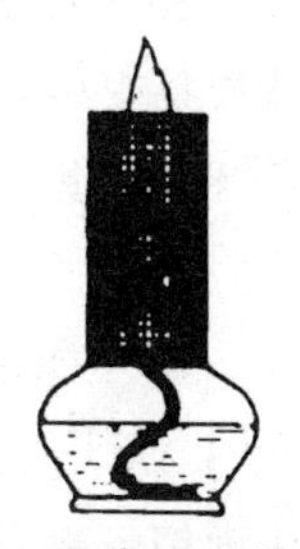

图 3.2.7 提高温度的方法

图 3.2.8 熄灭酒精灯

2. 酒精喷灯

（1）类型和构造

酒精喷灯一般分为座式和挂式两种，其构造如图 3.2.9 所示。

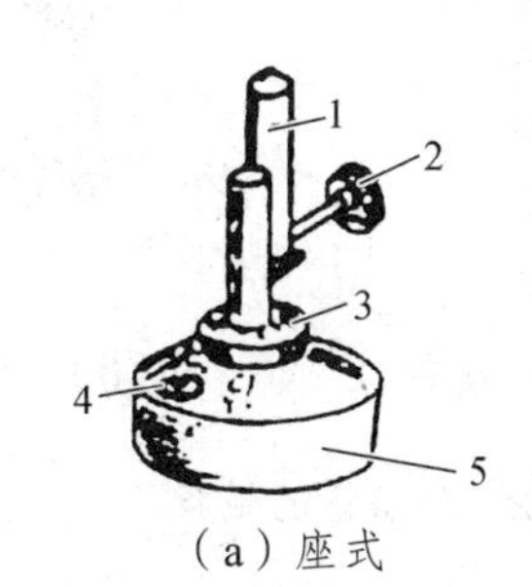

（a）座式

1—灯管；2—空气调节器；3 一预热盘；
4—铜帽；5—酒精壶

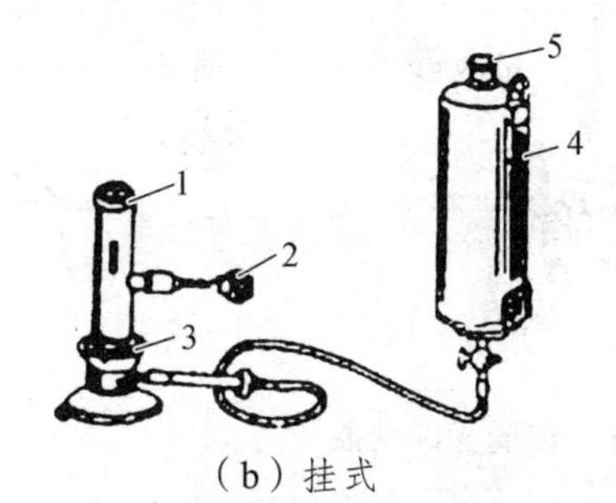

（b）挂式

1—灯管；2—空气调节器 3—预热盘；
4—酒精贮罐；5—盖子

图 3.2.9 酒精喷灯的类型和构造

（2）使用方法

① 使用酒精喷灯时，首先用捅针捅一捅酒精蒸气出口，以保证出气口畅通。

② 借助小漏斗向酒精壶内添加酒精，酒精壶内的酒精不能装得太满，以不超过酒精壶容积（座式）的 2/3 为宜。

③ 往预热盘里注入一些酒精，点燃酒精使灯管受热，待酒精接近燃完且在灯管口有火焰时，上下移动调节器调节火焰为正常火焰（见图 3.2.10）。

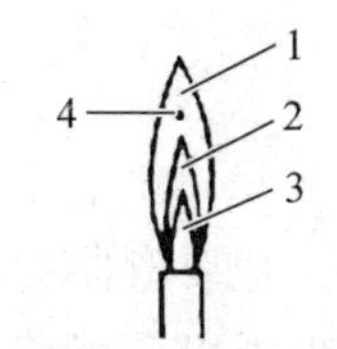

1—氧化焰（温度 700～1 000 °C）；
2—还原焰；3—焰心；4—最高温度点

（a）正常火焰

（b）临空火焰
（酒精蒸气、空气量都过大）

（c）侵入火焰
（酒精蒸气量小，空气量大）

图 3.2.10 灯焰的几种情况

④ 座式喷灯连续使用不能超过半小时，如果超过半小时，必须暂时熄灭喷灯，待冷却后，添加酒精再继续使用。

⑤ 用毕后，用石棉网或硬质板盖灭火焰，也可以将调节器上移来熄灭火焰。若长期不用，须将酒精壶内剩余的酒精倒出。

⑥ 酒精喷灯的酒精壶底部凸起时，不能再使用，以免发生事故。

（二）玻璃管（棒）的简单加工

1. 玻璃管（棒）的截断

将玻璃管（棒）平放在桌面上，依需要的长度，左手按住要切割的部位，右手用锉刀的棱边（或薄片小砂轮）在要切割的部位按一个方向（不要来回锯）用力锉出一道凹痕（见图 3.2.11）。锉出的凹痕应与玻璃管（棒）垂直，这样才能保证截断后的玻璃管（棒）截面是平整的。然后双手持玻璃管（棒），两拇指齐放在凹痕背面［见图 3.2.12（a）］，并轻轻地由凹痕背面向外推折，同时两食指和拇指将玻璃管（棒）向两边拉［图 3.2.12（b）］，如此将玻璃管（棒）截断。如截面不平整，则不合格。

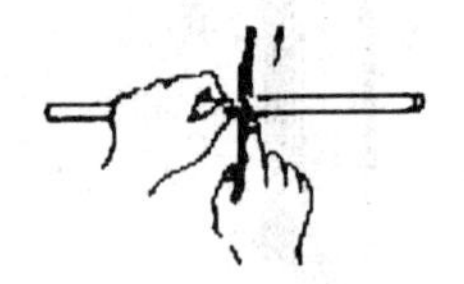

图 3.2.11　玻璃管的锉痕

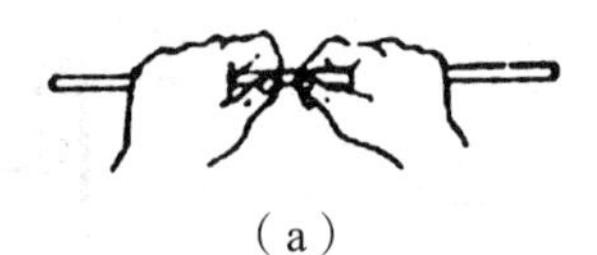

（a）

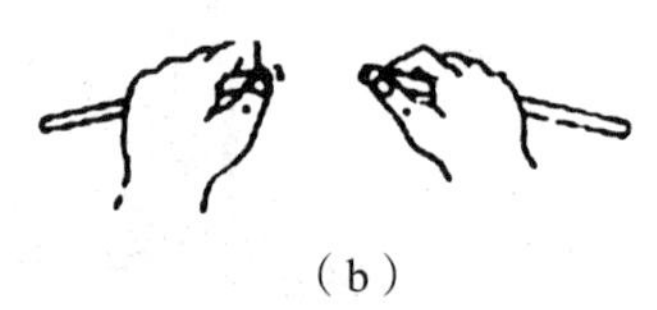

（b）

图 3.2.12　玻璃管的截断

2. 熔　光

切割的玻璃管（棒），其截断面的边缘很锋利，容易割破皮肤、橡皮管或塞子，所以必须放在火焰中熔烧，使之平滑，这个操作称为熔光（或圆口）。将刚切割的玻璃管（棒）的一头插入火焰中熔烧。熔烧时，角度一般为 45°，并不断来回转动玻璃管（棒）（图 3.2.13），直至管口变成红热平滑为止。熔烧时，加热时间过长或过短都不好，过短，管（棒）口不平滑；过长，管径会变小。转动不匀，会使管口不圆。

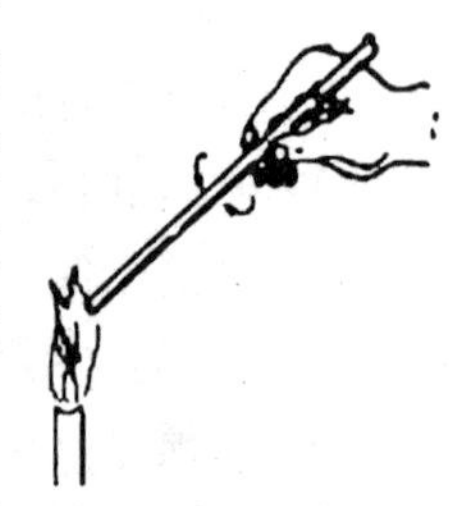

图 3.2.13　熔光

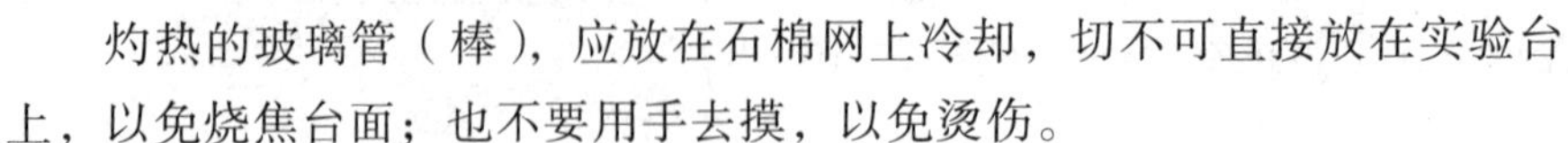

灼热的玻璃管（棒），应放在石棉网上冷却，切不可直接放在实验台上，以免烧焦台面；也不要用手去摸，以免烫伤。

3. 弯　曲

第一步，烧管。先将玻璃管用小火预热一下，然后双手持玻璃管，把要弯曲的部位斜插入喷灯（或煤气灯）火焰中，以增大玻璃管的受热面积（也可在灯管上罩以鱼尾灯头扩展火焰，来增大玻璃管的受热面积），若灯焰较宽，也可将玻璃管平放于火焰中，同时缓慢而均匀地不断转动玻璃管，使之受热均匀（见图 3.2.14）。两手用力均等，转速缓慢一致，以免玻璃管在火焰中扭曲。加热至玻璃管发黄变软时，即可自火焰中取出，进行弯管。

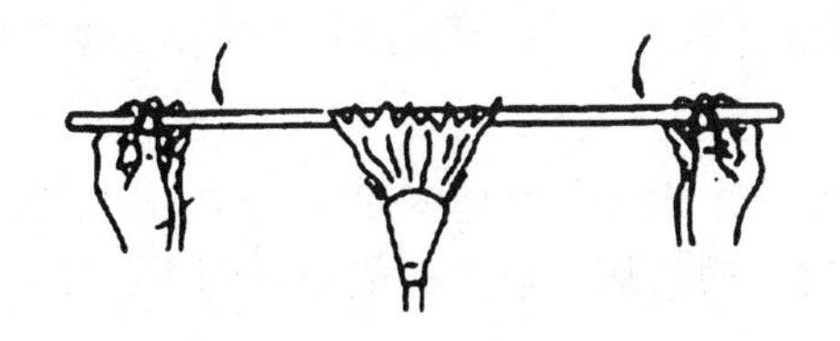

图 3.2.14　烧管方法

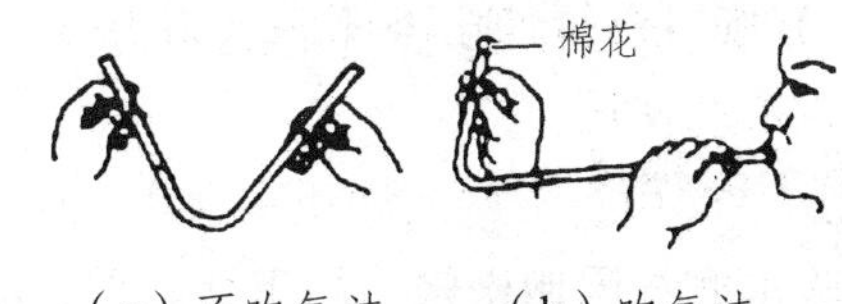

（a）不吹气法　　（b）吹气法

图 3.2.15　弯管的方法

第二步，弯管。将变软的玻璃管取离火焰后稍等一两秒钟，使各部温度均匀，用“V”字形手法（两手在上方，玻璃管的弯曲部分在两手中间的正下方）[见图 3.2.15（a）] 缓慢地将其弯成所需的角度。弯好后，待其冷却变硬才可撒手，将其放在石棉网上继续冷却。冷却后，应检查角度是否准确，整个玻璃管是否处于同一个平面上。120°以上的角度可一次弯成，但弯制较小角度的玻璃管，或灯焰较窄，玻璃管受热面积较小时，需分几次弯制（切不可一次完成，否则弯曲部分的玻璃管就会变形）。首先弯成一个较大的角度，然后在第一次受热弯曲部位稍偏左或稍偏右处进行第二次加热弯曲，如此第三次、第四次加热弯曲，直至弯成所需的角度为止。弯管好坏的比较见图 3.2.16。

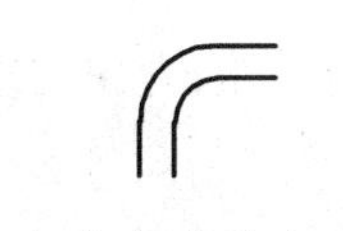

（a）里外均匀平滑（正确）

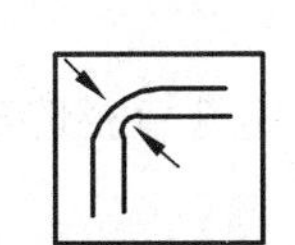

（b）里外扁平（加热温度不够）

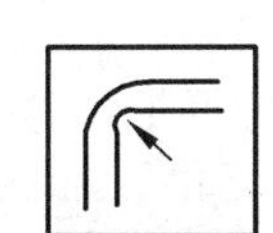

（c）里面扁平（弯时吹气不够）

（d）中间细（烧时两手外拉）

图 3.2.16　弯管好坏的比较和分析

4. 制备毛细管和滴管

第一步，烧管。拉细玻璃管时，加热玻璃管的方法与弯玻璃管时基本一样，不过烧的时间要长一些，玻璃管软化程度更大一些，烧至红黄色。

第二步，拉管。待玻璃管烧成红黄色软化以后，取出火焰，两手顺着水平方向边拉边旋转玻璃管（见图 3.2.17），拉到所需要的细度时，一手持玻璃管向下垂一会儿。冷却后，按需要的长度截断，形成两个尖嘴管。如果要求细管部分具有一定的厚度，应在加热过程中当玻璃管变软后，将其轻缓向中间挤压，减短它的长度，使管壁增厚，然后按上述方法拉细。

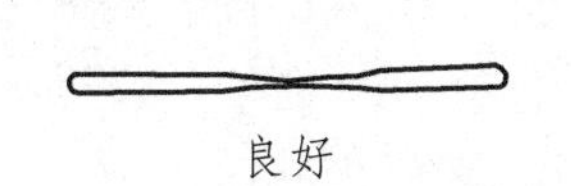

良好

不好

（烧管时旋转不够，受热不均）

图 3.2.17　拉管操作

第三步，制滴管的扩口。将未拉细的另一端玻璃管口以 40°斜插入火焰中加热，并不断转动。待管口灼烧至红热后，用金属锉刀柄斜放入管口内迅速而均匀地旋转（见图 3.2.18），将其管口扩开。另一扩口的方法是待管口烧至稍软化后，将玻璃管口垂直放在石棉网上，轻轻向下按一下，将其管口扩开。冷却后，安上胶头即成滴管。

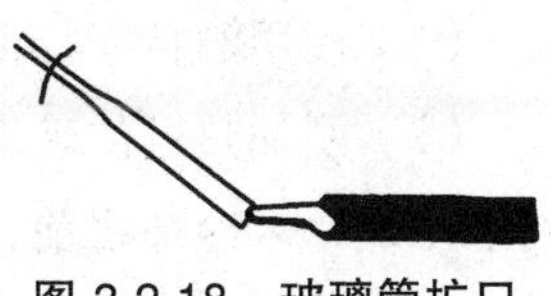

图 3.2.18　玻璃管扩口

（三）塞子的选择和钻孔

1. 塞子的种类

（1）软木塞：质地松软，严密性较差，易被酸、碱损坏，但与有机物作用小，不易被有机溶剂溶胀。

（2）橡皮塞：严密性较好，耐强碱侵蚀，易被强酸和某些有机物侵蚀而溶胀，无机实验装配仪器时多用橡皮塞。

（3）玻璃磨口塞：配套，严密性好，可被强碱、HF 腐蚀。

（4）塑料塞：有些装碱液的瓶子，塞子是耐碱塑料的。

2. 塞子的钻孔

钻孔的步骤如下：

（1）塞子大小的选择：塞子的大小应与仪器的口径相适合，塞子进入瓶颈或管颈部分占 1/2 ~ 2/3。

（2）钻孔器的选择：选择比要插入橡皮塞的玻璃管口径略粗的钻孔器，因为橡皮塞有弹性，孔道钻成后会收缩使孔径变小。

（3）钻孔的方法：将塞子小的一端朝上平放在桌面上的一块木板上（避免钻坏桌面），左手持塞，右手握住钻孔器的柄，并在钻孔器前端涂点甘油或水，将钻孔器按在选定的位置，以顺时针的方向边旋转边向下压钻动。钻孔时要缓慢均匀，否则钻出的孔细小不合用。钻孔器要垂直于塞子的面，不能左右摆动，更不能倾斜，以免把孔钻斜。钻至约达塞子高度 2/3 时，以反时针方向一面旋转，一面向上拉，拔出钻孔器。按同法从塞子大的一端钻孔，注意对准小的那端的孔位，直到两端的圆孔贯穿为止。拔出钻孔器，捅出钻孔器内嵌入的橡皮。钻孔后，检查孔道是否合用，如果玻璃管可以毫不费力地插入圆塞孔，说明孔径太大，塞孔和玻璃管之间不够严密，塞子不能使用；若塞孔稍小或不光滑，可用圆锉修整。

（4）玻璃管插入橡皮塞的方法：用甘油或水湿润玻璃管的前端，先用布包住玻璃管，然后手握玻璃管的前半部，把玻璃管慢慢旋入塞孔内合适的位置。

注意：如果用力过猛或者手离橡皮塞太远，都可能把玻璃管折断，刺伤手掌。

四、注意事项

（1）刚截断的玻璃管面很锋利，易划破皮肤，切割玻璃管（棒）时要防止划破手。

（2）使用酒精喷灯前，必须先准备一块湿抹布备用。

（3）刚加热过的玻璃管温度很高，切不可直接放在实验台上，防止烧焦台面；置于石棉网上冷却，未冷却之前，不要用手去摸，防止烫伤手。

（4）钻孔时，用力不能过猛，防止戳破手。

五、课堂练习

（1）截断 3 根玻璃管和 2 根玻璃棒，并熔烧其截断面。

（2）练习弯曲玻璃管，用 3 根玻璃管弯成 120°，90°，60°的弯管。

（3）制作 2～4 支滴管。

（4）练习塞子钻孔操作，按 500 mL 塑料瓶瓶口直径大小选取一个合适的橡皮塞，并钻一个孔。

实验三　溶液的配制

（3 学时）

一、实验目的

（1）了解和学习实验室常用溶液的配制方法。

（2）学会容量瓶和移液管的使用方法。

二、实验原理

无机及分析实验通常配制的溶液有一般溶液和标准溶液。配制溶液时，应根据对溶液浓度的准确度的要求，确定在哪一级天平上称量；记录时应记准至几位有效数字；配制溶液选择什么样的容器等。该准确时就应该很严格；允许误差大些时可以不那么严格。

（一）一般溶液的配制及保存

1. 一般溶液的配制及保存方法

（1）直接水溶法：易溶于水而不发生水解的固体试剂，如 NaOH、KNO_3、NaCl 等，配制其溶液，按要求称取一定量固体放入烧杯中，加少量蒸馏水，搅拌溶解后稀释到所需体积，转入试剂瓶中。

（2）稀释法：液态试剂（HCl、H_2SO_4、HAc 等），配制其溶液，按所需的要求量取浓溶液，加适量蒸馏水稀释到所需体积。注意：配制硫酸溶液应在不断搅拌下将浓 H_2SO_4 缓慢倒入盛水容器中。

（3）介质水溶法：易水解的固体试剂，如 $FeCl_3$、$BiCl_3$、$SbCl_3$ 等，配制其溶液，按要求称取一定量固体放入烧杯中，加适量一定浓度的酸（或碱）使之溶解，再用蒸馏水稀释到所需体积，转入试剂瓶中。

一些见光容易分解或易发生氧化还原反应的溶液，要防止在保存期内失效。如 Sn^{2+} 及 Fe^{2+} 溶液应分别放入一些 Sn 粒和 Fe 屑。$AgNO_3$、$KMnO_4$、KI 等溶液应储存于干净的棕色瓶中。容易发生化学腐蚀的溶液应保存在合适的容器中。

2. 配制及保存溶液的原则

（1）经常并大量用的溶液，可先配制浓度约大 10 倍的储备液，使用时取储备液稀释 10 倍即可。

（2）易侵蚀或腐蚀玻璃的溶液，不能盛放在玻璃瓶内，如含氟的盐类（如 NaF、NH_4F、NH_4HF_2）、苛性碱等应保存在聚乙烯塑料瓶中。

（3）易挥发、易分解的试剂及溶液，如 I_2、$KMnO_4$、H_2O_2、$AgNO_3$、$H_2C_2O_4$、$Na_2S_2O_3$、$TiCl_3$、氨水、Br_2 水、CCl_4、$CHCl_3$、丙酮、乙醚、乙醇等溶液及有机溶剂等均应存放在棕色瓶中，密封好放在蔽光阴凉的地方，避免光的照射。

（4）配制溶液时，要合理选择试剂的级别，不许超规格使用试剂，以免造成浪费。

（5）配好的溶液盛装在试剂瓶中，应贴好标签，注明溶液的浓度、名称以及配制日期。

（二）标准溶液的配制方法

已知准确浓度的溶液称为标准溶液。在化学实验中，标准溶液常用 $mol \cdot L^{-1}$ 表示其浓度。标准溶液的配制方法主要分直接法和间接法两种。

1. 直接法

用分析天平准确称取一定量的基准试剂于烧杯中，加入适量的去离子水溶解后，转入容量瓶，再用去离子水稀释至刻度，摇匀，即成为准确浓度的标准溶液。其准确浓度可由称量数据及稀释体积求得。例如，需配制 500 mL 浓度为 $0.010\ 00\ mol \cdot L^{-1}$ $K_2Cr_2O_7$ 溶液，应在分析天平上准确称取基准物质 $K_2Cr_2O_7$ 1.470 9 g，加少量水使之溶解，定量转入 500 mL 容量瓶中，加水稀释至刻度。

较稀的标准溶液可由较浓的标准溶液稀释而成。例如，光度分析中需用 $1.79 \times 10^{-3}\ mol \cdot L^{-1}$ 标准铁溶液。计算得知须准确称取 10 mg 纯金属铁，但在一般分析天平上无法准确称量，因其量太小、称量误差大。因此常常采用先配制储备标准溶液，然后再稀释至所要求的标准溶液浓度的方法。可在分析天平上准确称取高纯（99.99%）金属铁 1.000 0 g，然后在小烧杯中加入约 30 mL 浓盐酸使之溶解，定量转入 1 L 容量瓶中，用 $1\ mol \cdot L^{-1}$ 盐酸稀释至刻度。此标准溶液含铁 $1.79 \times 10^{-2}\ mol \cdot L^{-1}$。移取此标准溶液 10.00 mL 于 100 mL 容量瓶中，用 $1\ mol \cdot L^{-1}$ 盐酸稀释至刻度，摇匀，此标准溶液含铁 $1.79 \times 10^{-3}\ mol \cdot L^{-1}$。由储备液配制成操作溶液时，原则上只稀释一次，必要时可稀释两次。稀释次数越多累积误差越大，影响分析结果的准确度。

2. 间接法（标定法）

不符合基准试剂条件的物质，不能直接配制成准确浓度的标准溶液，可先配制成溶液，然后选择基准试剂或已知准确浓度的溶液对其进行标定。例如，做滴定剂用的酸碱溶液，一般先配制成约 $0.1\ mol \cdot L^{-1}$ 浓度。由原装的固体酸碱配制溶液时，一般只要求准确到 1～2 位有效数字，故可用量筒量取液体或在台秤上称取固体试剂，加入的溶剂（如水）用量筒或量杯量取即可。但是在标定溶液的整个过程中，一切操作要求严格、准确。称量基准试剂要求使用分析天平，称准至小数点后四位有效数字。所标定溶液要用的体积，因要进行浓度计算，所以均要用容量瓶、移液管、滴定管准确操作，不能马虎。

三、仪器与试剂

托盘天平，分析天平，容量瓶，滴瓶，移液管，浓 HCl，浓 H_2SO_4，HNO_3，NaOH（s），NaCl（s），$KHC_8H_4O_4$（AR）。

四、实验步骤

（1）计算：$n = m/M$，$c = n/V$，$\rho = m/V$。

例：实验室用密度为 1.18 g · mL^{-1}，质量分数为 36.5% 的浓盐酸配制 250 mL 0.3 mol · L^{-1} 的盐酸。$V = m/\rho = (0.25 \times 0.3 \times 36.5)/(36.5\% \times 1.18)$。

（2）称量或量取：固体试剂用托盘天平或电子天平称量，液体试剂用量筒。

（3）溶解：应在烧杯中溶解，待冷却后转入容量瓶中。

（4）转移：由于容量瓶的颈较细，为了避免液体洒在外面，用玻璃棒引流。

（5）洗涤：用少量蒸馏水洗涤 3 次，洗涤液全部转入容量瓶中。

（6）定容：向容量瓶中加入蒸馏水，在距离刻度 2 ~ 3 cm 处，改用胶头滴管加至刻度线。

五、实验内容

（1）配制 100 mL 0.5 mol · L^{-1} 氢氧化钠溶液。

（2）用 9 mol · L^{-1} 的硫酸配制 100 mL 3 mol · L^{-1} 的硫酸。

（3）配制 100 mL 0.1 mol · L^{-1} 氯化钠溶液。

（4）配制 250 mL 0.010 0 mol · L^{-1} $KHC_8H_4O_4$ 溶液。

六、思考题

（1）用容量瓶配制溶液时，要不要先把容量瓶干燥？要不要用被稀释溶液洗三遍？为什么？

（2）怎样洗涤吸管？水洗净后的吸管在使用前还要用吸取的溶液来洗涤？为什么？

（3）什么是基准物质或基准试剂？它应具备哪些条件？

实验四　粗食盐的提纯

（4 学时）

一、实验目的

（1）学习提纯粗食盐的原理和方法。

（2）学习减压过滤、蒸发浓缩等基本操作。

（3）学习在分离提纯物质的过程中，定性检验某些物质是否除去的方法。

（4）了解沉淀溶解平衡原理的应用。

二、实验原理

粗食盐中含有不溶性杂质（如泥沙等）和可溶性杂质（主要是 Ca^{2+}、Mg^{2+}、SO_4^{2-}和 K^+）。不溶性杂质可以将粗食盐溶于水后用过滤的方法除去。可溶性杂质中的 Ca^{2+}、Mg^{2+}、SO_4^{2-}等离子可以选择适当的试剂（如 $BaCl_2$、Na_2CO_3）使它们分别生成难溶性硫酸盐、碳酸盐化合物的沉淀而被除去。所选的试剂应遵循不引进新的杂质或引进的杂质能在下一步操作中除去的原则。

（1）在粗盐溶液中加入过量的 $BaCl_2$ 溶液，除去 SO_4^{2-}：

$$Ba^{2+} + SO_4^{2-} = BaSO_4\downarrow$$

过滤，除去难溶化合物和 $BaSO_4$ 沉淀。

（2）在滤液中加入 NaOH 和 Na_2CO_3 溶液，除去 Mg^{2+}、Ca^{2+}和沉淀 SO_4^{2-}时加入的过量 Ba^{2+}：

$$Mg^{2+} + 2OH^- = Mg(OH)_2\downarrow$$

$$Ca^{2+} + CO_3^{2-} = CaCO_3\downarrow$$

$$Ba^{2+} + CO_3^{2-} = BaCO_3\downarrow$$

过滤除去沉淀。

（3）溶液中过量的 NaOH 和 Na_2CO_3 可以用盐酸中和除去。

（4）粗盐中的 K^+和上述沉淀剂都不起作用。由于 KCl 的溶解度大于 NaCl 的溶解度，且含量较少，因此在蒸发和浓缩过程中，NaCl 先结晶出来，而 KCl 则留在溶液中。

三、仪器与试剂

布氏漏斗，循环水泵，吸滤瓶，普通漏斗，烧杯，蒸发皿，滤纸，台秤，NaCl（粗），

HCl（6 mol · L^{-1}），$NaOH$（2 mol · L^{-1}），$BaCl_2$（1 mol · L^{-1}），Na_2CO_3（饱和），$(NH_4)_2C_2O_4$（饱和），镁试剂，pH 试纸等。

四、实验内容

（一）粗食盐的提纯

1. 粗盐溶解

在台秤上称取约 10 g 粗食盐，放入小烧杯中，加 30 mL 水，加热、搅拌，使其溶解。

2. 除 SO_4^{2-}

加热溶液至沸腾时，边搅拌边滴加 1 mol · L^{-1} $BaCl_2$ 溶液至沉淀完全，继续加热，使 $BaSO_4$ 颗粒长大而易于沉淀和过滤。为了试验沉淀是否完全，可将烧杯从石棉网上取下，待沉淀沉降后，在上层清液中加入 1 ~ 2 滴 1 mol · L^{-1} $BaCl_2$ 溶液，观察是否浑浊，如不浑浊，说明 SO_4^{2-} 已完全沉淀；如仍浑浊，则需继续滴加 $BaCl_2$ 溶液，直至不产生浑浊。沉淀完全后，继续加热 5 min，减压过滤，滤液转移至烧杯中，弃去不溶性杂质和 $BaSO_4$ 沉淀。

3. 除 Ca^{2+}、Mg^{2+} 和过量的 Ba^{2+} 等阳离子

将滤液加热至沸，边搅拌边滴加饱和 Na_2CO_3 溶液至溶液的 pH 约等于 11。待沉淀沉降后，在上层清液中滴加饱和 Na_2CO_3 溶液，如不再有浑浊产生，说明沉淀完全；如还有浑浊产生，继续滴加饱和 Na_2CO_3 溶液至不再产生沉淀为止。减压过滤，弃去沉淀。

4. 用 HCl 溶液除剩余的 CO_3^{2-}

在滤液中边搅拌边逐滴滴加 6 mol · L^{-1} HCl 溶液，并用 pH 试纸测试，直至溶液呈微酸性（pH 为 3 ~ 4）。

5. 蒸发、结晶

将溶液倒入蒸发皿中，加热蒸发，浓缩至溶液表面出现一层晶膜或糊状的稠液为止，但切不可将溶液蒸干。冷却结晶后，减压过滤，尽量将结晶抽干（布氏漏斗下端无水滴）。将晶体转至蒸发皿中，在石棉网上小火烘干。冷却后称量，计算产率。

（二）产品纯度的检验

取提纯前和提纯后的食盐少量(约 0.5 g)，分别用 5 mL 蒸馏水溶解，然后各盛于 3 支试管中，组成 3 组，对照检验它们的纯度。

1. SO_4^{2-} 的检验

在第一组溶液中，分别加入 2 滴 1 mol · L^{-1} HCl，使溶液呈酸性，再滴加 2 滴 1 mol · L^{-1} $BaCl_2$ 溶液。比较沉淀产生的情况，若有白色沉淀，证明有 SO_4^{2-} 存在。记录实验结果，进行比较。

2. Ca^{2+}的检验

在第二组溶液中，各加入 2 滴 2 mol · L^{-1} Hac，使溶液呈酸性，再滴加 2 滴 1 mol · L^{-1} $(NH_4)_2C_2O_4$溶液，比较沉淀产生的情况，若有白色沉淀，证明有 Ca^{2+}存在。记录实验结果，进行比较。

3. Mg^{2+}的检验

在第三组溶液中，各加入 2 ~ 3 滴 2 mol · L^{-1} NaOH 溶液，使溶液呈碱性（用 pH 试纸试验），再各加入 2 滴镁试剂，若有天蓝色沉淀生成，证明有 Mg^{2+}存在。记录实验结果进行比较。

注：镁试剂是一种有机染料，它在酸性溶液中呈黄色，在碱性溶液中呈红色或紫色，但被 $Mg(OH)_2$ 沉淀吸附后，则呈天蓝色，因此可以用来检验 Mg^{2+}的存在。

五、思考题

（1）在除去 SO_4^{2-}、Ca^{2+}和 Mg^{2+}时，为什么要先加 $BaCl_2$溶液，然后再加 Na_2CO_3溶液？

（2）溶液浓缩时为什么不能蒸干？

（3）在除去 SO_4^{2-}、Ca^{2+}和 Mg^{2+}等杂质离子时，能否用其他可溶性碳酸盐代替 Na_2CO_3？

（4）能否用 $CaCl_2$ 代替毒性大的 $BaCl_2$ 来除去食盐中的 SO_4^{2-}？

（5）用 HCl 溶液除剩余的 CO_3^{2-}时，为什么要把溶液的 pH 调至 3 ~ 4？调至恰为中性如何？

实验五　硫酸亚铁铵晶体的制备

（4 学时）

一、实验目的

（1）了解复盐的制备方法，复习过滤、蒸发、结晶等基本操作。

（2）学习利用目视比色法检测产品质量的方法。

二、实验原理

硫酸亚铁铵（俗称摩尔盐）是一种复盐：$FeSO_4 \cdot (NH_4)_2SO_4 \cdot 6H_2O$，可用如下方法制备：

$$Fe\text{（铁屑）} + H_2SO_4\text{（稀）} = FeSO_4 + H_2\uparrow$$

$$FeSO_4 + (NH_4)_2SO_4 + 6H_2O = FeSO_4 \cdot (NH_4)_2SO_4 \cdot 6H_2O$$

在空气中亚铁盐通常都易被氧化，但生成复盐 $FeSO_4 \cdot (NH_4)_2SO_4 \cdot 6H_2O$（浅绿色晶体）后比较稳定，不易被氧化。在 0 ~ 40 °C 的温度范围内，硫酸亚铁铵在水中的溶解度比组成它的每一组分的溶解度都小。因此，很容易从浓 $FeSO_4$ 和$(NH_4)_2SO_4$ 混合溶液中制得结晶的摩尔盐。实验中有关盐的溶解度数据如表 3.5.1 所示：

表 3.5.1　实验有关盐的溶解度（g/100 g 水）

温度/°C	$(NH_4)_2SO_4$	$FeSO_4 \cdot 7H_2O$	$FeSO_4 \cdot (NH_4)_2SO_4 \cdot 6H_2O$
10	73.0	20.0	17.2
20	75.4	26.5	21.6
30	78.0	32.9	28.1
40	81.0	40.2	33.0

比色原理：$Fe^{3+} + n\,SCN^- = Fe(SCN)_n^{(3-n)}$（红色）

用比色法可估计产品中所含杂质 Fe^{3+}的量。由于 Fe^{3+}能与 SCN^-生成红色物质$[Fe(SCN)]^{2+}$，当红色较深时，表明产品中含 Fe^{3+}较多；当红色较浅时，表明产品中含 Fe^{3+}较少。所以，只要将所制备的硫酸亚铁铵晶体与 KSCN 溶液在比色管中配制成待测溶液，将它所呈现的红色与含一定量 Fe^{3+}所配制成的标准$[Fe(SCN)]^{2+}$溶液的红色进行比较，根据红色深浅程度，即可知待测溶液中杂质 Fe^{3+}的含量，从而可确定产品的等级。

三、仪器与试剂

台秤，循环水泵，布氏漏斗，吸滤瓶，铁架台，H_2SO_4（3 mol · L^{-1}），Na_2CO_3（10%），铁屑，$(NH_4)_2SO_4$（s），HCl（2 mol · L^{-1}），KCNS（1 mol · L^{-1}）。

四、实验步骤

1. 铁屑表面油污的去除

用台秤称取约 1.0 g 铁屑放入锥形瓶中，加入 10 mL 10% 的 Na_2CO_3 溶液，缓慢加热约 10 min，用倾析法倾去碱液，用去离子水将铁屑冲洗干净（用纯净铁屑，可不进行此操作）。

2. 硫酸亚铁的制备

往盛有铁屑的锥形瓶中加入 10 mL 3 mol · L^{-1} 的 H_2SO_4 溶液，盖上表面皿，在石棉网上小火水浴加热（低于 80 °C），使铁屑与硫酸反应至不再有气泡冒出为止。在加热过程中需不断添加水以补充失去的水分。趁热减压过滤，用少量热水洗涤锥形瓶和漏斗上的残渣，抽干。将滤液转至蒸发皿中。将锥形瓶中和滤纸上的铁屑及残渣洗净，收集起来用滤纸吸干后称量。算出已反应的铁屑的量并计算出生成 $FeSO_4$ 的理论产量。

3. 硫酸亚铁铵的制备

根据 $FeSO_4$ 的理论量，按 $n(FeSO_4) : n[(NH_4)_2SO_4] = 1 : 0.5$ 的比例称取一定量的 $(NH_4)_2SO_4$ 固体配成饱和溶液，将此饱和溶液加到硫酸亚铁溶液中，混合均匀后滴加 3 mol · L^{-1} 的 H_2SO_4 溶液至 pH = 1 ~ 2。用小火水浴蒸发浓缩至表面出现一层微晶膜为止（蒸发过程中不可搅拌）。静止冷却至室温，析出浅绿色 $FeSO_4 \cdot (NH_4)_2SO_4 \cdot 6H_2O$ 晶体。用布氏漏斗减压过滤，尽量挤干晶体上残存的母液，把晶体转移到表面皿上晾干片刻，观察晶体的形状和颜色。称量并计算产率。

4. 纯度检验

（1）Fe^{3+}标准溶液的配制（实验室配制）：向 3 支 25 mL 比色管中各加入 2 mol · L^{-1} KCNS 溶液，再用移液管分别加入 0.1 mg · mL^{-1} Fe^{3+}标准溶液 0.05 mL、1.00 mL、2.00 mL，最后用蒸馏水稀释至刻度，摇匀，制成 Fe^{3+}含量不同的标准溶液。这 3 支比色管中所对应的各级硫酸亚铁铵药品规格分别为

Ⅰ级试剂　　　含 Fe^{3+} 0.05 mg

Ⅱ级试剂　　　含 Fe^{3+} 0.10 mg

Ⅲ级试剂　　　含 Fe^{3+} 0.20 mg

（2）Fe^{3+}的限量分析：称 1 g 样品置于 25 mL 比色管中，用 15 mL 不含氧的去离子水溶解，加入 2 mL 2 mol · L^{-1} HCl 和 1 mL 1 mol · L^{-1} KCNS 溶液，再用水稀释至 25 mL 刻度，摇匀后，所呈现的红色不得深于规定级别的标准溶液。

五、思考题

（1）为什么要首先除去铁屑表面的油污？
（2）为什么在制备过程中溶液始终呈酸性？
（3）在制备硫酸亚铁时，为什么要使铁过量？
（4）为什么制备硫酸亚铁铵晶体时，溶液必须呈酸性？蒸发浓缩时是否需要搅拌？
（5）能否将最后产物 $FeSO_4 \cdot (NH_4)_2SO_4 \cdot 6H_2O$ 直接放在蒸发皿内加热干燥？为什么？

实验六　硫代硫酸钠的制备

（8 学时）

一、实验目的

（1）了解用 Na_2SO_3 和 S 制备硫代硫酸钠的方法。

（2）熟悉减压过滤、蒸发、结晶等基本操作。

（3）学习产品中硫酸盐和亚硫酸盐的限量分析。

二、实验原理

硫代硫酸钠从水溶液中结晶得五水合物（$Na_2S_2O_3 \cdot 5H_2O$），它是一种白色晶体，商品名称为“海波”，硫代硫酸根中硫的氧化值为 +2，其结构式为

$$\left[\begin{array}{ccc} O & & O \\ & \diagdown \quad \nearrow & \\ & S & \\ & \diagup \quad \searrow & \\ O & & S \end{array}\right]^{2-}$$

硫元素的电极电势如下：

$$E_A^{\ominus}/V \quad S_2O_8^{2-} \; \underline{\;2.01\;} \; SO_4^{2-} \; \underline{\;0.20\;} \; H_2SO_3 \; \underline{\;0.40\;} \; S_2O_3^{2-} \; \underline{\;0.50\;} \; S$$

$$E_B^{\ominus}/V \quad SO_4^{2-} \; \underline{\;-0.93\;} \; SO_3^{2-} \; \underline{\;-0.58\;} \; S_2O_3^{2-} \; \underline{\;0.74\;} \; S$$

由电极电势可知，酸性溶液中 $S_2O_3^{2-}$ 易发生歧化反应，生成 H_2SO_3 和 S。碱性溶液中发生反歧化反应，即由 SO_3^{2-} 与 S 作用生成 $S_2O_3^{2-}$。

本实验是利用亚硫酸钠与硫共煮制备硫代硫酸钠。其反应式为：

$$Na_2SO_3 + S \overset{\triangle}{=\!=\!=} Na_2S_2O_3$$

鉴别 $Na_2S_2O_3$ 的特征反应为：

$$2Ag^+ + S_2O_3^{2-} =\!=\!= \underset{(白色)}{Ag_2S_2O_3 \downarrow}$$

$$Ag_2S_2O_3 \downarrow + H_2O =\!=\!= H_2SO_4 + \underset{(黑色)}{Ag_2S \downarrow}$$

在含有 $S_2O_3^{2-}$ 的溶液中加入过量的 $AgNO_3$ 溶液，立刻生成白色沉淀，此沉淀迅速变黄、变棕，最后变成黑色。

硫代硫酸盐的含量测定是利用反应：

$$2S_2O_3^{2-} + I_2(aq) = S_4O_6^{2-} + 2I^-(aq)$$

但亚硫酸盐也能与 I_2-KI 溶液反应：

$$SO_3^{2-} + I_2 + H_2O = SO_4^{2-} + 2I^- + 2H^+$$

所以用标准碘溶液测定 $Na_2S_2O_3$ 含量前，先要加甲醛使溶液中的 Na_2SO_3 与甲醛反应，生成加合物 $CH_2(Na_2SO_3)O$，此加合物还原能力很弱，不能还原 I_2-KI 溶液中的 I_2。

硫代硫酸钠的含量计算如下：

$$w = \frac{(V/1\,000) \cdot cM}{m} \times 100$$

式中 V——滴定试验所消耗的碘标准滴定溶液的体积，mL；

c——碘标准滴定溶液浓度，$mol \cdot L^{-1}$；

m——试样质量，g；

M——硫代硫酸钠的摩尔质量，248.17 $g \cdot mol^{-1}$。

三、仪器与试剂

台秤，烧杯，减压过滤装置，蒸发皿，表面皿，Na_2SO_3（s），S（s），乙醇，$Na_2S_2O_3$（0.1 $mol \cdot L^{-1}$），$BaCl_2$（250 $g \cdot L^{-1}$），I_2 标准溶液（0.1 $mol \cdot L^{-1}$：13 g I_2 及 35 g KI 溶于 100 mL 水中，稀释至 1 000 mL）（标准浓度见标签），$AgNO_3$ 溶液，中性 40% 甲醛溶液，HAc-NaAc 缓冲溶液，淀粉溶液。

四、实验内容

1. 制备 $Na_2S_2O_3 \cdot 5H_2O$

称取 2 g 硫粉，研碎后置于 100 mL 烧杯中，用 1 mL 乙醇润湿，搅拌均匀，再加入 6 g Na_2SO_3，加蒸馏水 30 mL，放入磁子，置于磁力搅拌器上，加热至沸腾，调好转速，保持微沸 40 min 以上，直至少量硫粉漂浮在液面上（注意，若体积小于 20 mL 应在反应过程中适当补加水至 20 ~ 25 mL），趁热过滤（应将长颈漏斗先用热水预热后过滤），将滤液转移至蒸发皿，用水浴加热，蒸至溶液出现微黄色浑浊为止。冷却，即有大量晶体析出（若放置一段时间仍没有晶体析出，是形成了过饱和溶液，可采用摩擦器壁或加一粒硫代硫酸钠晶体引种，破坏过饱和状态）。减压抽滤，并用少量乙醇（5 ~ 10 mL）洗涤晶体，抽干，用吸水纸吸干。称量，计算产率。

2. 定性鉴别

取少量产品加水溶解。取此水溶液数滴加入过量 $AgNO_3$ 溶液，观察沉淀的生成及其颜色变化。若颜色由白色→黄色→棕色→黑色，则证明有 $Na_2S_2O_3$。

3. $Na_2S_2O_3$ 的含量测定

称取 1 g 样品（精确至 0.1 mg）于锥形瓶中，加入刚煮沸过并冷却的去离子水 20 mL 使其完全溶解。加入 5 mL 中性 40 % 甲醛溶液，10 mL HAc-NaAc 缓冲溶液（此时溶液的 pH≈6），用标准碘溶液滴定，近终点时，加 1 ~ 2 mL 淀粉溶液，继续滴定至溶液呈蓝色，30 s 内不消失即为终点。计算产品中 $Na_2S_2O_3 \cdot 5H_2O$ 的含量。

五、思考题

（1）$Na_2S_2O_3$ 在酸性溶液中能否稳定存在？写出相应的反应方程式。

（2）适量和过量的 $Na_2S_2O_3$ 与 $AgNO_3$ 作用有什么不同？用反应方程式表示之。

（3）计算产率时为什么以 Na_2SO_3 的用量而不以硫的用量计算？

（4）测定产品 $Na_2S_2O_3$ 含量时，为什么要用刚煮沸过并冷却的去离子水溶解样品？

实验七 明矾［$KAl(SO_4)_2 \cdot 12H_2O$］的制备

（6 学时）

一、实验目的

（1）了解明矾的制备方法。

（2）认识铝和氢氧化铝的两性。

（3）练习和掌握溶解、过滤、结晶以及沉淀的转移和洗涤等无机制备中常用的基本操作和测量产品熔点的方法。

二、实验原理

铝屑溶于浓氢氧化钠溶液，可生成可溶性的四羟基合铝(Ⅲ)酸钠 $Na[Al(OH)_4]$，再用稀 H_2SO_4 调节溶液的 pH，将其转化为氢氧化铝，使氢氧化铝溶于硫酸生成硫酸铝。硫酸铝能同碱金属硫酸盐如硫酸钾在水溶液中结合成一类在水中溶解度较小的同晶的复盐，此复盐称为明矾[$KAl(SO_4)_2 \cdot 12H_2O$]。当冷却溶液时，明矾则以大块晶体结晶出来。

制备中的化学反应如下：

$$2Al + 2NaOH + 6H_2O = 2Na[Al(OH)_4] + 3H_2\uparrow$$

$$2Na[Al(OH)_4] + H_2SO_4 = 2Al(OH)_3\downarrow + Na_2SO_4 + 2H_2O$$

$$2Al(OH)_3 + 3H_2SO_4 = Al_2(SO_4)_3 + 6H_2O$$

$$Al_2(SO_4)_3 + K_2SO_4 + 24H_2O = 2KAl(SO_4)_2 \cdot 12H_2O$$

三、仪器与试剂

烧杯，量筒，普通漏斗，布氏漏斗，抽滤瓶，表面皿，蒸发皿，酒精灯，台秤，毛细管，提勒管，H_2SO_4（$3\ mol \cdot L^{-1}$），NaOH（s），K_2SO_4（s），铝屑，pH 试纸。

四、实验步骤

1. 制备 $Na[Al(OH)_4]$

在台秤上用表面皿快速称取固体氢氧化钠 2 g，迅速将其转移至 250 mL 的烧杯中，加 40 mL 水温热溶解。称量 1 g 铝屑，切碎，分次放入溶液中。将烧杯置于热水浴中加热（反应激烈，防止溅出！）。反应完毕后，趁热用普通漏斗过滤。

2. 氢氧化铝的生成和洗涤

在上述四羟基合铝酸钠溶液中加入 8 mL 左右的 3 mol·L^{-1} H_2SO_4 溶液，使溶液的 pH 达 8 ~ 9 为止（应充分搅拌后再检验溶液的酸碱性）。此时溶液中生成大量的白色氢氧化铝沉淀，用布氏漏斗抽滤，并用热水洗涤沉淀，洗至溶液 pH 为 7 ~ 8 时为止。

3. 明矾的制备

将抽滤后所得的氢氧化铝沉淀转入蒸发皿中，加 10 mL 1∶1 的 H_2SO_4，再加 15 mL 水，小火加热使其溶解，加入 4 g 硫酸钾继续加热至溶解，将所得溶液在空气中自然冷却，待结晶完全后，减压过滤，用 10 mL 1∶1 的水-酒精混合溶液洗涤晶体两次；将晶体用滤纸吸干，称量，计算产率。

4. 产品熔点的测定及性质试验

将产品干燥，装入毛细管中。把毛细管放入提勒管中，控制一定升温速度，测量产品的熔点。测量两次，取平均值。

另取少量产品配成溶液，设法证实溶液中存在 Al^{3+}、K^+和 SO_4^{2-}。

五、注意事项

（1）第 2 步用热水洗涤氢氧化铝沉淀一定要彻底，否则后面产品不纯。

（2）制得的明矾溶液一定要自然冷却得到结晶，而不能骤冷。

六、思考题

（1）本实验是在哪一步中除掉铝中的铁杂质？

（2）用热水洗涤氢氧化铝沉淀，是除去什么离子？

（3）制得的明矾溶液为何采用自然冷却得到结晶，而不采用骤冷的办法？

实验八　胆矾精制五水合硫酸铜

（4 学时）

一、实验目的

1. 了解重结晶提纯物质的原理和方法。
2. 练习常压过滤、减压过滤、蒸发浓缩和重结晶等基本操作。

二、实验原理

本实验是以工业硫酸铜（俗名胆矾）为原料，精制五水合硫酸铜。首先用过滤法除去胆矾中的不溶性杂质。用过氧化氢将溶液中的硫酸亚铁氧化为硫酸铁，并使 3 价铁在 $pH = 4.0$ 时全部水解为 $Fe(OH)_3$ 沉淀而被除去，反应方程式为

$$2Fe^{2+} + H_2O_2 + 2H^+ = 2Fe^{3+} + 2H_2O$$

$$Fe^{3+} + 3H_2O = Fe(OH)_3\downarrow + 3H^+$$

溶液中的可溶性杂质可根据 $CuSO_4 \cdot 5H_2O$ 的溶解度随温度升高而增大的性质，用重结晶法使它们留在母液中，从而得到较纯的五水合硫酸铜晶体。

三、仪器与试剂

台秤，蒸发皿，减压过滤装置，pH 试纸，工业硫酸铜，NaOH（2 $mol \cdot L^{-1}$），H_2O_2（3%），H_2SO_4（2 $mol \cdot L^{-1}$），乙醇（95%），氨水（6 $mol \cdot L^{-1}$），HCl（2 $mol \cdot L^{-1}$），KSCN（1 $mol \cdot L^{-1}$）。

四、实验步骤

1. 初步提纯

（1）称取 15.0 g 粗硫酸铜于烧杯中，加入约 60 mL 水，加热、搅拌至完全溶解，减压过滤以除去不溶物。

（2）滤液用 2 $mol \cdot L^{-1}$ NaOH 调节至 $pH = 4.0$，滴加质量分数为 3% 的 H_2O_2 约 2 mL（若 Fe^{2+} 含量高，则多加些）。如果溶液的酸度提高，需再次调节 pH。加热溶液至沸腾，数分钟后趁热减压过滤。

（3）将滤液转入蒸发皿内，加入 2 ~ 3 滴 2 mol · L^{-1} H_2SO_4 使溶液酸化，调节 pH 至 1 ~ 2，水浴加热，蒸发浓缩到溶液表面出现一层薄膜时（将蒸发皿从火源上拿下来进行观察），停止加热，冷至室温，减压过滤，抽干，称量。

2. 重结晶

上述产品放于烧杯中，按每克产品加 1.2 mL 蒸馏水的比例加入蒸馏水。加热，使产品全部溶解。趁热减压过滤，滤液冷至室温，再次减压过滤。用少量乙醇洗涤晶体 1 ~ 2 次。取出晶体，晾干，称量，计算产率。

3. $CuSO_4 \cdot 5H_2O$ 纯度检验

（1）将 1 g 粗 $CuSO_4 \cdot 5H_2O$ 晶体放在小烧杯中，用 10 mL 水溶解，加入 1 mL 2 mol · L^{-1} H_2SO_4 酸化，然后加入 2 mL 3% H_2O_2，煮沸片刻，使其中 Fe^{2+} 被氧化成 Fe^{3+}。待溶液冷却后，在搅拌下滴加 6 mol · L^{-1} 氨水，直至最初生成的蓝色沉淀完全溶解，溶液呈深蓝色为止。此时 Fe^{3+} 成为 $Fe(OH)_3$ 沉淀，而 Cu^{2+} 则成为 $[Cu(NH_3)_4]^{2+}$ 配离子。将此溶液（10 多毫升）分 4 ~ 5 次加到漏斗上过滤，然后用滴管以 2 mol · L^{-1} 氨水洗涤沉淀，直到蓝色洗去为止，此时 $Fe(OH)_3$ 黄色沉淀留在滤纸上，以少量纯水冲洗，用滴管将 3 mL 热的 2 mol · L^{-1} HCl 滴在滤纸上，溶解 $Fe(OH)_3$ 沉淀，以洁净试管接收滤液。然后在滤液中滴入 2 滴 1 mol · L^{-1} KSCN 溶液，观察血红色配合物的产生。保留溶液供后面比较用。

（2）称取 1 g 提纯过的 $CuSO_4 \cdot 5H_2O$ 晶体，重复上述操作，比较两种溶液血红色的深浅，确定产品的纯度。

五、注意事项

（1）在 $CuSO_4 \cdot 5H_2O$ 纯度检验中，过滤时若溶液倒入太多，滤纸会被蓝色溶液全部或大部分浸润，以致下一步用氨水过多或洗不彻底。洗不彻底，在用 HCl 洗沉淀时便会一起被洗至试管中，遇到大量 SCN^- 生成黑色 $Cu(SCN)_2$ 沉淀而影响检验结果。

（2）在 $CuSO_4 \cdot 5H_2O$ 纯度检验中，在搅拌下滴加 6 mol · L^{-1} 氨水，必须多加直至最初生成的蓝色沉淀完全溶解，溶液呈深蓝色为止。

（3）注意实验过程中各处溶液 pH 的调节。

六、思考题

（1）如果用烧杯代替水浴锅进行水浴加热，怎样选用合适的烧杯？

（2）在减压过滤操作中，如果有下列情况，会产生什么影响？

① 开自来水开关之前先把沉淀转入布氏漏斗；

② 结束时先关上自来水开关。

（3）在除硫酸铜溶液中的 Fe^{3+} 时，pH 为什么要控制在 4.0 左右？加热溶液的目的是什么？

实验九　转化法制备硝酸钾

（4 学时）

一、实验目的

（1）学习用转化法制备硝酸钾晶体。
（2）学习溶解、过滤、间接热浴和重结晶操作。

二、实验原理

本实验是采用转化法，由 $NaNO_3$ 和 KCl 制备硝酸钾，其反应如下：

$$NaNO_3 + KCl \rightleftharpoons NaCl + KNO_3$$

该反应是可逆的。当 KCl 和 $NaNO_3$ 溶液混合时，混合液中同时存在 Na^+、K^+、Cl^- 和 NO_3^-，由它们组成的 4 种盐同时存在于溶液中。4 种盐在不同的温度下有不同的溶解度（如表 3.9.1 所示），利用 NaCl、KNO_3 的溶解度随温度变化而变化的差别，高温除去 NaCl，滤液冷却得到 KNO_3。

表 3.9.1　4 种盐在水中的溶解度　　单位：g/100 g H_2O

温度/°C	0	10	20	30	40	50	60	70	80	90	100
KNO_3	13.3	20.9	31.6	45.8	63.9	85.5	110.0	138.0	169.0	202.0	246.0
KCl	27.6	31.0	34.0	37.0	40.0	42.6	45.5	48.1	51.1	54.0	56.7
$NaNO_3$	73.0	80.0	88.0	96.0	104.0	114.0	124.0	—	148.0	—	180.0
NaCl	35.7	35.8	36.0	36.3	36.6	37.0	37.3	37.8	38.4	39.0	39.8

氯化钠的溶解度随温度变化不大，氯化钾、硝酸钠和硝酸钾在高温时具有较大或很大的溶解度，而温度降低时溶解度明显减小（如氯化钾、硝酸钠）或急剧下降（如硝酸钾）。利用这种差别，将一定浓度的硝酸钠和氯化钾溶液混合，加热浓缩，当温度达 118 ~ 120 °C 时，由于硝酸钾溶解度增加很多，达不到饱和，不析出；而氯化钠的溶解度增加很少，随浓缩、溶剂的减少，氯化钠析出。通过热过滤滤除氯化钠，将此溶液冷却至室温，即有大量硝酸钾析出，氯化钠仅有少量析出，从而得到硝酸钾粗产品。再经过重结晶提纯，可得到纯品。

三、仪器与试剂

锥形瓶，烧杯，量筒，热过滤漏斗，减压过滤装置，电子天平，$NaNO_3$（s），KCl（s）。

四、实验步骤

1. 粗产品 KNO_3的制备（熔料转化）

（1）称取 22 g 硝酸钠和 15 g 氯化钾，放入 100 mL 小烧杯中，加 35 mL 蒸馏水，加热并不断搅拌，当小烧杯里的固体全部溶解时（此时温度约 84 °C），从小烧杯的刻度上粗略读出此时溶液的体积 V_1。

（2）继续加热、搅拌，使溶液蒸发浓缩，至烧杯里溶液的体积为原体积的 2/3，小烧杯中有较多氯化钠晶体析出。

（3）趁热用热滤漏斗过滤，滤液盛于预先装有 2 mL 蒸馏水（防止氯化钠析出）的小烧杯中。

（4）待滤液冷却至室温，即有结晶析出。进行减压过滤，得到较干燥的粗产品硝酸钾晶体，称量。

2. 粗产品的提纯（重结晶）

留下少量（约 0.03 g）粗产品供纯度检验，其余按粗产品与水的质量比 2∶1 混合，温和加热，轻轻搅拌，待晶体全部溶解后停止加热（若溶液沸腾时晶体还未全部溶解，可再加入极少量蒸馏水使其完全溶解）。待溶液冷却至室温，在冷却的过程中会有硝酸钾晶体析出，然后抽滤，水浴烘干，称量，计算产率。

3. 产品纯度检验（定性检验）

对重结晶后的产品进行纯度检验。分别取 0.03 g 粗产品和一次重结晶得到的产品放入 2 支小试管中，各加入 3 mL 蒸馏水配成溶液。向两支试管中分别滴加 1 滴 5 $mol \cdot L^{-1}$ $AgNO_3$ 溶液，观察现象，进行对比，重结晶后的产品溶液应为澄清。

五、注意事项

（1）先用小火加热使固体全部溶解，然后用大火加热至沸腾，再用小火蒸发浓缩。

（2）漏斗用热水预热好后，若漏斗是冷的或不太热，硝酸钾就会析出，影响产率。

（3）不要骤冷，避免结晶过于细小。

（4）要控制浓缩程度，蒸发浓缩时，溶液一旦沸腾，火焰要小，只要保持溶液沸腾就行。趁热过滤的操作一定要迅速，全部转移溶液与晶体，使烧杯中的残余物减到最少。

六、思考题

（1）什么是重结晶？本实验都涉及哪些基本操作？应注意什么？

（2）能否将除去氯化钠后的滤液直接冷却制取纯硝酸钾？

（3）制备硝酸钾时，为什么要进行热过滤？

实验十　硫酸铜晶体中结晶水数目的测定

（4 学时）

一、实验目的

（1）了解结晶水的测定方法，认识物质热稳定性和分子结构的关系。

（2）学习使用研钵和干燥器等仪器，掌握恒重等基本操作。

（3）练习分析天平的使用。

二、实验原理

五水合硫酸铜是一种蓝色晶体，在不同的温度下可以逐步脱水，温度在 533 ~ 553 K 时完全脱水成白色粉末状无水硫酸铜。其反应式为

$$CuSO_4 \cdot 5H_2O = CuSO_4 \cdot 3H_2O + 2H_2O$$

$$CuSO_4 \cdot 3H_2O = CuSO_4 \cdot H_2O + 2H_2O$$

$$CuSO_4 \cdot H_2O = CuSO_4 + H_2O$$

本实验是将已知质量的五水合硫酸铜加热，除去所有结晶水后称量，从而计算出水合硫酸铜中结晶水的分子数目。

三、仪器与试剂

托盘天平，分析天平，瓷坩埚，烘箱，干燥器，$CuSO_4 \cdot 5H_2O$。

四、实验内容

（1）在台秤上称取 1.2 ~ 1.5 g 磨细的 $CuSO_4 \cdot 5H_2O$，置于一干净并灼烧至恒重的坩埚（准至 1 mg）中，然后在分析天平上称量此坩埚与样品的质量，由此计算出坩埚中样品的准确质量（准至 1 mg）。

（2）将装有 $CuSO_4 \cdot 5H_2O$ 的坩埚放置在烘箱里，在 533 ~ 573 K 下灼烧 40 min，取出后放在干燥器内冷却至室温，在天平上称量装有硫酸铜的坩埚的质量。

（3）将上面称过质量的坩埚再次放入烘箱中灼烧[温度与（2）相同]15 min，取出后放入干燥器内冷却至室温，然后在分析天平上称其质量。反复加热，称其质量，直到两次称量结

果之差不大于 5 mg 为止。计算出无水硫酸铜的质量及水合硫酸铜所含结晶水的质量，从而计算出硫酸铜晶体中结晶水的数目。

五、数据记录与处理

空坩埚的质量______________g；
坩埚与五水合硫酸铜的质量______________g；
五水合硫酸铜的质量______________g；
坩埚与无水硫酸铜的质量______________g；
无水硫酸铜的质量 m_1______________g；
结晶水的质量 m_2______________g；
$n(CuSO_4) = m_1/160 =$ ______________mol；
$n(H_2O) = m_2/18 =$ ______________mol；
1 mol $CuSO_4$ 结合的结晶水的数目为 $n(H_2O)/n(CuSO_4) =$ ______________。

六、思考题

（1）若坩埚未冷至室温就进行称量，对称量结果有什么影响？
（2）加热后的坩埚为什么一定要在干燥器内冷却至室温才能称量？
（3）前后几次称量坩埚如不使用同一台天平，对实验结果是否有影响？

实验十一　摩尔气体常数的测定

（4 学时）

一、实验目的

（1）了解一种测定气体常数的方法及其操作。

（2）掌握理想气体状态方程和分压定律的应用。

（3）练习测量气体体积的操作和气压计的使用。

二、实验原理

活泼金属镁条（或铝片）与稀硫酸反应，置换出氢气：

$$Mg + H_2SO_4 \xlongequal{\quad} MgSO_4 + H_2\uparrow$$

$$2Al + 3H_2SO_4 \xlongequal{\quad} Al_2(SO_4)_3 + 3H_2\uparrow$$

准确称取一定质量的镁条（或铝片）跟过量的酸反应产生氢气。把产生氢气的体积、实验时的温度和压强代入理想气体状态方程式（$pV = nRT$）中，就能算出摩尔气体常数 R 的值。实验时的温度（T）和压强（p）可分别由温度计和气压计测得，氢气的物质的量（n）可以由镁的质量求得。上述方法收集到的氢气混有水蒸气，根据分压定律可求得氢气的分压[$p(H_2) = p(总) - p(H_2O)$]，不同温度下的 $p(H_2O)$值可以查表得到。

三、仪器与试剂

电子天平，测定气体常数的装置（自组装），橡皮管，普通漏斗，H_2SO_4（$3.0\ mol \cdot L^{-1}$），镁条。

四、实验步骤

1. 称取镁条质量

领取 3 份镁条，用砂纸擦去表面氧化膜，在电子天平上准确称出镁条的质量（每份质量 0.020 0 ~ 0.030 0 g）。

2. 装配仪器

按图 3.10.1 所示装置装配好仪器，打开试管（3）的胶塞，由水准瓶（2）往量气管（1）中装入水，使水位略低于“0”刻线的位置。上下移动水准瓶，以赶尽附着于胶管和量气管内壁的气泡。然后塞紧连接反应管（3）和量气管的塞子。

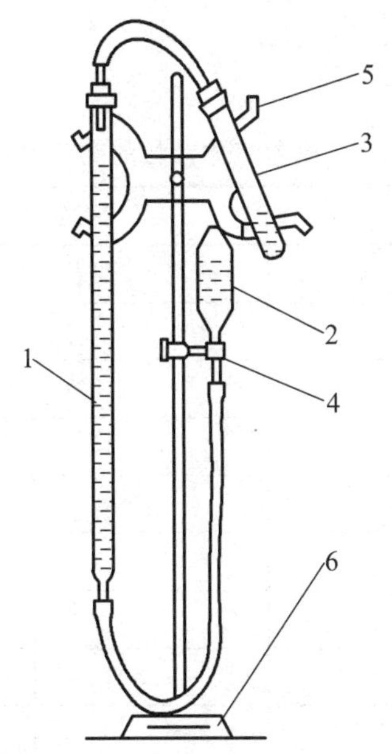

1—量气管；2—水准瓶；3—试管；4—铁夹；5—蝴蝶夹；6—铁架台

图 3.11.1 气体常数测定装置

3. 检查装置是否漏气

将水准瓶下移一段距离，然后固定。如果量气管中的水面只在开始时稍有下降，以后维持不变（3 ~ 5min），即表示装置不漏气；若水面继续下降，则说明漏气，应检查和调整各连接处的严密性，再重复试验，直至不漏气为止。

4. 加酸、放置镁条

取下试管，量取 5 mL 3 mol · L^{-1} H_2SO_4，用漏斗注入试管中（切勿使硫酸沾试管上部），然后将镁条沾少许水贴在倾斜的试管内壁（镁条应紧贴试管上部，切不可与硫酸接触）。再将试管固定，调节量气管内的液面至合适高度（“0”刻线以下），塞紧橡皮塞，并再次检查装置是否漏气。

5. 氢气的发生和量取

把水准瓶与量气管并列，使两者水面相平，然后记下量气管中水面读数 V_1（注意液面低于蝴蝶夹，便于读数）。轻轻摇动试管，使镁条落入酸中；或将试管倾斜，使酸液接触镁条，镁条即能滑入酸中。反应产生的氢气使量气管中的水面下降，为避免氢气压力过大而使装置漏气，在量气管水面下降的同时，水准瓶也相应地向下移动，使两者水面基本相平。反应停止后，待试管冷却到室温（约 10 min），再次把水准瓶与量气管并列，使两者水面相平，记下量气管中水面读数 V_2。重复用另两份已称量的镁条实验。用气压计测量大气压力，并记录室温。从附录中查阅水的饱和蒸气压数据。

五、数据记录与处理

1. 数据记录及处理

表 3.11.1　摩尔气体常数的测定数据记录

室温/°C			
大气压 p/Pa			
室温水蒸气压 $p(H_2O)$/Pa			
氢气分压 $p(H_2)=p-p(H_2O)$/Pa			
实验编号	1	2	3
镁条质量/g			
反应前量气管中水面读数 V_1/mL			
反应后量气管中水面读数 V_2/mL			
氢气物质的量/mol			
摩尔气体常数 R/J·K^{-1}·mol^{-1}			
$\bar{R}_{实验值}$/J·K^{-1}·mol^{-1}			
百分误差 $=\dfrac{R_{实验值}-R_{理论值}}{R_{理论值}}\times 100\%$			

2. 结果讨论

根据所得 R 的实验值与理论值 $R=8.314\ \text{J}\cdot\text{K}^{-1}\cdot\text{mol}^{-1}$ 进行比较，计算百分误差，并讨论造成误差的主要原因。

六、思考题

（1）量气管与胶管内气泡没赶尽，对实验结果有何影响？

（2）如果漏气，将造成怎样的误差？如何检测体系是否漏气？其根据是什么？

（3）读取量气管内气体体积时，为何要使量气管和水准瓶中的液面保持同一水平？

实验十二　二氧化碳相对分子质量的测定

（4 学时）

一、实验目的

（1）了解气体密度法测定气体相对分子质量的原理及方法。
（2）了解气体的净化和干燥的原理及方法。
（3）熟练掌握启普发生器的使用。
（4）进一步掌握天平的使用。

二、实验原理

根据阿伏伽德罗定律，同温同压下，同体积的任何气体含有相同数目的分子。因此，在同温同压下，同体积的两种气体的质量之比等于它们的摩尔质量之比，即

$$m_1/m_2 = M_1/M_2 = d$$

式中　M_1，m_1——第一种气体的摩尔质量和质量；

M_2，m_2——第二种气体的摩尔质量和质量；

d——第一种气体对第二种气体的相对密度，$d = m_1/m_2$。

本实验是把同体积的二氧化碳气体与空气（其平均相对分子质量为 29.0）进行对比，这样二氧化碳的相对分子质量可按下式计算：

$$M(CO_2) = m(CO_2) \times M_{空气}/m_{空气} = d_{空气} \times 29.0$$

式中，一定体积（V）的二氧化碳气体质量 $m(CO_2)$可直接从天平上称出。根据实验时的大气压（p）和温度（t），利用理想气体状态方程，可计算出同体积的空气的质量：

$$m_{空气} = pV \times 29.0/RT$$

这样就求得了二氧化碳气体对空气的相对密度，从而测定二氧化碳气体的相对分子质量。

三、仪器与试剂

启普发生器，洗气瓶（2 只），250 mL 锥形瓶，台秤，天平，温度计，气压计，橡皮管，橡皮塞，HCl（工业用，6 mol · L^{-1}），H_2SO_4（工业用），饱和 $NaHCO_3$ 溶液，无水 $CaCl_2$，大理石等。

四、实验步骤

按图 3.12.1 连接好二氧化碳气体的发生和净化装置。

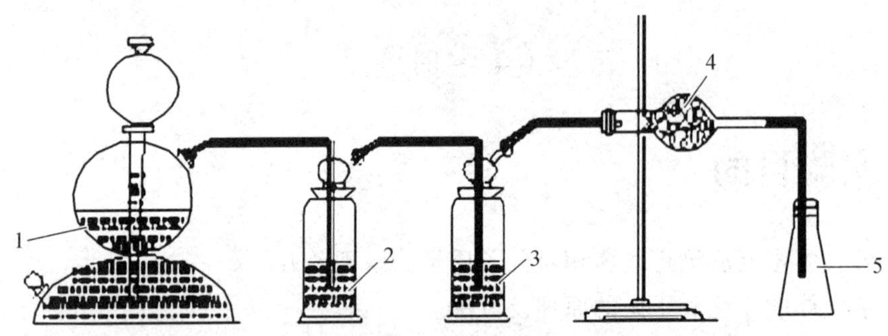

1—大理石＋稀盐酸；2—饱和 $NaHCO_3$；3—浓 H_2SO_4；4—无水 $CaCl_2$；5—收集器

图 3.12.1　二氧化碳的发生和净化装置

取一个洁净而干燥的锥形瓶，选一个合适的橡皮塞塞入瓶口，在塞子上做一个记号，以固定塞子塞入瓶口的位置。在天平上称出空气＋瓶＋塞子的质量。从启普发生器产生的二氧化碳气体，通过饱和 $NaHCO_3$ 溶液、浓硫酸、无水氯化钙，经过净化和干燥后，导入锥形瓶内。因为二氧化碳气体的相对密度大于空气，所以必须把导气管插入瓶底，才能把瓶内的空气赶尽。2 ~ 3 min 后，用燃着的火柴在瓶口检查 CO_2 已充满后，再慢慢取出导气管，用塞子塞住瓶口（应注意塞子是否在原来塞入瓶口的位置）。在天平上称出二氧化碳气体＋瓶＋塞子的质量，重复通入二氧化碳气体和称量的操作，直到前后两次二氧化碳气体＋瓶＋塞子的质量相差不超过 1 ~ 2 mg。这样做是为了保证瓶内的空气已完全被排出，并充满了二氧化碳气体。

最后在瓶内装满水，塞好塞子（注意塞子的位置），在台秤上称量，精确至 0.1 g。记下室温和大气压。

五、数据记录和结果处理

室温 t____°C，T____K，气压 p____Pa

空气＋瓶＋塞子的质量 m_A____g

二氧化碳气体＋瓶＋塞子的质量 m_B____g

水＋瓶＋塞子的质量 m_C____g

瓶的容积 $V=(m_C-m_A)/1.00$　____mL

瓶内空气的质量 $m_{空气}$____g

瓶和塞子的质量 $m_D=m_A-m_{空气}$____g

二氧化碳气体的质量 $m(CO_2)=m_B-m_D$____g

二氧化碳的相对分子质量 $M(CO_2)$____

相对误差 $=\dfrac{M(CO_2)_{实}-M(CO_2)_{理}}{M(CO_2)_{理}}\times 100\%=$______

六、注意事项

（1）实验室安全问题：不得进行违规操作，有问题及时处理或向老师报告。
（2）分析天平的使用：注意保护天平，防止发生错误操作。
（3）启普发生器的正确使用。
（4）气体的净化与干燥操作。

七、思考题

（1）在制备二氧化碳的装置中，能否把瓶 2 和瓶 3 倒过来装置？为什么？

（2）为什么二氧化碳气体 + 瓶 + 塞子的质量要在天平上称量，而水 + 瓶 + 塞子的质量则可以在台秤上称量？两者的要求有何不同？

（3）为什么在计算锥形瓶的容积时不考虑空气的质量，而在计算二氧化碳的质量时却要考虑空气的质量？

实验十三　弱酸电离常数的测定

（4 学时）

一、实验目的

（1）掌握 pH 法测定弱酸解离平衡常数的原理和方法。
（2）巩固移液管和容量瓶的操作。
（3）学会正确使用酸度计。

二、实验原理

醋酸（CH_3COOH）简写成 HAc。在水溶液中存在下列电离平衡：

$$HAc \rightleftharpoons H^+ + Ac^-$$

其电离常数的表达式为：

$$K_{HAc} = \frac{c(H^+)c(Ac^-)}{c(HAc)}$$

设醋酸的起始浓度为 c，平衡时 $c(H^+) = c(Ac^-) = x$，代入上式，可得

$$K_{HAc} = \frac{x^2}{c-x}$$

在一定温度下，用酸度计测定一系列已知浓度的醋酸的 pH，根据 $pH = -\lg c(H^+)$，换算出 $c(H^+)$，代入上式，可求得一系列对应的 $K_{HAc}^{\ominus}$ 值，取其平均值，即为该温度下醋酸的电离常数。

三、仪器与试剂

pHS-25 型酸度计，复合电极，50 mL 容量瓶 5 个，移液管，50 mL 量筒一个，50 mL 烧杯 5 个，NaOH 溶液（0.2 $mol \cdot L^{-1}$），HAc（0.2 $mol \cdot L^{-1}$），NaOH 标准溶液，酚酞指示剂，缓冲溶液（定位液 pH = 4.01）。

四、实验内容

1. 用标准 NaOH 溶液标定 HAc 溶液的准确浓度

用 25 mL 移液管分取 3 份 HAc 溶液，分别置于 250 mL 锥形瓶中，加入酚酞指示剂 2～3 滴，用已知准确浓度的 NaOH 标准溶液滴定至微红色且 30 s 内不褪色即为终点。平行测定 3 份，计算醋酸的准确浓度，取 3 次测量结果的平均值作为 HAc 溶液的准确浓度。

2. 配制不同浓度的醋酸溶液

用移液管分别准确吸取 25.00 mL、10.00 mL、5.00 mL、2.50 mL 已标定过的醋酸溶液，分别置于 4 个 50 mL 容量瓶（编号 2～5 号）中，再加入蒸馏水稀释至刻度，摇匀备用。计算出各溶液的准确浓度。

3. 不同浓度的醋酸溶液 pH 的测定

取 4 个干燥的小烧杯（50 mL），分别加入适量的 4 种不同浓度的醋酸溶液，另取一个小烧杯装原醋酸溶液，由稀到浓分别用酸度计测其 pH。并记录温度。

根据前述公式计算各溶液中醋酸的电离常数。

五、数据记录与处理

表 3.13.1　醋酸的 pH 测定

烧杯号	HAc 的体积（已标定）/mL	H_2O 的体积/mL	配制 HAc 的浓度	pH
1	50.0	0.0		
2	25.0	25.0		
3	10.0	40.0		
4	5.0	45.0		
5	2.50	47.5		

六、思考题

（1）不同浓度的醋酸溶液离解度是否相同？离解常数是否相同？

（2）使用酸度计应注意哪些问题？

（3）测定 pH 时，为什么要按从稀到浓的顺序进行？

（4）改变所测 HAc 溶液的浓度或温度，对电离常数有无影响？

附：酸度计（pSH–25 型）的结构和使用方法

1. 外部结构（见图 3.13.1）

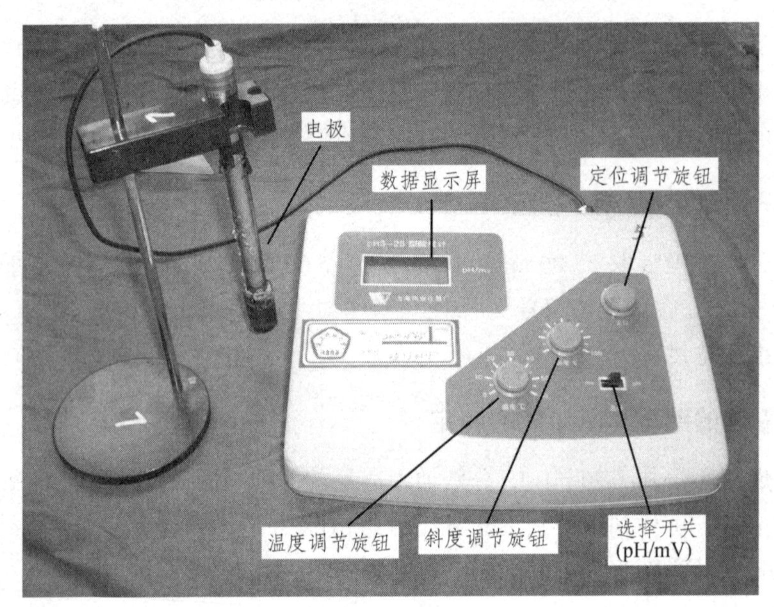

图 3.13.1　酸度计

2. 操作步骤

（1）开机：按下电源开关，电源接通后，预热 10 min。

（2）仪器选择开关置“pH”挡或“mV”挡。

（3）标定：仪器使用前先要标定。一般来说，如果仪器连续使用，只需最初标定一次。具体操作分两种：

① 一点校正法——用于分析精度要求不高的情况。

仪器插上电极，选择开关置于 pH 挡；将仪器斜率调节器调在 100% 位置（即顺时针旋到底的位置）；选择一种最接近样品 pH 的缓冲溶液（pH = 6.86），并把电极放入这一缓冲溶液中；调节温度调节器，使所指示的温度与溶液的温度相同；摇动试杯，使溶液均匀，待读数稳定后，该读数应为缓冲溶液的 pH，否则调节定位调节器。清洗电极，并吸干电极球泡表面的余水。

② 两点校正法——用于分析精度要求较高的情况。

仪器插上电极，选择开关置于 pH 挡，仪器斜率调节器调节在 100% 位置；选择两种缓冲溶液（被测溶液的 pH 在两种之间或接近的情况，如 pH = 4.01 和 pH = 6.86）；把电极放入第一缓冲溶液（pH = 6.86）中，调节温度调节器，使所指示的温度与溶液相同；待读数稳定后，该读数应为缓冲溶液的 pH，否则调节定位调节器。把电极放入第二种缓冲溶液（如 pH = 4.01），摇动试杯使溶液均匀；待读数稳定后，该读数应为缓冲溶液的 pH，否则调节定位调节器。清洗电极，并吸干电极球泡表面的余水。

（4）测量仪器标定后即可用来测量被测溶液。

① 定位调节旋钮及斜率调节旋钮不应变动。

② 将电极夹向上移出，用蒸馏水清洗电极头部，并用滤纸吸干。

③ 把电极插在被测溶液内，摇动试杯使溶液均匀，读数稳定后，读出该溶液的 pH。

实验十四　化学反应速率和反应级数及活化能的测定

（4 学时）

一、实验目的

（1）了解浓度、温度和催化剂对化学反应速率的影响。

（2）测定过二硫酸铵与碘化钾的反应速率，并计算该反应的反应速率常数、反应的活化能和反应级数。

（3）学会用作图法处理实验数据。

二、实验原理

1. 反应速率的测定

过二硫酸铵与碘化钾可发生下列反应：

$$K_2S_2O_8 + 3KI = 2K_2SO_4 + (NH_4)_2SO_4 + KI_3$$

反应的离子方程式：

$$S_2O_8^{2-} + 3I^- = 2SO_4^{2-} + I_3^- \tag{1}$$

该反应的速率方程为

$$v = -\frac{dc(S_2O_8^{2-})}{dt} = kc(S_2O_8^{2-})^m \cdot c(I^-)^n$$

式中　$dc(S_2O_8^{2-})$ —— $S_2O_8^{2-}$ 在 dt 时间内浓度的改变量；

　　m、n —— 反应级数。

在实验中由于无法测定 dt 时间内 $S_2O_8^{2-}$ 浓度的改变量，故通常以 Δt 代替 dt，即以平均速率 $\Delta c(S_2O_8^{2-})/\Delta t$ 代替瞬间速率 $dc(S_2O_8^{2-})/dt$。这是本实验产生误差的主要原因之一。此反应的速率方程式可改写为

$$v = -\frac{\Delta c(S_2O_8^{2-})}{\Delta t} = kc(S_2O_8^{2-})^m \cdot c(I^-)^n$$

为了能够测出在一定时间（Δt）内 $S_2O_8^{2-}$ 浓度的变化量，在过二硫酸铵和碘化钾混合之前，先在碘化钾溶液中加入一定体积已知浓度的硫代硫酸钠溶液和作为指示剂的淀粉溶液。这样在反应（1）进行的同时，还将发生下面的反应：

$$2S_2O_3^{2-} + I_3^- \Longrightarrow S_4O_6^{2-} + 3I^- \qquad (2)$$

反应（2）进行得非常快，几乎瞬时即可完成。而反应（1）比反应（2）慢得多，所以由反应（1）生成的碘（$I_3^- \Longrightarrow I_2 + I^-$）立即与 $S_2O_3^{2-}$作用，生成无色的 $S_4O_6^{2-}$和 I^-。因此，在反应开始的一段时间内，看不到碘与淀粉作用所显示的蓝色。但是，一旦硫代硫酸钠耗尽，反应（1）生成的微量碘立即与淀粉作用，使溶液呈现蓝色。

从反应（1）和（2）的化学计量关系可以看出，$S_2O_8^{2-}$浓度的减少量等于 $S_2O_3^{2-}$浓度减少量的一半，即：

$$\Delta c(S_2O_8^{2-}) = \Delta c(S_2O_3^{2-})/2$$

则

$$v = -\frac{\Delta c(S_2O_8^{2-})}{\Delta t} = \frac{\Delta c(S_2O_3^{2-})}{2\Delta t}$$

式中　Δt ——反应开始时到溶液刚出现蓝色时所用的时间。

由于在Δt时间内，$S_2O_3^{2-}$全部耗尽，所以$\Delta c(S_2O_3^{2-})$在数值上等于反应开始时 $S_2O_3^{2-}$浓度的负值。则

$$v = -\frac{\Delta c(S_2O_3^{2-})}{2\Delta t} = \frac{c(S_2O_3^{2-})}{2\Delta t} = kc(S_2O_8^{2-})^m \cdot c(I^-)^n$$

根据此式即可求得反应速率 v。

2. 反应级数和反应速率常数的计算

根据

$$v = kc(S_2O_8^{2-})^m \cdot c(I^-)^n$$

由速率方程式可得：

$$\frac{v_1}{v_2} = \frac{kc_1(S_2O_8^{2-})^m \cdot c_1(I^-)^n}{kc_2(S_2O_8^{2-})^m \cdot c_2(I^-)^n}$$

若固定 $c(S_2O_8^{2-})$，改变 $c(I^-)$，可得下式：

$$\frac{v_1}{v_2} = \frac{c_1(I^-)^n}{c_2(I^-)^n} = \left[\frac{c_1(I^-)}{c_2(I^-)}\right]^n$$

两边取对数，即可求出反应级数 n 值，同理可求出反应级数 m 值。

将 m、n 代入反应速率方程式中，可求得反应速率常数 k。

3. 反应活化能的计算

根据阿仑尼乌斯方程式，反应速率常数与反应温度之间存在如下关系：

$$\lg k = \frac{E_a}{2.303RT} + \ln A$$

式中　E_a—— 为反应活化能；

A —— 给定反应的特征常数。

若测得不同温度下的 k 值，以 $\lg k$ 对 $1/T$ 作图，可得一直线，其斜率为 $-E_a/2.303R$。

三、仪器与试剂

秒表，温度计（273-371K），KI（0.20 mol·L^{-1}），$(NH_4)_2S_2O_8$（0.20 mol·L^{-1}），$Na_2S_2O_3$（0.010 mol·L^{-1}），KNO_3（0.20 mol·L^{-1}），$(NH_4)_2SO_4$（0.20 mol·L^{-1}），$Cu(NO_3)_2$（0.020 mol·L^{-1}），淀粉（0.2%）。

四、实验内容

1. 浓度对反应速率的影响(实验温度 T=　　°C)

室温下按表 3.14.1 中编号 1 的用量取 KI、淀粉、$Na_2S_2O_3$ 溶液于 150 mL 烧杯中，用玻璃棒搅拌均匀。再量取$(NH_4)_2S_2O_8$ 溶液，迅速加到烧杯中，同时按下秒表，立刻用玻璃棒将溶液搅拌均匀。观察溶液，刚一出现蓝色，立即停止计时。记录反应时间。

表 3.14.1　实验试剂用量

实验编号		1	2	3	4	5
试剂用量/mL	0.20 mol·L^{-1} $(NH_4)_2S_2O_8$	20.0	10.0	5.0	20.0	20.0
	0.20 mol·L^{-1} KI	20.0	20.0	20.0	10.0	5.0
	0.010 mol·L^{-1} $Na_2S_2O_3$	8.0	8.0	8.0	8.0	8.0
	0.2% 淀粉	4.0	4.0	4.0	4.0	4.0
	0.20 mol·L^{-1} KNO_3	0	0	0	10.0	15.0
	0.20 mol·L^{-1} $(NH_4)_2SO_4$	0	10.0	15.0	0	0
反应时间/s						

用同样方法进行编号 2～5 实验，为了使溶液的离子强度和总体积保持不变，在实验编号 2～5 中所减少 KI 或$(NH_4)_2S_2O_8$ 的量分别用 KNO_3 和$(NH_4)_2SO_4$ 溶液补充。

2. 温度对反应速率的影响

按表 3.14.1 实验编号 4 的用量分别加入 KI、淀粉、$Na_2S_2O_3$ 和 KNO_3 溶液于 150 mL 烧杯中，搅拌均匀。在一个大试管中加入$(NH_4)_2S_2O_8$ 溶液，将烧杯和试管中的溶液温度控制在 293 K 左右，把试管中的溶液迅速倒入烧杯，搅拌，记录反应时间和温度。

表 3.14.2　温度对反应速率的影响

实验编号	4	6	7	8
反应温度/°C	20.0	30.0	40.0	50.0
反应时间/s				

3. 催化剂对反应速率的影响(假设实验温度 T=　　°C)

按表 3.14.1 实验编号 4 的用量分别加入 KI、淀粉、$Na_2S_2O_3$ 和 KNO_3 溶液于 150 mL 烧杯中，再加入 2 滴 0.020 mol · L^{-1} $Cu(NO_3)_2$ 溶液，搅拌均匀，迅速倒入 $(NH_4)_2S_2O_8$ 溶液，搅拌，记录反应时间。

表 3.14.3　催化剂对反应速率的影响

实验编号	4	9
反应时间/s		

五、数据记录与处理

1. 浓度对反应速率的影响

表 3.14.4　浓度对反应速率的影响数据处理

实验温度 T=　　°C					
实验编号	1	2	3	4	5
反应时间 Δt /s					
反应速率 v/mol · dm^{-3} · s^{-1}					
反应速率常数 k					
反应级数					

2. 温度对反应速率的影响

表 3.14.5　温度对反应速率的影响数据处理

实验编号	1	2	3	4	5
实验温度/°C					
反应时间 Δt /s					
反应速率 v/mol · dm^{-3} · s^{-1}					
反应速率常数 k					
$\lg k$					
$1/T$					
活化能 E_a/kJ·mol^{-1}					

六、思考题

（1）在向 KI、淀粉和 $Na_2S_2O_3$ 混合溶液中加入 $(NH_4)_2S_2O_8$ 时，为什么必须越快越好？
（2）在加入 $(NH_4)_2S_2O_8$ 时，先计时后搅拌或先搅拌后计时，对实验结果各有何影响？

实验十五　氧化还原与电化学实验

（4 学时）

一、实验目的

（1）了解电极电位与氧化还原反应的关系。
（2）了解介质对氧化还原反应的影响。
（3）了解原电池、电解池和电镀装置。
（4）了解金属电化学腐蚀的原理。

二、实验原理

氧化还原反应的吉布斯自由能变化ΔG可用来判断该反应进行的方向，即$\Delta G<0$时反应能自发地朝正方向进行；$\Delta G>0$时反应不能自发地朝正方向进行；$\Delta G=0$时反应处于平衡状态。ΔG与原电池电动势E之间存在关系：$\Delta G=-nEF$，因此通常直接用标准电动势$E^{\ominus}$（$\varphi_{+}^{\ominus}-\varphi_{-}^{\ominus}$）来判断氧化还原反应的方向，即$\varphi_{+}^{\ominus}>\varphi_{-}^{\ominus}$时反应能自发地朝正方向进行；$\varphi_{+}^{\ominus}<\varphi_{-}^{\ominus}$时反应不能自发地朝正方向进行；$\varphi_{+}^{\ominus}=\varphi_{-}^{\ominus}$时反应处于平衡状态。浓度、介质酸碱性等对$E$（或$\varphi$）的影响可用能斯特方程进行计算。

利用自发的氧化还原反应将化学能转变为电能而产生电流的装置，叫作原电池。例如，把两种不同的金属分别放在它们的盐溶液中，通过盐桥连接，就组成了简单的原电池。一般来说，较活泼的金属为负极，较不活泼的金属为正极。放电时，负极金属通过导线不断把电子传给正极，成为正离子而进入溶液中；正极附近溶液中的正离子在正极上得到电子，通常以单质析出。即原电池的负极上进行失电子的氧化过程，而正极上进行得电子的还原过程。

利用电能（直流电源）使非自发的氧化还原反应顺利进行的过程叫电解。在电解池中，与电源负极相连的阴极进行还原反应，与电源正极相连的阳极进行氧化反应。电解时的两极产物主要决定于离子的性质和浓度以及电极材料等因素。

利用直流电源把一种金属覆盖到另一种金属表面的过程叫作电镀。通常把待电镀零件作为阴极，镀层金属作为阳极，置于适当的电解液中进行电镀。阴极与直流电源负极相连，阳极与直流电源正极相连，在阴极上进行还原反应，可得到所需金属镀层，在阳极进行氧化反应。电镀时应在适当电压下控制电流密度。

电化学腐蚀是由于金属及其合金在电解质溶液中发生与原电池相似的电化学过程而引起的一种腐蚀。在腐蚀电池中还原电极电势比较负的金属（阳极）被氧化，即被腐蚀；还原电极电势比较正的金属（阴极）仅起传递电子的作用，在其上进行氧化剂的还原反应，本身不被腐蚀。

三、仪器与试剂

直流电源、盐桥、灵敏电压表、蒸发皿、U 形管，小条锌片、导线、砂纸、铁钉、铜片、铜丝、铜棒、碳棒，HAc（6 mol · L^{-1}）、HCl（1 mol · L^{-1}，浓）、H_2SO_4（2 mol · L^{-1}，6 mol · L^{-1}），NaOH（6 mol · L^{-1}）、$NH_3 \cdot H_2O$（浓）、$CuSO_4$（0.1 mol · L^{-1}）、$FeCl_3$（0.1 mol · L^{-1}）、$FeSO_4$（0.1 mol · L^{-1}）、KBr（0.1 mol · L^{-1}）、$KClO_3$（0.1 mol · L^{-1}）、$K_3[Fe(CN)_6]$（0.1 mol · L^{-1}）、$K_4[Fe(CN)_6]$（0.1 mol · L^{-1}）、KI（0.1 mol · L^{-1}）、$KMnO_4$（0.01 mol · L^{-1}）、Na_2SO_3（0.1 mol · L^{-1}）、Na_2SO_4（0.1 mol · L^{-1}）、$ZnSO_4$（0.1 mol · L^{-1}）、溴水（饱和）、酚酞溶液、琼胶、碘水（饱和）、CCl_4。

四、实验内容

1. 电极电位与氧化还原的关系

在试管中加入 0.5 mL 0.1 mol · L^{-1} KI 溶液和 2 滴 0.1 mol · L^{-1} $FeCl_3$ 溶液，混匀后加入 0.5 mL CCl_4，充分振荡，观察 CCl_4 层的颜色有何变化。然后，加入 5 mL H_2O 及 2 滴 0.1 mol · L^{-1} $K_3[Fe(CN)_6]$溶液，观察水溶液中颜色有何变化，写出有关反应方程式。

用 0.1 mol · L^{-1} KBr 溶液代替 KI 溶液，进行同样的实验，反应能否发生？为什么？

在 2 支试管中分别入数滴饱和溴水和饱和碘水，然后各加入 0.5 mL 0.1 mol · L^{-1} $FeSO_4$ 溶液，注入 0.5 mL CCl_4，振荡试管。观察现象，写出有关反应方程式。

根据以上实验结果，定性地比较 Br_2/Br^-、I_2/I^-、Fe^{3+}/Fe^{2+}三个电对的电极电位大小，并指出何物质是最强的还原剂。

2. 介质对氧化还原反应的影响

（1）酸度的影响

① 在试管中加入 0.5 mL 0.1 mol · L^{-1} KI 溶液和 2 滴 0.1 mol · L^{-1} KIO_3 溶液，再加几滴淀粉溶液，混合后观察溶液颜色有何变化。然后加 2 ~ 3 滴 1 mol · L^{-1} H_2SO_4 溶液酸化，观察有什么变化。最后滴加 2 ~ 3 滴 6 mol · L^{-1} NaOH 使混合液显碱性，又有什么变化。写出有关反应式。

② 在 3 支均盛有 0.5 mL 0.1 mol · L^{-1} Na_2SO_3 溶液的试管中，分别加入 0.5 mL 1 mol · L^{-1} H_2SO_4 溶液及 0.5 mL 蒸馏水和 0.5 mL 6 mol · L^{-1} NaOH 溶液，混合均匀后，再各滴入 2 滴 0.01 mol · L^{-1} $KMnO_4$ 溶液，观察颜色的变化有何不同。写出反应方程式。

③ 在 2 支各盛有 0.5 mL 0.1 mol · L^{-1} KBr 溶液的试管中，分别加入 0.5 mL 1 mol · L^{-1} H_2SO_4 和 6 mol · L^{-1} HAc 溶液，然后各加入 2 滴 0.01 mol · L^{-1} $KMnO_4$ 溶液，观察 2 支试管中紫红色褪去的速度。分别写出有关的反应方程式。

（2）浓度的影响

① 往盛有 H_2O、CCl_4 和 0.1 mol · L^{-1} $Fe_2(SO_4)_3$ 各 0.5 mL 的试管中加入 0.5 mL 0.1 mol · L^{-1} KI 溶液，振荡后观察 CCl_4 层的颜色。

② 往盛有 CCl_4、1 mol · L^{-1} $FeSO_4$ 溶液和 0.1 mol · L^{-1} $Fe_2(SO_4)_3$ 溶液各 0.5 mL 的试管

中，加入 0.5 mL 0.1 mol · L^{-1} KI 溶液，振荡后观察 CCl_4层的颜色。与上一实验中 CCl_4层颜色有何区别？

③ 在实验（1）的试管中，加入少许 NH_4F 固体，振荡，观察 CCl_4层颜色的变化。

说明浓度对氧化还原反应的影响。

3. 氧化数居中的物质的氧化还原性

（1）在试管中加入 0.5 mL 0.1 mol · L^{-1} KI 和 2 ~ 3 滴 1 mol · L^{-1} H_2SO_4，再加入 1 ~ 2 滴 3% H_2O_2，观察试管中溶液颜色的变化。

（2）在试管中加入 2 滴 0.01 mol · L^{-1} $KMnO_4$溶液，再加入 3 滴 1 mol · L^{-1} H_2SO_4溶液，摇匀后滴加 2 滴 3% H_2O_2，观察溶液颜色的变化。

4. 原电池

（1）测定铜锌原电池的电动势。

取 2 只 50 mL 的小烧杯，往一只烧杯中加入 30 mL 0.1 mol · L^{-1} $ZnSO_4$溶液，插入连有导线的锌片，在另一只烧杯中加入 30 mL 0.1 mol · L^{-1} $CuSO_4$溶液，插入连有导线的铜片，在组成的两个电极中间以盐桥相通。用导线将锌片和铜片分别与电压表的负极和正极相接（如图 3.15.1 所示），测定两极之间的电压，并写出两极反应的方程式。

（2）浓度对电极电位的影响。

在 $ZnSO_4$溶液和 $CuSO_4$溶液中分别加入浓 $NH_3 \cdot H_2O$ 至生成的沉淀溶解为止，观察电动势有何变化，并用能斯特方程解释之。

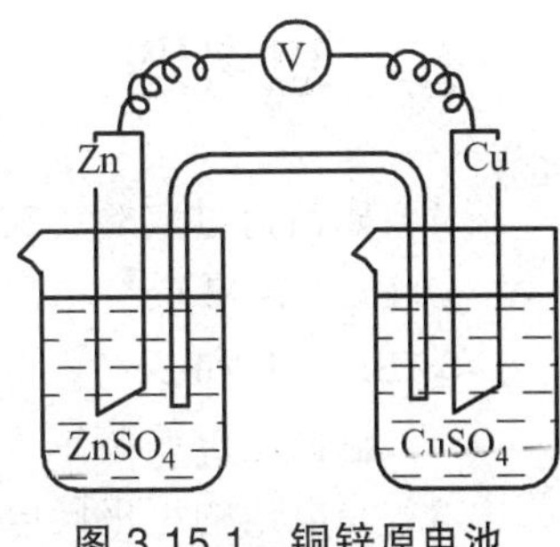

图 3.15.1 铜锌原电池

5. 电　解

在蒸发皿中注入 20 mL 水，再加入数滴 1 mol · L^{-1} Na_2SO_4溶液和 2 滴酚酞溶液。拆掉图 3.15.1 中的电压表，然后将连接锌片和铜片的两根铜丝插入蒸发皿中（见图 3.15.2）。注意不要使两极铜丝相碰。观察阴极附近溶液的颜色有何变化，并解释之（哪一根铜丝是阴极？）。

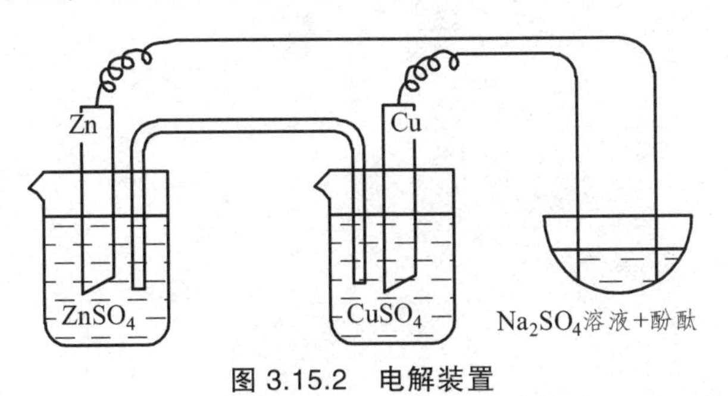

图 3.15.2 电解装置

6. 电　镀

在 U 形管中注入适量的 0.1 mol · L^{-1} $CuSO_4$溶液，将该管夹在铁架上。在 U 形管的一支管中插入一根碳棒做阴极，另一支管中插入一根粗铜棒做阳极，将电极和直流电源连接起来（见图 3.15.3）。通电后观察两个电极的现象，写出有关的电极反应式，并解释之。

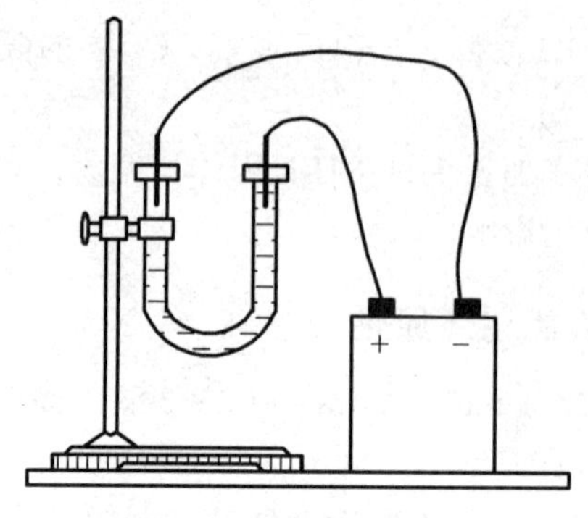

图 3.15.3　电镀装置

7. 金属电化学腐蚀

取两根小铁钉用铜丝吊住，注入浓盐酸以溶去表面铁锈，然后用水冲洗并擦干。取下铜丝，将一小条锌片和一小段铜丝分别紧紧地绕在两根小铁钉的中部，并将它们放在同一蒸发皿中，切勿使 Fe-Zn 和 Fe-Cu 全部盖没，冷却后形成冻胶，放置约 1 h，观察现象，并解释之。

五、思考题

（1）如何通过实验比较下列物质的氧化性或还原性的强弱？

① Br_2、I_2 和 Fe^{3+}。

② Br^-、I^- 和 Fe^{2+}。

（2）电极电位差值越大，氧化还原反应是否就进行得越快？

（3）原电池的正极同电解（或电镀）池的阳极，以及原电池的负极同电解（或电镀）池的阴极，其电极反应的本质是否相同？

（4）怎样判断电解时两极的产物？

实验十六　碘酸铜的制备及其溶度积的测定

（8 学时）

一、实验目的

（1）通过制备碘酸铜，进一步掌握一些无机化合物制备的操作。

（2）加深对溶度积的理解。

（3）练习分光光度计的使用。

（4）学习工作曲线的制作，学会用工作曲线法测定溶液浓度。

二、实验原理

碘酸铜是难溶强电解质，在其饱和溶液中，存在着下列平衡：

$$Cu(IO_3)_2\ (s) \rightleftharpoons Cu^{2+}\ (aq) + 2IO_3^-\ (aq)$$

在一定温度下，平衡溶液中 Cu^{2+} 和 IO_3^- 浓度平方的乘积是一个常数：

$$K_{sp} = c(Cu^{2+})c(IO_3^-)^2$$

K_{sp} 称为溶度积常数，和其他平衡常数一样，随温度的不同而改变。因此，能测出一定温度下碘酸铜饱和溶液的 $c(Cu^{2+})$ 与 $c(IO_3^-)$，就能求出该温度下的 K_{sp}。

本实验是利用硫酸铜与碘酸钾作用制备碘酸铜饱和溶液，然后利用饱和溶液中 Cu^{2+} 与过量氨水作用生成深蓝色的配离子 $[Cu(NH_3)_4]^{2+}$，这种配离子在 $\lambda = 610$ nm 处的光具有强吸收，而且在一定浓度下，它对光的吸收程度（A）与溶液浓度成正比。因此，可用分光光度计测得 Cu^{2+} 与氨水作用后生成的 $[Cu(NH_3)_4]^{2+}$ 溶液的吸光度，利用工作曲线并通过计算确定饱和溶液中 $c(Cu^{2+})$。

利用平衡时 $c(Cu^{2+})$ 与 $c(IO_3^-)$ 关系，就能求出碘酸铜的溶度积 K_{sp}。

$$CuSO_4 + KIO_3 \rightleftharpoons Cu(IO_3)_2 + K_2SO_4$$

三、仪器与试剂

温度计，分光光度计，台秤，磁力加热搅拌器，锥形瓶，容量瓶（50 mL）5 个，吸量管，$CuSO_4$（s），KIO_3（s），氨水（6 $mol \cdot L^{-1}$），标准 $CuSO_4$ 溶液（0.1 $mol \cdot L^{-1}$）。

四、实验内容

1. $Cu(IO_3)_2$固体的制备

用 2.0 g $CuSO_4 \cdot H_2O$ 和 3.4 g KIO_3 与适量水反应制备 $Cu(IO_3)_2$ 沉淀，用纯水洗涤沉淀至无 SO_4^{2-}，烘干待用。

2. 配制 $Cu(IO_3)_2$ 饱和溶液

取上述固体 1.5 g 放入 250 mL 锥形瓶中，加入 150 mL 纯水，在磁力加热搅拌器上边搅拌边加热至 343 ~ 353 K，并持续 15 min，冷却，静止 2 ~ 3 h。

3. 工作曲线绘制

用硫酸铜标准溶液绘制工作曲线，计算配制 50.00 mL 0.020 $mol \cdot L^{-1}$、0.015 0 $mol \cdot L^{-1}$、0.010 0 $mol \cdot L^{-1}$、0.005 0 $mol \cdot L^{-1}$、0.002 0 $mol \cdot L^{-1}$ Cu^{2+}溶液所需的 0.100 0 $mol \cdot L^{-1}$ $CuSO_4$ 标准溶液的体积。用吸管分别吸取 0.100 0 $mol \cdot L^{-1}$ $CuSO_4$ 标准溶液的计算量，分别放到 5 只 50 mL 容量瓶中，各加入 25.00 mL 6 $mol \cdot L^{-1}$ 氨水，并用纯水稀释至刻度，混合均匀后，用 1 cm 比色皿，在 $\lambda = 610$ nm 的条件下，用 722 型分光分度计测定吸光度。作 A-$c(Cu^{2+})$图。

4. 碘酸铜饱和溶液中 Cu^{2+}浓度的测定

从准备好的 $Cu(IO_3)_2$ 饱和溶液中，分别吸取 10.00 mL 上层清液两份（不能吸入沉淀），各加 10.00 mL 6 $mol \cdot L^{-1}$ 氨水，混合均匀后，在与测定工作曲线相同的条件下，测定吸光度。根据测得的 A 值，在工作曲线上找出相应的 Cu^{2+}浓度。根据 Cu^{2+}浓度，计算 K_{sp} 的数值。

五、数据记录与处理

表 3.16.1　工作曲线的绘制与 K_{sp} 的测定

编号	1	2	3	4	5	6	7（未）
$V(CuSO_4)$/mL	10	7.5	5	2.5	1	0	
$c(Cu^{2+})/mol \cdot L^{-1}$							
A							
K_{sp}							

六、思考题

（1）如何制备 $Cu(IO_3)_2$ 饱和溶液，如果 $Cu(IO_3)_2$ 溶液未达饱和，对测定结果有何影响？

（2）如果过滤 $Cu(IO_3)_2$ 饱和溶液时有 $Cu(IO_3)_2$ 固体穿透滤纸，将对实验结果产生什么影响？

（3）为什么要绘制工作曲线？

实验十七　葡萄糖酸锌的制备及含量测定

（4 学时）

一、实验目的

（1）学习并掌握葡萄糖酸锌的制备原理和方法。

（2）了解锌盐含量的测定方法。

二、实验原理

葡萄糖酸锌作为补锌药，具有见效快、吸收率高、副作用小等优点，主要用于治疗儿童及妊娠妇女由于缺锌引起的各种病症，也可以作为儿童食品、糖果添加剂。葡萄糖酸锌为白色或接近白色的晶体，无臭，溶于水，易溶于沸水，不溶于无水乙醇、氯仿和乙醚。本实验采用葡萄糖酸钙与硫酸锌直接反应制备，反应方程式如下：

$$Ca(C_6H_{11}O_7)_2 + ZnSO_4 \longrightarrow Zn(C_6H_{11}O_7)_2 + CaSO_4\downarrow$$

过滤除去 $CaSO_4$，溶液经浓缩、结晶可得葡萄糖酸锌晶体。

本实验采用 EDTA 配位滴定法对其锌含量进行测定。在 $pH \approx 10$ 的溶液中，铬黑 T（EBT）与 Zn^{2+} 形成比较稳定的酒红色螯合物（Zn-EBT），而 EDTA 与 Zn^{2+} 能形成更为稳定的无色螯合物。因此，滴定至终点时，铬黑 T 便被 EDTA 从 Zn-EBT 中置换出来，游离的铬黑 T 在 $pH = 8 \sim 11$ 的溶液中呈纯蓝色。

$$\underset{\text{(酒红色)}}{\text{Zn-EBT}} + \text{EDTA} \longrightarrow \text{Zn-EDTA} + \underset{\text{(纯蓝色)}}{\text{EBT}}$$

葡萄糖酸锌溶液中游离的锌离子也可与 EDTA 形成稳定的配合物，因此 EDTA 滴定法能确定葡萄糖酸锌的含量。

三、仪器与试剂

水浴锅，烧杯，减压抽滤装置，电炉，蒸发皿，酸式滴定管，量筒，糖糖酸钙、$ZnSO_4 \cdot 7H_2O$、95%乙醇、EDTA-2Na 标准品、活性炭、氯化铵（NH_4Cl）、浓氨水、氯化钠、铬黑 T 均为分析纯。

四、实验步骤

1. 葡萄糖酸锌的制备

（1）粗品的制备

取 200 mL 烧杯，加水 40 mL，加热至 80 ~ 90 °C，加入 6.7 g $ZnSO_4 \cdot 7H_2O$，用玻璃棒搅拌至完全溶解。将烧杯置于 90 °C 水浴中，逐渐加入 10 g 葡萄糖酸钙，搅拌至完全溶解，静置保温 20 min。趁热减压抽滤，滤渣为 $CaSO_4$，弃去；滤液转入烧杯，加热近沸，加入少量活性炭脱色，趁热减压过滤。滤液转入蒸发皿中，用小火加热浓缩至黏稠状。将滤液冷却到室温，加入 95%乙醇 20 mL（降低葡萄糖酸锌的溶解度），并不断搅拌，此时有大量的胶状葡萄糖酸锌析出，充分搅拌后，用倾泻法除去乙醇液。于胶状沉淀上，再加 20 mL 95%乙醇，充分搅拌后，慢慢析出晶体，抽滤至干，得到葡萄糖酸锌粗品。母液回收。

（2）重结晶

取烧杯加水 10 mL，加热至 90 °C，将葡萄糖酸锌粗品加入，搅拌至溶解，趁热减压过滤。滤液冷却至室温，加 10 mL 95%乙醇，搅拌，待结晶析出后，减压过滤，将溶剂尽量抽干，得葡萄糖酸锌纯品。在 50 °C 下用恒温干燥箱烘干，称量得 m g，计算产率。

2. 样品中锌含量的测定

（1）溶液的配制。

① 0.1 $mol \cdot L^{-1}$ EDTA-2Na 标准溶液：称取 40 g EDTA-2Na 溶于 1 000 mL 水中，摇匀。

标定：称取 800 °C 灼烧至恒重的基准氧化锌 8.0 g（称准至 0.0002 g），溶于 20 mL 盐酸和 50 mL 水中，移入 1 000 mL 容量瓶中，用水稀释至刻度，摇匀。准确量取 30 ~ 35 mL，稀释至 100 mL，滴加 10%氨水至溶液 pH = 8 左右，再加 NH_3-NH_4Cl 缓冲溶液 10 mL 和铬黑 T 指示剂少量，用 0.1 $mol \cdot L^{-1}$ EDTA-2Na 标准溶液滴定至溶液由紫色转变成纯蓝色。同时作空白试验。

EDTA-2Na 标准溶液的浓度按下式计算：

$$c = \frac{m(\mathrm{ZnO})}{V \times 0.081\,37}$$

式中　c——EDTA-2Na 溶液的浓度，$mol \cdot L^{-1}$；

$m(\mathrm{ZnO})$——氧化锌的质量，g；

V——EDTA-2Na 标准溶液的用量，mL；

0.018 37——每毫摩尔氧化锌的质量（单位：g）。

② NH_3-NH_4Cl 缓冲溶液（pH = 10）：称取 34 g 氯化铵（NH_4Cl）溶于 150 mL 水中，加入 285 mL 浓氨水，用水稀释至 500 mL

③ 铬黑 T 指示剂：取 0.1 g 铬黑 T 与磨细干燥的 10 g NaCl 研匀，配成固体合剂，放在干燥器中，用时取少许即可。

（2）测定步骤

称取所制产品 0.8 g 左右，准确称量，记为 G g（精确到 0.001 g），加水至 100 mL，微热使其溶解，加入 NH_3-NH_4Cl 缓冲溶液（pH = 10）5 mL，加铬黑 T 指示剂少许，用 0.1 $mol \cdot L^{-1}$ EDTA-2Na 标准溶液滴定至溶液由酒红色变为纯蓝色，平行测定 3 份，计算锌含量。

实验十八　三价铁离子与磺基水杨酸配合物的组成和稳定常数的测定

（8 学时）

一、实验目的

（1）了解用比色法测定配合物的组成和稳定常数的原理和方法。
（2）学习分光光度计的使用方法。
（3）学习用计算机处理有关实验数据的方法。

二、实验原理

当一束波长一定的单色光通过盛在比色皿中的有色溶液时，有一部分光被有色溶液吸收，一部分透过。设 c 为有色溶液浓度，b 为有色溶液（比色皿）厚度，则吸光度（也称消光度）A 与有色溶液的浓度 c 和溶液的厚度 b 的乘积成正比，这就是朗珀-比尔定律，其数学表达式为

$$A = k \cdot c \cdot \mathrm{b}$$

式中　k——比例系数，叫作吸光系数，其数值与入射光的波长、溶液的性质及温度有关。

若入射光的波长、温度和比色皿均一定（b 不变），则吸光度 A 只与有色溶液浓度 c 成正比。

设中心离子 M 和配位体 L 在给定条件下反应，只生成一种有色配离子或配合物 ML_n（略去配离子电荷数），即

$$M + nL \rightleftharpoons ML_n$$

若 M 与 L 都是无色的，则此溶液的吸光度 A 与该有色配离子或配合物的浓度成正比。据此可用浓比递变法（或称摩尔系列法）测定该配离子或配合物的组成和稳定常数，具体方法如下：

配制一系列含有中心离子 M 与配位体 L 的溶液，M 与 L 的总摩尔数相等，但各自的摩尔分数连续改变，例如，L 的摩尔分数依次为 0.00，0.10，0.20，0.30，…，0.90，1.0。在一定波长的单色光中分别测定这系列溶液的吸光度 A，有色配离子或配合物的浓度越大，溶液颜色越深，其吸光度越大，当 M 和 L 恰好全部形成配离子或配合物时（不考虑配离子的解离），ML_n 的浓度最大，吸光度也最大，若以吸光度 A 为纵坐标，以配位体的摩尔分数为横坐标作图（图 3.18.1），可以求得最大的吸光度处。

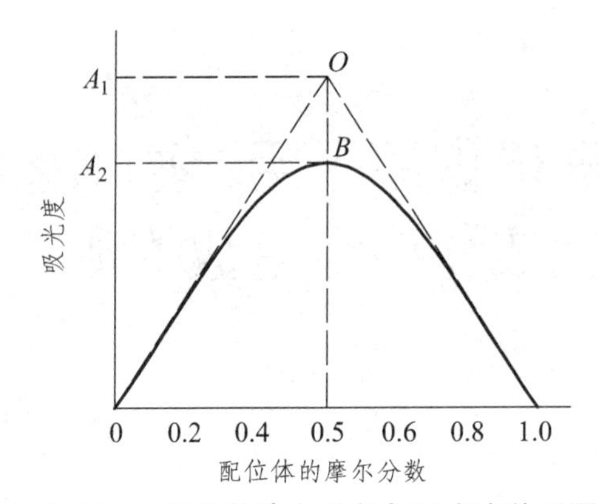

图 3.18.1　配位体摩尔分数与吸光度关系图

例如，从图 3.18.1 可以看出，延长曲线两边的直线部分，相交于 O 点，O 点即为最大吸收处，对应配位体的摩尔分数为 0.5，则中心离子的摩尔分数为 1 – 0.5 = 0.5。所以

$$\frac{\text{配位体摩尔数}}{\text{中心离子摩尔数}}=\frac{\text{配位体摩尔分数}}{\text{中心离子摩尔分数}}=\frac{0.5}{0.5}=1$$

由此可知，该配离子或配合物的组成为 ML 型。

从图 3.15.1 还可以看出，对于 ML 型配离子或配合物，若它全部以 ML 形式存在，则其最大吸光度在 O 处，对应的吸光度为 A_1；但由于配合物有一部分解离，其浓度要稍小一些，实际测得的最大吸光度在 B 处，相应的吸光度为 A_2。此时配合物或配离子的解离度为

$$\alpha=\frac{A_1-A_2}{A_1}$$

配离子或配合物 ML 的稳定常数与解离度的关系如下：

	ML ⇌	M	+ L
起始时浓度/mol · L^{-1}	c	0	0
平衡时浓度/mol · L^{-1}	$c-c\alpha$	$c\alpha$	$c\alpha$

$$K^{\ominus}_{稳}=\frac{c(\mathrm{ML})}{c(\mathrm{M})c(\mathrm{L})}=\frac{1-\alpha}{c\alpha^2}$$

式中　c——O 点对应的中心离子的摩尔浓度[$c(Fe^{3+}) = 2.50\times10^{-4}$ mol · L^{-1}]。

磺基水杨酸与 Fe^{3+}形成的螯合物的组成因 pH 不同而不同，pH = 2 ~ 3 时，生成紫红色的螯合物（有一个配位体），反应可表示如下：

Fe^{3+} + HO_3S—C$_6$H$_3$(OH)(COOH) ⇌ [HO_3S—C$_6$H$_3$(O)(COO)Fe]$^{+}$ + $2H^+$

pH 为 4 ~ 9 时，生成红色的螯合物（有两个配位体）；pH 为 9 ~ 11.5 时，生成黄色螯合物（有三个配位体）；pH 大于 12 时，有色螯合物将被破坏而生成 $Fe(OH)_3$ 沉淀。

本实验是在 $HClO_4$ 做介质，pH 小于 2.5 的条件下进行测定的。

三、仪器与试剂

烧杯（50 mL，11 只；600 mL，1 只），分光光度计，移液管（10 mL，5 只），吸耳球，玻璃棒，$HClO_4$（0.010 0 mol·L^{-1}），Fe^{3+}标准溶液（0.001 00 mol·L^{-1}），磺基水杨酸标准溶液（0.001 00 mol·L^{-1}）。

四、实验内容

1. 系列溶液的配制

用三只 10 mL 刻度移液管按表 3.15.1 的数量分别移取 0.010 0 mol·L^{-1} $HClO_4$，0.001 0 mol·L^{-1} Fe^{3+}，0.001 0 mol·L^{-1}磺基水杨酸标准溶液注入已编号的干燥的 50 mL 小烧杯中，摇匀各溶液。

2. 浓比递变法测定配离子或配合物的吸光度

（1）接通分光光度计电源，并调整好仪器，选定波长为 500 nm。

（2）取 4 只 1 cm 的比色皿，往一只中加入蒸馏水（用作参比溶液，放在比色皿框中第一个格内），其余 3 只分别加入上面配制的 1、2 和 3 号溶液至 2/3 处；测定各溶液吸光度，并记录（每次测定，应等数字稳定 30 s，并且注意核对记录数据）。

（3）保留装蒸馏水的比色皿，供校零点使用，其余 3 只分别换入编号为 4、5 和 6 号溶液，直至测完所有编号溶液。

3. 用 origin 电子表格处理实验数据

利用 origin 电子表格绘制出配位体摩尔分数与所测吸光度 *A* 的关系图，并根据关系图中得到的有关数据计算配合物或配离子的组成和稳定常数。

五、数据记录与处理

表 3.18.1　溶液的配制和吸光度的测定

溶液编号	1	2	3	4	5	6	7	8	9	10	11
$V(HClO_4)$/mL	10.0	10.0	10.0	10.0	10.0	10.0	10.0	10.0	10.0	10.0	10.0
$V(Fe^{3+})$/mL	10.0	9.0	8.0	7.0	6.0	5.0	4.0	3.0	2.0	1.0	0.0
V(磺基水杨酸) /mL	0.0	1.0	2.0	3.0	4.0	5.0	6.0	7.0	8.0	9.0	10.0
$x_L=\dfrac{V_L}{V_L+V_M}$											
吸光度											

以吸光度 A 为纵坐标，磺基水杨酸摩尔分数 x_L 为横坐标，作吸光度-组成图，求出配合物 FeL_n 的组成和表观稳定常数 $K_{稳}$。

六、思考题

（1）移液管在使用时，应注意哪些问题?

（2）比色皿在使用时，应注意哪些问题?

（3）本实验测定的每份溶液的 pH 必须一致，如不一致对结果有何影响?

（4）如果溶液中同时有几种不同组成的有色配合物存在，能否用本实验方法测定它们的组成和稳定常数? 为什么?

附注：

（1）0.010 0 mol · L^{-1} 高氯酸（$HClO_4$）标准溶液配制：将 4.4 mL 70 % $HClO_4$ 加入 50 mL 水中，稀释到 5 000 mL。

（2）0.001 0 mol · L^{-1} Fe^{3+} 标准溶液配制：将分析纯硫酸高铁铵[$NH_4Fe(SO_4)_2 \cdot 12H_2O$]晶体溶于 0.010 0 mol · L^{-1} $HClO_4$ 中配制而成。

（3）0.001 0 mol · L^{-1} 磺基水杨酸标准溶液：将分析纯磺基水杨酸溶于 0.010 0 mol · L^{-1} $HClO_4$ 中配制而成。

实验十九　配位化合物的制备和性质检测

（4 学时）

一、实验目的

（1）了解配离子的生成和组成。

（2）掌握配离子和简单离子的区别。

（3）了解配位平衡与沉淀溶解平衡间的相互转化。

（4）初步掌握利用沉淀反应和配位溶解反应分离、鉴定混合阳离子的方法和离心机的使用。

二、实验原理

配位化合物分子一般是由中心离子、配位体和外界所构成的。中心离子和配位体组成配位离子（内界），例如：

$$[Cu(NH_3)_4]SO_4 = [Cu(NH_3)_4]^{2+} + SO_4^{2-}$$（完全解离）

$$[Cu(NH_3)_4]^{2+} \rightleftharpoons Cu^{2+} + 4NH_3$$（部分解离）

$[Cu(NH_3)_4]^{2+}$称为配位离子（内界），其中 Cu^{2+}为中心离子，NH_3 为配位体，SO_4^{2-}为外界。配位化合物中的内界和外界可以用实验来确定。

配位离子的解离平衡也是一种动态平衡，能向着生成更难解离或更难溶解的物质的方向移动。配位反应常用来分离和鉴定某些离子。例如，欲使 Cu^{2+}，Fe^{3+}，Ba^{2+}混合离子完全分离，具体过程如图 3.19.1 所示：

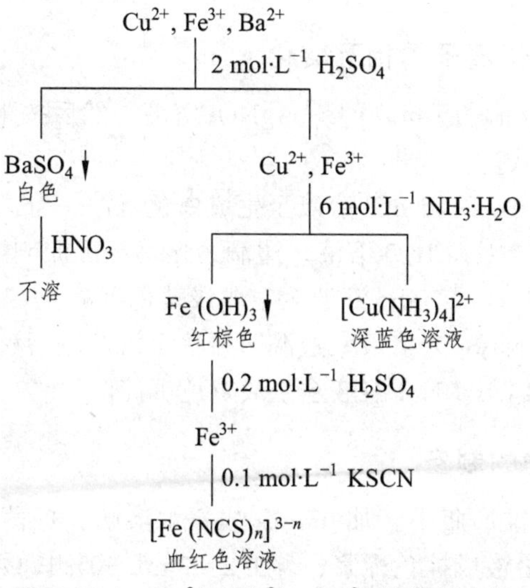

图 3.19.1　Cu^{2+}，Fe^{3+}，Ba^{2+}的分离过程

三、仪器与试剂

离心机，电加热器，普通试管，离心试管，烧杯，NH_4Cl（s），$CoCl_2$（s），NaOH（2 mol · L^{-1}），HCl（浓），$NH_3 \cdot H_2O$（浓，2 mol · L^{-1}，6 mol · L^{-1}），$AgNO_3$（0.1 mol · L^{-1}），$CuSO_4$（0.1 mol · L^{-1}），$K_3[Fe(CN)_6]$（0.1 mol · L^{-1}），$FeCl_3$（0.1 mol · L^{-1}），KBr（0.1 mol · L^{-1}），KNCS（0.1 mol · L^{-1}），KI（0.1 mol · L^{-1}），NaCl（0.1 mol · L^{-1}），$BaCl_2$（1 mol · L^{-1}），NH_4F（4 mol · L^{-1}），$Na_2S_2O_3$（1 mol · L^{-1}），H_2O_2（30%）。

四、实验内容

1. 配位化合物的生成和组成测定

（1）在两支试管中各加入 10 滴 0.1 mol · L^{-1} $CuSO_4$ 溶液，然后分别加入 2 滴 1 mol · L^{-1} $BaCl_2$ 溶液和 2 滴 2 mol · L^{-1} NaOH 溶液，观察生成的沉淀（分别是检验 SO_4^{2-} 和 Cu^{2+} 的方法）。

（2）另取 10 滴 0.1 mol · L^{-1} $CuSO_4$ 溶液加入 6 mol · L^{-1} $NH_3 \cdot H_2O$ 至生成深蓝色溶液，然后将深蓝色溶液分盛在两支试管中，分别加入 2 滴 1 mol · L^{-1} $BaCl_2$ 溶液和 2 滴 2 mol · L^{-1} NaOH 溶液，观察是否都有沉淀产生。

根据上面实验的结果，说明 $CuSO_4$ 和 NH_3 所形成的配位化合物的组成。

2. 简单离子与配位离子的比较及配位离子的颜色

（1）在一支试管中滴入 5 滴 0.1 mol · L^{-1} $FeCl_3$ 溶液，加入 1 滴 0.1 mol · L^{-1} KSCN 溶液（这是检验 Fe^{3+} 的方法），观察现象，然后将溶液用少量水稀释，逐滴加入 4 mol · L^{-1} NH_4F 溶液，观察溶液颜色有何变化，并解释。

（2）以铁氰化钾（$K_3[Fe(CN)_6]$）溶液代替 $FeCl_3$ 溶液进行上述实验，观察现象是否相同，并解释。

3. 难溶化合物与配位离子的相互转化

往一支试管中加入 10 滴 0.1 mol · L^{-1} $AgNO_3$ 溶液，然后按下列次序进行实验，并写出每一步骤反应的化学方程式。

（1）加入 10 滴 0.1 mol · L^{-1} NaCl 溶液至生成白色沉淀，分离除去上层清液。

（2）滴加 6 mol · L^{-1} $NH_3 \cdot H_2O$ 溶液，边滴边振荡至沉淀刚溶解。

（3）加入几滴 0.1 mol · L^{-1} NaBr 溶液至生成浅黄色沉淀。

（4）滴加 1 mol · L^{-1} $Na_2S_2O_3$ 溶液，边滴边振荡至沉淀刚溶解。

（5）滴加几滴 0.1 mol · L^{-1} NaI 溶液至生成黄色沉淀。

4. Co（Ⅲ）配合物的制备

将 1.0 g NH_4Cl 置于锥形瓶中，加 6 mL 浓氨水溶解，振荡使溶液均匀；分数次加入 2.0 g $CoCl_2$ 粉末，振荡使溶液成棕色稀浆；滴加 2 ~ 3 mL 30% H_2O_2，振荡，使固体完全溶解；

当溶液停止起泡时，慢慢加入 6m L 浓 HCl，振荡，并在不超过 85 °C 的水浴上边摇边加热 10 ~ 15 min，然后在室温下冷却；过滤出沉淀；用 5 mL 冷水洗涤数次，再用 5 mL 6 mol · L^{-1} HCl 洗涤；产物在 105 °C 左右烘干，称量。

五、思考题

（1）通过实验总结简单离子形成配离子后，哪些性质会发生改变？

（2）影响配位平衡的主要因素是什么？

（3）Fe^{3+}可以将 I^-氧化为 I_2，而自身被还原成 Fe^{2+}，但 Fe^{2+}的配离子$[Fe(CN)_6]^{4-}$又可以将 I_2 还原成 I^-，而自身被氧化成$[Fe(CN)_6]^{3-}$，如何解释此现象？

（4）衣服上沾有铁锈时，常用草酸洗，试说明原理。

实验二十　卤　素

（3 学时）

一、实验目的

（1）试验和掌握卤素的氧化性和卤离子的还原性。

（2）学习氯气、次氯酸盐和氯酸盐的制备方法，掌握它们的氧化性。

（3）了解氯、溴、氢氟酸和氯酸钾的安全操作。

二、仪器与试剂

量筒（100 mL），试管（大，小），烧杯（500 mL，300 mL，50 mL），铅皿，铁锤，NaCl，KI，KBr，$BaCl_2$，MnO_2，$KMnO_4$，CaF_2，$KClO_3$，硫粉，石蜡（以上皆固体），KBr（0.1 mol · L^{-1}），KI（0.1 mol · L^{-1}，0.01 mol · L^{-1}），$Na_2S_2O_3$（0.1 mol · L^{-1}），Na_2SO_3（0.1 mol · L^{-1}），KIO_3（0.1 mol · L^{-1}），$MnSO_4$（0.1 mol · L^{-1}），H_2SO_4（浓，3 mol · L^{-1}），HCl（浓），NaOH（6 mol · L^{-1}），$KBrO_3$（饱和），KOH（2 mol · L^{-1}），氯水，溴水，碘水，硫化氢溶液，CCl_4，品红溶液，淀粉溶液，醋酸铅试纸，pH 试纸，碘化钾-淀粉试纸，玻璃丝。

三、实验内容

（一）卤素单质在不同溶剂中的溶解性

分别试验并观察少量氯、溴、碘在水、四氯化碳、碘化钾水溶液中的溶解情况，以表格形式写出实验结果，并解释。

（二）卤素的氧化性

1. 卤素的置换次序

（1）在一支小试管中加入 3 滴 0.1 mol · L^{-1} KBr 溶液，5 滴 CCl_4，再滴加氯水，边滴边振荡，观察 CCl_4 层呈现橙色或橙红色（Br_2 溶于苯或 CCl_4 中，浓度小时呈橙黄色，浓度大时呈橙红色）。

（2）在一支小试管中加入 3 滴 0.1 mol · L^{-1} KI 溶液，5 滴 CCl_4，再滴加氯水，边滴边振荡，观察 CCl_4 层呈现紫红色（I_2 溶于苯或 CCl_4 中呈紫红色，溶于水中呈红棕色或黄棕色）。

（3）在一支小试管中加入 3 滴 0.1 mol · L^{-1} KI 溶液，5 滴 CCl_4，再滴加溴水，边滴边振荡，观察 CCl_4 层的颜色。

根据以上实验结果，比较卤素氧化性的相对大小。以表格形式写出实验结果，写出有关的反应式解释。

2. 碘的氧化性

取 2 支试管，各加碘水数滴，然后分别滴加（新配制的）0.1 mol · L^{-1} $Na_2S_2O_3$和硫化氢溶液，观察现象。写出反应式。

3. 氯水对溴、碘离子混合溶液的氧化顺序

在试管中加入 1 mL 0.1 mol · L^{-1} KBr 溶液和 2 滴 0.01 mol · L^{-1} KI 溶液，再加入 0.5 mL CCl_4。逐滴加氯水，每加 1 滴氯水，即振荡一次试管，并仔细观察 CCl_4层先后出现不同颜色的现象，写出反应式。

（三）−1 价卤素离子的还原性

（1）往盛有少量（黄豆大小，下同）KI 固体的试管中加入 0.5 mL（约 10 滴，下同）浓硫酸，观察反应产物的颜色和状态。把湿的醋酸铅试纸放在管口以检验气体产物。

（2）往盛有少量 KBr 固体的试管中加入 0.5 mL 浓硫酸，观察反应产物的颜色和状态。把湿的碘化钾-淀粉试纸放在管口以检验气体产物。

（3）往盛有少量 NaCl 固体的试管（用试管夹夹住）中加入 0.5 mL 浓硫酸，观察反应产物的颜色和状态。把湿的碘化钾-淀粉试纸放在管口以检验气体产物。然后再用玻璃棒蘸少量浓 $NH_3 \cdot H_2O$ 移近管口，有何现象？写出反应式。

（4）往盛有少量 NaCl 和 MnO_2 固体混合物的试管中加入 1 mL 浓 H_2SO_4，稍稍加热，观察现象。从气体的颜色和气味判断反应产物，写出反应方程式。

比较上面四个实验的产物，说明碘、溴、氯离子还原性的相对强弱。

（四）次氯酸盐和氯酸盐的性质

1. 次氯酸钠的氧化性

取氯水 10 mL 逐滴加入 2 mol · L^{-1} NaOH 至溶液呈弱酸性（用 pH 试纸检验）。将溶液分成 3 份，放入 3 支试管，分别加入 0.1 mol · L^{-1} $MnSO_4$、品红溶液及用 H_2SO_4 酸化的碘化钾-淀粉溶液反应。观察现象，写出反应式。

2. 氯酸钾的氧化性

（1）与浓盐酸的反应。

取少量 $KClO_3$ 晶体，加入约 1 mL 浓盐酸，观察产生气体的颜色。检验气体产物，写出反应式，并做出解释。

（2）与 KI 溶液分别在酸性和中性介质中的反应。

取少量 $KClO_3$ 晶体加入约 1 mL 水使之溶解，再加入几滴 0.1 mol · L^{-1} KI 溶液和 0.5 mL CCl_4，摇动试管，观察水溶液层或 CCl_4 层颜色有何变化。再加入 1 mL 3 mol · L^{-1} H_2SO_4，摇动试管，观察有何变化，写出反应式。

（五）碘酸钾的氧化性

在试管中放入 0.5 mL 0.1 mol · L^{-1} KIO_3 溶液，加几滴 3 mol · L^{-1} H_2SO_4 和几滴可溶性淀粉溶液，再滴加 0.1 mol · L^{-1} Na_2SO_3 溶液，边加边摇荡，观察有何变化。写出反应式。

改变加入试剂顺序（先加 Na_2SO_3 最后加 KIO_3），又会观察到什么现象？

（六）溴酸钾与碘酸钾氧化性的比较

往少量饱和的 $KBrO_3$ 溶液中加入少量浓 H_2SO_4 酸化后再加入少量碘片，振荡试管，观察现象，写出反应式。

通过以上实验总结氯酸盐、溴酸盐、碘酸盐的氧化性。

（七）氟化氢的生成和对玻璃的腐蚀作用

在一块玻璃片上涂一层熔化的石蜡，冷却后，用铁钉或小刀刻下字迹（字迹必须穿透石蜡层，使玻璃暴露出来）。在铅皿（也可用塑料瓶盖代替）中放入 1 g 固体 CaF_2，加入 5 mL 浓硫酸调成糊状，立即用刻有字迹的玻璃片覆盖，在通风橱内放置 2 ~ 3 h。然后取出玻璃片，用水冲洗并用小刀刮去玻璃片上的石蜡，观察玻璃片上的变化，解释所观察到的现象。

附注：安全知识

（1）氯气有毒和刺激性，吸入人体会刺激喉管，引起咳嗽和喘息，进行有关氯气的实验，必须在通风橱中操作。闻氯气时，不能直接对着管口或瓶口。

（2）溴蒸气对气管、肺、眼、鼻、喉都有强烈的刺激作用，进行有关溴的实验，应在通风橱内操作。不慎吸入溴蒸气时，可吸入少量氨气和新鲜空气解毒。

（3）氟化氢气体有剧毒和强腐蚀性，吸入人体会使人中毒，氢氟酸能灼伤皮肤，凡是用氢氟酸和进行有关氟化氢气体的实验，应在通风橱内完成。移取氢氟酸时，必须带上橡皮手套，用塑料滴管吸取。

（4）氯酸钾是强氧化剂，保存不当时容易爆炸，它与硫、磷的混合物是炸药，绝对不允许把它们混在一起。氯酸钾容易分解，不宜进行大力研磨、烘干或烤干，如果要烘干，温度一定要严格控制，不能过高。进行有关氯酸钾的实验，剩下的药品应放入专用的回收瓶内。

实验二十一　氧、硫及其化合物

（3 学时）

一、实验目的

（1）了解过氧化氢的制备、性质及其鉴定方法。

（2）制备和观察硫的同素异形体。

（3）了解硫化氢的性质和硫化物的溶解性。

（4）了解不同氧化态硫的含氧化合物的主要性质。

（5）了解硫化氢和二氧化硫的简单制备方法和安全操作。

二、实验原理

氧和硫是元素周期表中ⅥA 族元素，其原子的价电子层构型为 ns^2np^4，能形成氧化数为 -2，-4，$+6$ 等的化合物。H_2O_2 中 O 的氧化数为 -1，它是氧化剂，也可做还原剂。H_2S 中 S 的氧化数为 -2，它是强还原剂。

S^{2-}能与稀酸反应产生 H_2S 气体，可根据 H_2S 特有的腐蛋臭味，或能使 $Pb(Ac)_2$ 试纸变黑的现象检验出 S^{2-}。

SO_2 溶于水生成亚硫酸，H_2SO_3 及其盐常用作还原剂，但遇强还原剂时，也起氧化剂作用。

$Na_2S_2O_3$ 是硫代硫酸的盐。硫代硫酸不稳定，易分解：

$$H_2S_2O_3 = H_2O + SO_2\uparrow + S\downarrow$$

$S_2O_3^{2-}$具有还原性，$Na_2S_2O_3$ 是常用的还原剂。

$$2S_2O_3^{2-} + I_2 = S_4O_6^{2-}\text{（连四硫酸根）} + 2I^-$$

$S_2O_3^{2-}$与 Ag^+生成白色 $Ag_2S_2O_3$ 沉淀，但迅速变黄色、棕色，最后变为黑色 Ag_2S 沉淀，这个反应用来鉴定 $S_2O_3^{2-}$。

三、仪器与试剂

过氧化钠（s），H_2SO_4（浓、2 $mol\cdot L^{-1}$），K_2CrO_4（0.1 $mol\cdot L^{-1}$），HCl（6 $mol\cdot L^{-1}$、2 $mol\cdot L^{-1}$），$Pb(NO_3)_2$（0.1 $mol\cdot L^{-1}$），硫代乙酰胺溶液（5 %），过氧化氢（3 %），$MnSO_4$（0.002 $mol\cdot L^{-1}$），NaOH（2 $mol\cdot L^{-1}$），$KMnO_4$（0.01 $mol\cdot L^{-1}$），$FeCl_3$（0.1 $mol\cdot L^{-1}$），Na_2S（0.1 $mol\cdot L^{-1}$），$Na_2S_2O_3$（0.1 $mol\cdot L^{-1}$），$AgNO_3$（0.1 $mol\cdot L^{-1}$），KI（0.1 $mol\cdot L^{-1}$），H_2S（饱和溶液），乙醚，$K_2S_2O_8$（s），pH 试纸，$Pb(Ac)_2$试纸，硫粉，锌粉，汞，蒸发皿，点滴板。

四、实验内容

1. 过氧化氢的制备

在试管中加入少量过氧化钠固体和 2 mL 蒸馏水，置于冰水中冷却并不断搅拌，用 pH 试纸检验溶液的酸碱性。再往试管中滴加 2 $mol \cdot L^{-1}$ H_2SO_4 至溶液呈酸性。

2. 过氧化氢的鉴定

取上面制好的已酸化的溶液 2 mL 于一试管中，加入 0.5 mL 乙醚和 1 mL 2 $mol \cdot L^{-1}$ H_2SO_4 溶液，再加入 3 ~ 5 滴 0.1 $mol \cdot L^{-1}$ K_2CrO_4，观察水层和乙醚层中颜色变化。

3. 过氧化氢的性质

（1）过氧化氢的氧化性。

在小试管中加入几滴 0.1 $mol \cdot L^{-1}$ $Pb(NO_3)_2$ 溶液和硫代乙酰胺溶液（5 %），在水浴上加热，有何现象？离心分离，弃去溶液，并用少量水洗涤沉淀 2 ~ 3 次，然后往沉淀中加入过氧化氢（3 %）溶液少许，沉淀有何变化？解释之。

（2）过氧化氢的还原性。

在试管中加入 0.5 mL 0.1 $mol \cdot L^{-1}$ $AgNO_3$ 溶液，然后滴加 2 $mol \cdot L^{-1}$ NaOH 溶液至有沉淀产生。再往试管中加入少量过氧化氢（3 %），有何现象？注意产物颜色有无变化并用带余烬的火柴检验有无气体产生，解释之。

4. 单质硫的性质

（1）硫的熔化和弹性硫的生成。

取约 3 g 硫粉加入试管中缓慢加热，观察硫色态的变化。待硫粉熔化至沸后迅速倾入一盛有冷水的烧杯中，观察色态变化并试验其弹性。弹性硫放置一段时间后又有什么变化？试解释。

（2）硫的化学性质。

① 硫与汞的反应：在一瓷坩埚中加入一小滴汞，然后加入少量硫粉，用玻璃棒搅动使之混合。观察现象，写出反应式。注意：产物最后集中回收。

② 硫的氧化性：在蒸发皿中混合好约 1 g 锌粉及 2 g 硫粉，用烧红的玻璃棒接触混合物，观察现象，写出反应式。设计方案验证反应产物。

5. H_2S 的还原性和 S^{2-} 的鉴定

（1）H_2S 的还原性。

① 在 5 滴 0.01 $mol \cdot L^{-1}$ $KMnO_4$ 中，加入数滴 2 $mol \cdot L^{-1}$ H_2SO_4 酸化后，再加入 1 mL 硫化氢水溶液，观察现象，写出反应式。

② 在 5 滴 0.1 $mol \cdot L^{-1}$ $FeCl_3$ 中，加入 1 mL 硫化氢水溶液，观察现象，写出反应式。

（2）S^{2-} 的鉴定。

在试管中加入 5 滴 0.1 $mol \cdot L^{-1}$ Na_2S，再加入 5 滴 6 $mol \cdot L^{-1}$ HCl，在试管口悬以湿 $Pb(Ac)_2$ 试纸，观察现象，写出反应式。

6. 硫代硫酸及其盐的性质和 $S_2O_3^{2-}$ 的鉴定

（1）硫代硫酸及其盐的性质。

① 在 10 滴 0.1 mol · L^{-1} $Na_2S_2O_3$ 溶液中，加入 10 滴 2 mol · L^{-1} HCl，片刻后，观察溶液是否变浑浊，有无 SO_2 的气味？写出反应方程式。

② 在 10 滴碘水中，逐滴加入 0.1 mol · L^{-1} $Na_2S_2O_3$，观察碘水颜色是否褪去？写出反应方程式。

根据以上实验结果，说明 $H_2S_2O_3$ 和 $Na_2S_2O_3$ 有什么性质？

（2）$S_2O_3^{2-}$ 的鉴定。

在点滴板上滴 2 滴 0.1 mol · L^{-1} $Na_2S_2O_3$，加入 0.1 mol · L^{-1} $AgNO_3$，直至产生白色沉淀，观察沉淀颜色的变化（由白→黄→棕→黑）。利用 $Ag_2S_2O_3$ 分解时颜色的变化可以鉴定 $S_2O_3^{2-}$ 存在。

7. 过二硫酸盐的氧化性

（1）在试管中加入 2 滴 0.002 mol · L^{-1} $MnSO_4$ 溶液，然后加入约 5 mL 1 mol · L^{-1} H_2SO_4，2 滴 $AgNO_3$ 溶液，再加入少量 $K_2S_2O_8$ 固体，水浴加热，观察溶液的颜色有什么变化？另取一支试管，不加 $AgNO_3$ 溶液，进行同样实验。比较上述两个实验的现象有什么不同，为什么？写出反应式。

（2）取少量 0.1 mol · L^{-1} KI 溶液，用硫酸酸化后再加入少量 $K_2S_2O_8$ 固体。观察现象，写出反应方程式。

五、思考题

（1）根据实验结果比较：

① $S_2O_8^{2-}$ 与 MnO_4^- 的氧化性强弱；

② $S_2O_3^{2-}$ 与 I^- 还原性的强弱。

（2）硫代硫酸钠溶液与硝酸银溶液反应时，产物为何有时为硫化银沉淀，有时又为 $[Ag(S_2O_3)_2]^{3-}$ 配离子？

（3）如何区别：

① 两种酸性气体：二氧化硫、硫化氢；

② 硫酸钠、亚硫酸钠、硫代硫酸钠、硫化钠。

附注：

做硫化氢的制备和性质实验时，加入盐酸之前，要做好检测硫化氢性质的准备工作：在一支试管中加 3 滴 0.2 mol · L^{-1} 高锰酸钾溶液并用 1 mol · L^{-1} 硫酸酸化；在另一试管中加入 3 mL 蒸馏水备用。

实验二十二　氮族、硅、硼

（4 学时）

一、实验目的

（1）了解亚硝酸及其盐，硝酸及其盐的主要性质。
（2）掌握铵离子、亚硝酸根离子、硝酸根离子的鉴定方法。
（3）了解磷酸盐的主要性质。

二、实验原理

氮是元素周期表中ⅤA 族元素，它的价电子层结构为 ns^2np^5，它的氧化数最高为 +5，最低为 −3。NO_3^-可用“棕色环”实验来鉴定。

$$NO_3^- + 3Fe^{2+} + 4H^+ = NO + 3Fe^{3+} + 2H_2O$$

$$[Fe(H_2O)_6]^{2+} + NO = [Fe(NO)(H_2O)_5]^{2+} + H_2O$$

（棕色）

这一反应也常用来鉴定 NO_2（鉴定 NO_2^-时使用 HAc，不形成环）。

$$NO + Fe^{2+} + 2HAc = NO + Fe^{3+} + 2Ac^- + H_2O$$

$$[Fe(H_2O)_6]^{2+} + NO = [Fe(NO)(H_2O)_5]^{2+} + H_2O$$

（棕色）

亚硝酸可用亚硝酸盐与酸反应制得，但亚硝酸不稳定，易分解。

$$NaNO_2 + H_2SO_4 = NaHSO_4 + HNO_2$$

$$2HNO_2 \underset{\text{冷}}{\overset{\text{热}}{\rightleftharpoons}} \underset{\text{（蓝）}}{N_2O_3} + H_2O \underset{\text{冷}}{\overset{\text{热}}{\rightleftharpoons}} \underset{\text{（红棕）}}{NO_2} + NO + H_2O$$

亚硝酸具有氧化性，但遇强氧化剂时，也呈还原性。
NH_4^+常用 OH^-与 NH_4^+生成 NH_3，使湿润红色石蕊试纸变蓝的方法鉴定。

三、仪器与试剂

H_2SO_4（浓、2 mol · L^{-1}），HCl（6 mol · L^{-1}、2 mol · L^{-1}），HNO_3（浓），HAc（2 mol · L^{-1}），

$NaOH$（2 mol · L^{-1}），$NH_3 \cdot H_2O$（2 mol · L^{-1}），$FeSO_4 \cdot 7H_2O$（s），NH_4NO_3（s），$(NH_4)_2SO_4$（s），NH_4Cl（s），$KMnO_4$（0.01 mol · L^{-1}），$AgNO_3$（0.1 mol · L^{-1}），KI（0.1 mol · L^{-1}），$NaNO_2$（1 mol · L^{-1}，0.1 mol · L^{-1}），NH_4Cl（0.1 mol · L^{-1}），KNO_3（0.1 mol · L^{-1}），正磷酸盐（s），焦磷酸盐（s），偏磷酸盐（s），Na_3PO_4（s），Na_2HPO_4（s），NaH_2PO_4（s），$CaCl_2$（s），pH 试纸，红、蓝石蕊试纸，奈斯特试剂（$K_2[HgI_4] + KOH$）。

四、实验内容

1. 亚硝酸和亚硝酸盐的性质

（1）亚硝酸的生成和性质。

在试管中加入 10 滴 1 mol · L^{-1} $NaNO_2$（如果室温较高，可放在冰水中冷却），然后滴入浓 H_2SO_4，观察溶液的颜色和液面上液体的颜色，溶液放置一段时间，有何现象发生？写出反应方程式。

（2）亚硝酸盐的氧化性和还原性。

① 在 0.1 mol · L^{-1} $NaNO_2$ 中加入 0.1 mol · L^{-1} KI，观察现象，然后用 2 mol · L^{-1} H_2SO_4 酸化，观察现象，并用 CCl_4 验证是否有 I_2 产生，写出反应方程式。

② 在 0.01 mol · L^{-1} $KMnO_4$ 中加入 0.1 mol · L^{-1} $NaNO_2$，观察紫红色是否褪去，然后用 2 mol · L^{-1} H_2SO_4 酸化，观察现象，写出反应方程式。

（3）NO_2^- 的鉴定。

滴 10 滴 0.1 mol · L^{-1} $NaNO_2$ 于试管中，加入数滴 2 mol · L^{-1} HAc 酸化，再加入 1 ~ 2 小粒硫酸亚铁晶体，如有棕色出现，证明有 NO_2^- 存在。

（4）NO_3^- 的鉴定。

取约 1 mL 0.1 mol · L^{-1} KNO_3 于试管中，加入 1 ~ 2 小粒硫酸亚铁晶体，振荡，溶解后，将试管倾斜，沿试管壁慢慢滴加约 1 mL 浓 H_2SO_4，观察浓 H_2SO_4 与溶液交界面有无棕色环出现。

2. 硝酸和硝酸盐的性质

（1）硝酸的氧化性。

分别实验浓硝酸与硫、金属铜；稀硝酸与金属铜、活泼金属锌的反应，写出反应式。总结稀硝酸与浓硝酸被还原的规律并验证稀硝酸与锌反应产物中 NH_3 或 NH_4^+ 的存在。

（2）硝酸盐的热分解。

分别试验 $NaNO_3$（s），$Cu(NO_3)_2$（s），$AgNO_3$（s）的热分解，用火柴余烬检验反应生成的气体，说明它们热分解反应的异同。写出反应式并作解释。

3. 铵盐的性质

（1）铵盐水中溶解的热效应。

试管中加入 2 mL 水，测量水温后再加入 2 g NH_4NO_3（s），用玻璃棒轻轻搅动溶液，再次测量溶液温度，记录温度变化，并作理论解释。$(NH_4)_2SO_4$（s），NH_4Cl（s）等铵盐溶于水是吸热还是放热？为什么？

（2）铵盐的热分解。

分别在 3 支已干燥的小试管中加入约 0.5 g NH_4Cl（s），NH_4NO_3（s），$(NH_4)_2SO_4$（s），用试管夹夹好，管口贴上一条已湿润的石蕊试纸，均匀加热试管底部。观察这三种铵盐热分解的异同，分别写出反应式。

（3）NH_4^+的鉴定。

① 气室法：取几滴 0.1 mol · L^{-1} NH_4Cl 溶液置于表面皿中心，另一表面皿中心贴一小条湿润的 pH 试纸，然后在盛 NH_4Cl 溶液的表面皿中滴加 2 mol · L^{-1} NaOH 溶液至碱性，将贴有 pH 试纸的表面皿盖在铵盐的表面皿上形成气室，将气室置于水浴上微热，观察现象，写出反应方程式。

② 取几滴铵盐溶液，加入 2 滴 2 mol · L^{-1} NaOH 溶液，然后再加入 2 滴奈斯特试剂（$K_2[HgI_4]$ + KOH），观察红棕色沉淀的生成，写出反应方程式。

4. 磷酸盐的性质

（1）磷酸盐的酸碱性。

① 分别检验正磷酸盐、焦磷酸盐、偏磷酸盐水溶液的 pH。

② 分别检验 Na_3PO_4、Na_2HPO_4、NaH_2PO_4 水溶液的 pH。以等量的 $AgNO_3$ 溶液分别加入到这些溶液中产生沉淀后溶液的 pH 又有什么变化？试解释。

（2）磷酸盐的溶解性。

分别向 0.1 mol · L^{-1} Na_3PO_4，0.1 mol · L^{-1} Na_2HPO_4 和 0.1 mol · L^{-1} NaH_2PO_4 溶液中加入 $CaCl_2$ 溶液，观察有无沉淀生成？再加入 2 mol · L^{-1} $NH_3 \cdot H_2O$ 后又有何变化？继续加入 2 mol · L^{-1} HCl 后又有何变化？试给予解释并写出反应式。

（3）磷酸盐的配位性。

取 0.5 mL 0.2 mol · L^{-1} $CuSO_4$ 溶液，逐滴加入 0.1 mol · L^{-1} 焦磷酸钠溶液，观察沉淀的生成。继续滴加焦磷酸钠溶液，沉淀是否溶解？写出相应的反应方程式。

5. 硅酸与硅酸盐

（1）硅酸水凝胶的生成

往 2 mL 20%硅酸钠溶液中滴加 6 mol · L^{-1} 盐酸，观察产物的颜色、状态。

（2）微溶性硅酸盐的生成

在 100 mL 的小烧杯中加入约 50 mL 20%硅酸钠溶液，然后把氯化钙、硝酸钴、硫酸铜、硫酸镍、硫酸锌、硫酸锰、硫酸亚铁、三氯化铁固体各一小粒投入烧杯中（注意各固体之间保持一定的间隔），放置一段时间后，观察有何现象发生。

五、思考题

（1）除去 NH_4^+的方法是在含有 NH_4^+的试液中，加入浓 HNO_3 或浓 HCl ，小火蒸干后，再高温灼烧，这是利用铵盐的何种性质？

（2）在 NaH_2PO_4 溶液中加入少量 NaOH，然后加入 $CaCl_2$ 溶液，有何现象？若用 HNO_3 代替 NaOH 溶液，将有什么现象？为什么？

（3）实验室中用什么方法制备氮气？

附注：

（1）除 N_2O 外，所有氮的氧化物都有毒，尤其以 NO_2 为甚。在大气中 NO_2 的允许含量为每升空气中不得超过 0.005 mg。目前 NO_2 中毒尚无特效药物治疗，一般只能输入氧气以帮助呼吸和血液循环。因此，凡涉及氮氧化物生成的反应均应在通风橱内进行。

（2）亚硝酸及其盐有毒，切勿入口。

（3）实验室常用的磷有白磷和红磷。红磷毒性较小，白磷为蜡状结晶体，燃点为 318 K，在空气中易氧化，毒性很大，常保存在水或煤油中。磷化氢是无色、恶臭、剧毒的气体。PCl_3（l），PCl_5（s）都有腐蚀性，使用时应注意。

实验二十三　主族元素
（碱金属、碱土金属、铝、锡、铅、锑、铋）

（4 学时）

一、实验目的

（1）比较碱金属、碱土金属的活泼性。

（2）试验并比较碱土金属、铝、锡、铅、锑、铋的氢氧化物和盐类的溶解性及其性质。

二、仪器与试剂

离心机，氯水，溴水，碘水，四氯化碳，铅丹，As_2O_3（s），PbO_2，$Na[As(OH)_6]$（s），$K[Sb(OH)_6]$（s），$Bi(NO_3)_3$（s），$Pb(NO_3)_2$（s），$SnCl_2$（s），$SbCl_2$（s），$AsCl_3$（0.1 moL·L^{-1}），$BaCl_2$（1 moL·L^{-1}），NaAc（饱和），$NaHCO_3$（饱和），Na_3AsO_3（0.1 moL·L^{-1}），Na_3AsO_4（0.1 moL·L^{-1}）。

三、实验内容

（一）钠、钾、镁、铝的性质

1. 钠与空气中氧气的作用

用镊子取一小块（绿豆大小）的金属钠，用滤纸吸干其表面的煤油，立即放在坩埚中加热。当金属钠开始燃烧时，停止加热。观察反应情况和产物的颜色、状态。冷却后，往坩埚中加入 2 mL 蒸馏水使产物溶解，然后把溶液转移到一支试管中，用 pH 试纸测定溶液的酸碱性。再用 2 mol·L^{-1} H_2SO_4 酸化，滴加 1 ~ 2 滴 0.01 mol·L^{-1} $KMnO_4$ 溶液，观察紫色是否褪去。由此说明水溶液中是否有 H_2O_2，从而推知钠在空气中燃烧，是否有 Na_2O_2 生成。写出以上有关反应方程式。

2. 金属钠、钾、镁、铝与水的作用

（1）分别取一小块（绿豆大小）金属钠和钾，用滤纸吸干其表面煤油，把它们分别投入盛有半杯水的烧杯中，观察反应情况。为了安全起见，当金属块投入水中时，立即用倒置漏斗覆盖在烧杯口上。反应完后，滴入 1 ~ 2 滴酚酞指示剂，检验溶液的酸碱性。根据反应进行的剧烈程度，说明钠、钾的金属活泼性。写出反应方程式。

（2）分别取一小段镁条和一小块铝片，用砂纸擦去其表面的氧化物，分别放入试管中，加入少量冷水，观察反应现象。然后加热煮沸，观察有何现象发生，用酚酞指示剂检验产物酸碱性。写出反应方程式。

（3）另取一小片铝片，用砂纸擦去其表面氧化物，然后在其上滴加 2 滴 0.2 mol · L^{-1} $HgCl_2$ 溶液，观察产物的颜色和状态。用棉花或纸将液体擦干后，将此金属置于空气中，观察铝片上长出的白色铝毛。再将铝片置于盛水的试管中，观察氢气的放出，如反应缓慢，将试管加热，观察反应现象。写出有关反应方程式。

（二）镁、钙、钡、铝、锡、铅、锑、铋的氢氧化物的溶解性

（1）在 8 支试管中，分别加入浓度均为 0.5 mol · L^{-1}的 $MgCl_2$溶液、$CaCl_2$溶液、$BaCl_2$溶液、$AlCl_3$溶液、$SnCl_2$溶液、$Pb(NO_3)_2$溶液、$SbCl_3$溶液、$Bi(NO_3)_3$溶液各 0.5 mL，再分别加入等体积新配置的 2 mol · L^{-1} NaOH 溶液，观察沉淀的生成，并写出反应方程式。

把以上沉淀分为两份，分别加入 6 mol · L^{-1} NaOH 溶液和 6 mol · L^{-1} HCl 溶液，观察沉淀是否溶解，写出反应方程式。

（2）在 2 支试管中，分别盛有 0.5 mL 0.5 mol · L^{-1} $MgCl_2$溶液、$AlCl_3$溶液，加入等体积的 0.5 mol · L^{-1} $NH_3.H_2O$，观察反应生成物的颜色和状态。往有沉淀的试管中加入饱和 NH_4Cl 溶液，又有何现象？为什么？写出有关反应方程式。

（三）锡、铅、锑、铋的性质

1. α-锡酸及β-锡酸的生成和性质

（1）α-锡酸的制备与性质

往少量 0.1 moL · L^{-1} $SnCl_4$溶液中滴加 2 mol · L^{-1} $NH_3 \cdot H_2O$，观察现象。离心分离后，把沉淀分成两份并试验其与 2 mol · L^{-1} NaOH 和 HCl 的反应，写出反应方程式。

（2）β-锡酸的制备与性质

试管中放入 1 ~ 2 粒锡粒，加入少量浓 HNO_3，在通风橱内微微加热，观察现象。离心分离后，把沉淀分成两份并分别试验其与 40% NaOH 和 6 mol · L^{-1} HCl 的反应，写出反应方程式。

2. 氧化还原性

（1）Sn(Ⅱ)的还原性

① 往 0.1 mol · L^{-1} $FeCl_3$溶液中滴加 0.1 mol · L^{-1} $SnCl_2$溶液，观察现象，写出反应方程式。

② 往 0.1 mol · L^{-1} $HgCl_2$溶液中滴加 0.1 mol · L^{-1} $SnCl_2$溶液，观察现象，写出反应方程式。

（2）Pb(Ⅳ)的氧化性

① 在试管中放入少量 PbO_2（s），加入 3 mol · L^{-1} H_2SO_4溶液酸化，再加入 1 滴 0.1 mol · L^{-1} $MnSO_4$溶液，于水浴中加热，观察现象，写出反应方程式。

② 在试管中放入少量 PbO_2（s），然后滴加浓 HCl 溶液，观察现象，写出反应方程式。

（3）As(Ⅲ)、Sb(Ⅲ)、Bi(Ⅲ)的还原性

① 在 2 支试管中分别加入 0.1 $mol \cdot L^{-1}$ $AsCl_3$ 和 $SbCl_3$ 溶液，再加入饱和 $NaHCO_3$ 溶液至呈弱酸性。滴加碘水，观察现象，写出反应方程式。

② 往少量 0.1 $mol \cdot L^{-1}$ $Bi(NO_3)_3$ 溶液中滴加 6 $mol \cdot L^{-1}$ NaOH 溶液至生成白色沉淀后，加入氯水（或溴水），观察现象，写出反应方程式。

3. 锡、铅、锑、铋的难溶盐

（1）硫化物

① 硫化亚锡和硫化锡的生成和性质

在 2 支试管中分别加入 0.5 mL 0.5 $mol \cdot L^{-1}$ $SnCl_2$ 溶液和 $SnCl_4$ 溶液，分别加入少许饱和硫化氢水溶液，观察沉淀的颜色有何不同。分别试验沉淀与 1 $mol \cdot L^{-1}$ HCl 溶液、1 $mol \cdot L^{-1}$ $(NH_4)_2S$ 溶液和 $(NH_4)_2S_x$ 溶液的反应。

② 铅、锑、铋的硫化物

在 3 支试管中分别加入 0.5 mL 0.5 $mol \cdot L^{-1}$ $Pb(NO_3)_2$ 溶液、$SbCl_3$ 溶液、$Bi(NO_3)_3$ 溶液，然后各加入少许 0.5 $mol \cdot L^{-1}$ 饱和硫化氢水溶液，观察沉淀的颜色有何不同。分别试验沉淀与浓盐酸、2 $mol \cdot L^{-1}$ NaOH 溶液、0.5 $mol \cdot L^{-1}$ $(NH_4)_2S$ 溶液、$(NH_4)_2S_x$ 溶液、浓硝酸的反应。

（2）铅的难溶盐

① 在 0.5 mL 水中加入 5 滴 0.5 $mol \cdot L^{-1}$ $Pb(NO_3)_2$ 溶液，再滴加 3 滴 2 $mol \cdot L^{-1}$ HCl 溶液，有什么现象？加热后有什么变化？再把溶液冷却又有什么现象？试解释之。

② 在少量 0.5 $mol \cdot L^{-1}$ $Pb(NO_3)_2$ 溶液中滴加浓 HCl 溶液，有什么现象？取少量白色沉淀，继续滴加浓盐酸，又有什么现象？用水稀释后又有什么变化？写出反应方程式。

③ 取数滴 0.5 $mol \cdot L^{-1}$ $Pb(NO_3)_2$ 溶液，用少量水稀释后再滴加 0.5 $mol \cdot L^{-1}$ KI 溶液，观察现象，试验沉淀在热水中的溶解情况。

④ 在少量 0.5 $mol \cdot L^{-1}$ $Pb(NO_3)_2$ 溶液中滴加 0.5 $mol \cdot L^{-1}$ K_2CrO_4 溶液，观察现象。试验沉淀在 6 $mol \cdot L^{-1}$ NaOH、HAc 和 HNO_3 及饱和 NaAc 溶液中的溶解情况，写出反应方程式。

再用 $BaCl_2$ 溶液代替 $Pb(NO_3)_2$ 溶液，重复以上实验，观察现象有何异同？写出反应方程式。

⑤ 在 0.5 mL 水中加入 5 滴 0.5 $mol \cdot L^{-1}$ $Pb(NO_3)_2$ 溶液，再滴加几滴 1 $mol \cdot L^{-1}$ H_2SO_4 溶液，观察生成沉淀的颜色。试验沉淀在饱和 NaAc 溶液中的反应，写出反应方程式。

四、注意事项

（1）As_2O_3(s)俗称砒霜，是剧毒物质。

（2）锡、铅、砷、锑、铋等化合物均有毒性，使用时应格外注意，废液应集中回收处理。

实验二十四　铬、锰及其化合物

（3 学时）

一、实验目的

（1）了解铬和锰的各种重要价态化合物的生成和性质。
（2）了解铬和锰各种价态之间的转化。
（3）掌握铬和锰化合物的氧化还原性以及介质对氧化还原反应的影响。

二、实验原理

铬和锰分别为元素周期表中ⅥB 和ⅦB 族元素，它们都有可变的氧化态。铬的常见氧化态有 +3、+6，锰的常见氧化态有 +2、+4、+6、+7。+3 价铬盐容易水解，其氢氧化物呈两性，碱性溶液中的 +3 价铬（以 CrO_2^- 形式存在）易被强氧化剂如 Na_2O_2 或 H_2O_2 氧化为黄色的铬酸盐。

$$2CrO_2^- + 3H_2O_2 + 2OH^- = 2CrO_4^{2-} + 4H_2O$$

铬酸盐和重铬酸盐中铬的氧化态相同，均为 +6，它们的水溶液中存在着下列平衡：

$$2CrO_4^{2-} + 2H^+ \rightleftharpoons Cr_2O_7^{2-} + H_2O$$

上述平衡在酸性介质中向右移动，在碱性介质中向左移动。

重铬酸盐是强氧化剂，易被还原成 +3 价铬（+3 价铬离子溶液为绿色或蓝色）。

+2 价锰的 $Mn(OH)_2$ 为白色碱性氢氧化物，但在空气中易被氧化，逐渐变成棕色 MnO_2 的水合物[$MnO(OH)_2$]。

在中性溶液中，MnO_4^- 与 Mn^{2+} 可以反应而生成棕色的 MnO_2 沉淀。

$$2MnO_4^- + 3Mn^{2+} + 2H_2O = 5MnO_2\downarrow + 4H^+$$

在强碱性溶液中，MnO_4^- 与 MnO_2 可以反应生成绿色的 +6 价锰（MnO_4^{2-}）：

$$2MnO_4^- + MnO_2 + 4OH^- = 3MnO_4^{2-} + 2H_2O$$

MnO_4^- 是一种强氧化剂，它的还原产物随介质的不同而不同：在酸性介质中，被还原成 Mn^{2+}，溶液变为近似无色；在中性介质中，被还原成棕色沉淀 MnO_2；在碱性介质中，被还原成 MnO_4^{2-}，溶液为绿色。

在硝酸溶液中，Mn^{2+} 可以被 $NaBiO_3$ 氧化为紫红色的 MnO_4^-，这个反应常用来鉴别 Mn^{2+}。

$$5NaBiO_3 + Mn^{2+} + 14H^+ = 2MnO_4^- + 5Bi^{3+} + 5Na^+ + 7H_2O$$

三、仪器与试剂

离心机，电加热器，普通试管，离心试管，烧杯，HAc（2 mol · L^{-1}、6 mol · L^{-1}），HNO_3（6 mol · L^{-1}），HCl（2 mol · L^{-1}、6 mol · L^{-1}、浓），H_2SO_4（1 mol · L^{-1}、0.1 mol · L^{-1}），NaOH（2 mol · L^{-1}、6 mol · L^{-1}，40 %），$NH_3 \cdot H_2O$（6 mol · L^{-1}），$CrCl_3$，$K_2Cr_2O_7$，Na_2SO_3，$Pb(NO_3)_2$（0.1 mol · L^{-1}），$KMnO_4$（0.01 mol · L^{-1}、0.1 mol · L^{-1}），Na_2SO_3（0.1 mol · L^{-1}），$NaBiO_3$（s），MnO_2（s），Na_2CO_3（s），$Cr_2(SO_4)_3$（s），$MnSO_4$（0.1 mol · L^{-1}，0.5 mol · L^{-1}，0.002 mol · L^{-1}），pH 试纸，H_2O_2（3%）。

四、实验内容

1. 铬

（1）氢氧化铬的制备和性质。

用 $CrCl_3$ 和 NaOH 制备氢氧化铬沉淀，观察沉淀的颜色，用实验证明氢氧化铬是否两性（分别向两份沉淀中加入 0.1 mol · L^{-1} NaOH 和 HCl 各 2 ~ 3 滴至沉淀溶解，观察溶液颜色），并写出反应方程式。

（2）+ 3 价铬的还原性。

向过量 NaOH 溶液中加入 5 滴 0.1 mol · L^{-1} $CrCl_3$，生成 CrO_2^- 后再加入 2 滴 3% 的 H_2O_2 溶液，加热，观察溶液颜色的变化，解释现象，并写出每一步反应方程式。

将上述溶液用 2 mol · L^{-1} HAc 酸化至溶液 pH 为 6，加入 1 滴 0.1 mol · L^{-1} $Pb(NO_3)_2$ 溶液，即有亮黄色的 $PbCrO_4$ 沉淀生成，写出反应方程式，此反应常用作 Cr^{3+} 的鉴定反应。

（3）+ 6 价铬的氧化性。

5 滴 0.1 mol · L^{-1} $K_2Cr_2O_7$ 溶液中加入 5 滴 0.1 mol · L^{-1} H_2SO_4 酸化，再加入 15 滴 0.1 mol · L^{-1} Na_2SO_3 溶液，观察溶液颜色的变化，验证 $K_2Cr_2O_7$ 在酸性溶液中的氧化性，写出反应方程式。

（4）铬酸盐和重铬酸盐的相互转化。

在 5 滴 0.1 mol · L^{-1} $K_2Cr_2O_7$ 溶液中滴入 4 滴 2 mol · L^{-1} NaOH，观察溶液颜色变化，再继续滴入 10 滴 1 mol · L^{-1} H_2SO_4 酸化，观察溶液颜色变化，解释现象，并写出反应方程式。

（5）铬(Ⅲ)盐的水解。

向 $Cr_2(SO_4)_3$ 溶液中滴加 Na_2CO_3 溶液，观察现象，写出反应方程式并解释实验结果。

2. 锰

（1）Mn^{2+} 氢氧化物的制备和还原性。

在 1 支试管中加入 10 滴 0.1 mol · L^{-1} $MnSO_4$ 溶液，再加入 5 滴 2 mol · L^{-1} NaOH 溶液，观察沉淀的生成，试管在空气中摇荡，观察沉淀颜色的变化并解释。

分别试验 $MnSO_4$ 溶液在碱性介质中与溴水作用以及在酸性介质中与固体 $NaBiO_3$ 的作用，观察现象，写出反应方程式。

（2）Mn(Ⅳ)化合物的生成和性质。

在 10 滴 0.01 mol · L^{-1} $KMnO_4$ 溶液中滴加 2 滴 0.1 mol · L^{-1} $MnSO_4$ 溶液，观察棕色沉淀的生成，写出反应方程式。

在少许 MnO_2 固体中加入浓盐酸，微热并检验有无氯气产生，写出反应式。

取少许 MnO_2 固体，加入数滴 40%（*w*）NaOH 溶液和少量 0.01 mol · L^{-1} $KMnO_4$ 溶液，微热片刻，观察现象，写出反应方程式。

（3）Mn(Ⅶ)的氧化性。

分别试验 Na_2SO_3 溶液在酸性、中性和碱性介质中与 $KMnO_4$ 的作用，写出反应式。

（4）Mn^{2+}的鉴定。

取 5 滴 0.002 mol · L^{-1} $MnSO_4$ 溶液加入试管中，加入 10 滴 6 mol · L^{-1} HNO_3，然后加入少量 $NaBiO_3$ 固体，微热，振荡，静置。上层清液呈紫红色表示有 Mn^{2+}存在。

五、思考题

（1）所用过的试剂中，有几种可以将 Mn^{2+}氧化为 MnO_4^-？在由 $Mn^{2+} \rightarrow MnO_4^-$的反应中，为什么要控制 Mn^{2+}的量？

（2）如何实现 Cr^{3+}-CrO_4^{2-}、MnO_2-Mn^{2+}、MnO_2-MnO_4^{2-}、MnO_2-MnO_4^-、MnO_4^{2-}-MnO_4^-、MnO_4^--Mn^{2+}等价态之间的相互转化？

实验二十五　铁、钴、镍及其化合物

（4 学时）

一、实验目的

（1）试验并掌握铁、钴、镍的氢氧化物的生成和氧化还原性、稳定性。
（2）试验并掌握铁、钴、镍的配位化合物的生成。
（3）掌握 Fe^{3+}、Co^{2+}、Ni^{2+}的鉴定反应。

二、实验原理

铁、钴、镍是元素周期表中第Ⅷ族元素第一个三元素组，它们的原子最外层电子数都是 2 个，次外层电子尚未填满，因此显示可变的化合价。它们的性质彼此相似：铁、钴、镍 +2 价氢氧化物显碱性，它们有不同的颜色，$Fe(OH)_2$ 呈白色，$Co(OH)_2$ 呈粉红色，$Ni(OH)_2$ 呈苹果绿色。它们被 O_2、H_2O_2 等氧化剂氧化的情况按 $Fe(OH)_2$—$Co(OH)_2$—$Ni(OH)_2$ 的顺序由易到难，如空气中的氧可使 $Fe(OH)_2$ 迅速转变成棕红色的 $Fe(OH)_3$（有从泥黄色到红棕色的各种中间产物），$Co(OH)_2$ 则缓慢地被氧化成褐色的 $Co(OH)_3$，$Ni(OH)_2$ 与氧不起作用。铁、钴、镍都能生成不溶于水的 +3 价氧化物和相应的氢氧化物，$Fe(OH)_3$ 和酸生成 +3 价的铁盐，而 $Co(OH)_3$ 和 $Ni(OH)_3$ 与盐酸反应时，不能生成相应的 +3 价盐，因为它们的 +3 价盐极不稳定，很容易分解成 +2 价盐，并放出氯气，显示出强氧化性。+2 价和 +3 价的铁盐在溶液中易水解。+2 价铁离子是还原剂，而 +3 价铁离子是弱的氧化剂。钴、铁、镍的盐大部分是有颜色的，在水溶液中，Fe^{2+}呈浅绿色，Co^{2+}呈粉红色，Ni^{2+}呈亮绿色。

铁能生成很多配位化合物，其中常用的有亚铁氰化钾 $K_4[Fe(CN)_6]$和铁氰化钾 $K_3[Fe(CN)_6]$，钴和镍也能生成配位化合物，如$[Co(NH_3)_6]Cl_3$，$K_3[Co(NO_2)_6]$和$[Ni(NH_3)_6]SO_4$ 等。+2 价 Co 的配合物不稳定，易被氧化为 +3 价 Co 的配合物，而 Ni 的配位化合物以 +2 价的稳定。

三、仪器与试剂

离心机、试管、滴管、酒精灯、电加热器，H_2SO_4（2 mol · L^{-1}），HCl（2 mol · L^{-1}，浓），HNO_3（6 mol · L^{-1}），HAc（6 mol · L^{-1}、2 mol · L^{-1}），NaOH（2 mol · L^{-1}、6 mol · L^{-1}），氨水（6 mol · L^{-1}、2 mol · L^{1}），$CoCl_2$（0.1 mol · L^{-1}、0.5 mol · L^{-1}），$NiSO_4$（0.1 mol · L^{-1}、0.5 mol · L^{-1}），$FeCl_3$（0.1 mol · L^{-1}、0.5 mol · L^{-1}），NH_4Cl（1 mol · L^{-1}），NH_4F（4 mol · L^{-1}），KSCN（0.1 mol · L^{-1}），$FeSO_4 \cdot 7H_2O$（s），H_2O_2（3%），溴水，丙酮，二乙酰二肟（1% 酒精溶液），KI-淀粉试纸。

四、实验内容

1. 铁(Ⅱ)、钴(Ⅱ)、镍(Ⅱ)的化合物的还原性

（1）铁(Ⅱ)的还原性

① 酸性介质：在试管中加 0.5 mL 氯水，然后滴加 3 滴 6 mol·L^{-1} H_2SO_4溶液，然后在其中溶解几粒 $FeSO_4·7H_2O$ 晶体（配成 $FeSO_4$ 溶液），观察现象，写出反应方程式（如现象不明显，可滴加 1 滴硫氰酸钾溶液）。

② 碱性介质：在一试管中加入 2 mL 蒸馏水和 3 滴 6 mol·L^{-1} H_2SO_4溶液，煮沸，以赶尽溶于其中的空气，然后融入少量$(NH_4)_2Fe(SO_4)_2$ 或 $FeSO_4$ 晶体。在另一试管中加入 3 mL 6 mol·L^{-1} NaOH 溶液，煮沸，冷却后，用一长滴管吸取 NaOH 溶液，插入$(NH_4)_2Fe(SO_4)_2$或 $FeSO_4$溶液中（直至试管底部），慢慢挤出滴管中的 NaOH 溶液，观察产物的颜色和状态。震荡后放置一段时间，观察又有何变化，写出反应方程式。栏目留作下面实验用。

（2）钴(Ⅱ)的还原性

① 往盛有 $CoCl_2$溶液的试管中加入氯水，观察有何变化。

② 在盛有 1 mL 氯化汞溶液的试管中滴入稀 NaOH 溶液，观察沉淀的生成。所得的沉淀分成两份，一份置于空气中，一份加入新配置的氯水，观察有何变化。第 2 份留作下面实验用。

（3）镍(Ⅱ)的还原性

用 $NiSO_4$溶液按（2）①②实验步骤操作，观察现象。第 2 份沉淀留作下面实验用。

2. 铁(Ⅲ)、钴(Ⅲ)、镍(Ⅲ)的化合物的氧化性

（1）在前面实验中保留下来的氢氧化铁（Ⅲ）、氢氧化钴（Ⅲ）、氢氧化镍（Ⅲ）沉淀中均加入浓盐酸，震荡后各有何变化，用碘化钾-淀粉试纸检验所放出的气体。

（2）在上述制得的 $FeCl_3$溶液中，加入 KI 溶液，再加入 CCl_4，震荡后观察现象，写出反应方程式。

3. 配合物的生成

（1）铁的配合物

① 往盛有 1 mL $K_4[Fe(CN)_6]$溶液的试管中加入约 0.5 mL 碘水，摇动试管后，滴入数滴 $FeSO_4$溶液，有何现象发生？此为 Fe^{2+}的鉴定反应。

② 往盛有 1 mL 新配制的 $FeSO_4$溶液的试管中加入碘水，摇动试管后，将溶液分成两份，分别滴入数滴 KSCN 溶液，然后向其中一支试管加入约 0.5 mL 3% H_2O_2溶液，观察现象。此为 Fe^{3+}的鉴定反应。

③ 往 $FeCl_3$ 溶液中加入 $K_4[Fe(CN)_6]$溶液，观察现象，写出反应方程式。这也是鉴定 Fe^{3+}的一种常用方法。

④ 往盛有 0.5 mL 0.2 mol·L^{-1} $FeCl_3$溶液的试管中滴加浓氨水直至过量，观察沉淀是否溶解。

（2）钴的配合物

① 往盛有 1 mL $CoCl_2$ 溶液的试管里加入少量 KSCN 固体，观察固体周围的颜色。再加入 0.5 mL 戊醇和 0.5 mL 乙醚，震荡后观察水相和有机相的颜色。这个反应可用来鉴定 Co^{2+}。

② 往 0.5 mL $CoCl_2$ 溶液中滴加浓氨水，至生成的沉淀刚好溶解为止，静置一段时间后，观察溶液的颜色有何变化。

（3）镍的配合物

往盛有 2 mL 0.1 $mol \cdot L^{-1}$ $NiSO_4$ 溶液的试管中加入过量的 6 $mol \cdot L^{-1}$ 氨水，观察现象。静置片刻，再观察现象，写出离子反应方程式。把溶液分成 4 份：一份加入 2 $mol \cdot L^{-1}$ NaOH 溶液，一份加入 1 $mol \cdot L^{-1}$ H_2SO_4 溶液，一份加水稀释，一份煮沸，观察有何变化。

五、思考题

（1）在碱性介质中，氯水（或溴水）能把二价钴氧化成三价钴，而在酸性介质中，三价钴又能把氯离子氧化成氯气，二者有无矛盾？为什么？

（2）铁、钴、镍能否与 $NH_3 \cdot H_2O$ 生成 +2 和 +3 价的氨配合物？

（3）怎样鉴定 Fe^{3+}、Co^{2+}、Ni^{2+}？

实验二十六　铜、锌、银、镉、汞及其化合物

（4 学时）

一、实验目的

（1）了解铜、锌、银、镉、汞的氢氧化物的生成和酸碱性。
（2）了解铜、锌、银、镉、汞的氨配合物的生成。
（3）了解铜(Ⅱ)的氧化性。
（4）掌握铜、锌、银、汞的鉴定方法。

二、实验原理

铜、锌族是元素周期表中第四周期的 ds 区元素，它们的价电子构型分别为 $3d^{10}4s^1$、$3d^{10}4s^2$。铜的氧化态通常为 +2，但也有 +1；而锌的氧化态则为 +2。

例如，Cu^{2+}、Zn^{2+}与碱作用分别生成 $Cu(OH)_2$（浅蓝色沉淀）和 $Zn(OH)_2$（白色沉淀）。$Cu(OH)_2$ 呈两性偏碱，在浓 NaOH 溶液中形成亮蓝色$[Cu(OH)_4]^{2-}$配离子；而 $Zn(OH)_2$ 具有两性，在 NaOH 溶液中形成无色$[Zn(OH)_4]^{2-}$配离子。

铜、锌的盐与氨水作用时，先生成沉淀（注意：生成的是不同类型的沉淀物！），后溶解而生成氨配合物。

$$2Cu^{2+} + SO_4^{2-} + 2NH_3 \cdot H_2O\text{（适量）} = Cu_2(OH)_2SO_4\downarrow + 2NH_4^+$$

（蓝色）

$$Cu_2(OH)_2SO_4\text{（s）} + 8NH_3 \cdot H_2O\text{（过量）} = 2[Cu(NH_3)_4]^{2+} + SO_4^{2-} + 2OH^- + 8H_2O$$

（深蓝色）

$$Zn^{2+} + 2NH_3 \cdot H_2O\text{（适量）} = Zn(OH)_2\downarrow + 2NH_4^+$$

$$Zn(OH)_2\text{（s）} + 4NH_3 \cdot H_2O\text{（过量）} = [Zn(NH_3)_4]^{2+} + 4H_2O$$

（无色）

Cu^{2+}具有氧化性，与 I^-反应时，不是生成 CuI_2，而是生成白色的 CuI 沉淀：

$$2Cu^{2+} + 4I^- = 2CuI\downarrow + I_2$$

将 $CuCl_2$ 溶液与铜屑混合，加入浓 HCl，加热，可得泥黄色配离子$[CuCl_2]^-$的溶液，将溶液稀释可得到白色的 CuCl 沉淀：

$$Cu^{2+} + Cu + 4Cl^- = 2[CuCl_2]^-$$

$$[CuCl_2]^- \rightleftharpoons CuCl\downarrow + Cl^-$$

Cu^{2+}能与 $K_4[Fe(CN)_6]$溶液反应生成红棕色 $Cu_2[Fe(CN)_6]$ 沉淀：

$$2Cu^{2+} + [Fe(CN)_6]^{4-} = Cu_2[Fe(CN)_6]\downarrow$$

这个反应用来鉴定 Cu^{2+}。Fe^{3+}的存在也能与 $K_4[Fe(CN)_6]$溶液反应生成蓝色沉淀并干扰 Cu^{2+}的鉴定。为消除 Fe^{3+}的干扰，可先加入 NH_4F 溶液，使之生成无色的$[FeF_6]^{3-}$，再加入 $K_4[Fe(CN)_6]$溶液即可得红棕色沉淀。

三、仪器与试剂

试管，试管夹，烧杯（100 mL），滴管，玻璃棒，点滴板，酒精灯，HCl（$2\ mol\cdot L^{-1}$、浓），H_2SO_4（$2\ mol\cdot L^{-1}$），NaOH（$2\ mol\cdot L^{-1}$、$6\ mol\cdot L^{-1}$），$NH_3\cdot H_2O$（$2\ mol\cdot L^{-1}$、$6\ mol\cdot L^{-1}$），$CuSO_4$（$0.1\ mol\cdot L^{-1}$），$CuCl_2$（$1\ mol\cdot L^{-1}$），$ZnSO_4$（$0.1\ mol\cdot L^{-1}$），$AgNO_3$（$0.1\ mol\cdot L^{-1}$），NaCl，$CdSO_4$（$0.1\ mol\cdot L^{-1}$），$Hg(NO_3)_2$（$0.1\ mol\cdot L^{-1}$），KI（$0.1\ mol\cdot L^{-1}$），$Na_2S_2O_3$（$0.1\ mol\cdot L^{-1}$），$K_4[Fe(CN)_6]$（$0.1\ mol\cdot L^{-1}$），汞。

四、实验内容

1. 铜、锌、银、镉、汞的氢氧化物的生成和酸碱性

分别试验 $0.1\ mol\cdot L^{-1}$ $CuSO_4$、$ZnSO_4$、$CdSO_4$、$Hg(NO_3)_2$、$AgNO_3$溶液与 $2\ mol\cdot L^{-1}$ NaOH 溶液的作用，观察所得沉淀的颜色和形状，将沉淀分为两份，分别试验它们与酸、碱的作用，并将实验结果填入表 3.26.1 中。

表 3.26.1　铜、锌、银、镉、汞的氢氧化物的生成和酸碱性

溶　液	加入适量碱使沉淀生成（两份）		一份加过量碱检验沉淀物的酸性		另一份加酸检验沉淀物的碱性	
	现象	主要产物	现象	主要产物	现象	主要产物
$0.1\ mol\cdot L^{-1}$ $CuSO_4$，5 滴						
$0.1\ mol\cdot L^{-1}$ $ZnSO_4$，5 滴						
$0.1\ mol\cdot L^{-1}$ $CdSO_4$，5 滴						
$0.1\ mol\cdot L^{-1}$ $Hg(NO_3)_2$，5 滴						
$0.1\ mol\cdot L^{-1}$ $AgNO_3$，5 滴						

根据实验结果，给出 $Cu(OH)_2$、$Zn(OH)_2$、$Cd(OH)_2$、$Hg(OH)_2$、AgOH 在酸碱溶液中的溶解性。

2. 铜、银、锌、镉、汞硫化物的生成和性质

往 5 支分别盛有 0.5 mL $0.2\ mol\cdot L^{-1}$ $CuSO_4$溶液、$ZnSO_4$溶液、$AgNO_3$溶液、$CdSO_4$溶

液、$Hg(NO_3)_2$ 溶液的离心试管中滴加 1 mol · L^{-1} Na_2S 溶液。观察沉淀的生成和颜色。

将沉淀离心分离、洗涤，然后将每种沉淀分成 3 份：一份加入 2 mol · L^{-1} 盐酸，一份加入浓盐酸，一份加入王水（自配），分别水浴加热。观察沉淀溶解情况。

根据实验现象并查阅有关数据，填写表 3.26.2，对铜、银、锌、镉、汞硫化物的溶解情况做出结论，并写出有关反应方程式。

表 3.26.2　铜、银、锌、镉、汞硫化物的溶解情况

性质	颜色	溶解性			K_{sp}
		2 mol · L^{-1} 盐酸	浓盐酸	王水	
CuS					
Ag_2S					
ZnS					
CdS					
HgS					

3. Ag^{+}、Cu^{2+}、Zn^{2+}、Cd^{2+}、Hg^{2+} 与氨水的反应

分别试验 0.1 mol · L^{-1} $CuSO_4$、$ZnSO_4$、$AgNO_3$、$CdSO_4$、$Hg(NO_3)_2$ 溶液与适量氨水和过量 $NH_3 \cdot H_2O$ 的作用，并将实验结果填入表 3.26.3。

表 3.26.3　Ag、Cu、Zn 等的配合物实验

溶　液	加入适量氨水至沉淀产生		继续加入过量氨水至沉淀溶解	
	现　象	主要产物	现　象	主要产物
0.1 mol · L^{-1} $CuSO_4$，5 滴				
0.1 mol · L^{-1} $ZnSO_4$，5 滴				
0.1 mol · L^{-1} $AgNO_3$，5 滴				
0.1 mol · L^{-1} $CdSO_4$，5 滴				
0.1 mol · L^{-1} $Hg(NO_3)_2$，5 滴				

4. Cu(Ⅱ)化合物的氧化性

（1）$[CuCl_2]^{-}$ 和 CuCl 的生成：取 10 滴 $CuCl_2$（1 mol · L^{-1}）溶液于试管中，加入 10 滴 HCl（浓），再加入少量铜屑，加热至溶液呈泥黄色。将该溶液倒入盛有 50 mL 水的小烧杯（100 mL）中，观察白色沉淀的生成，写出相应的反应方程式。

（2）CuI 的生成：取 $CuSO_4$（0.1 mol · L^{-1}）溶液 10 滴于试管中，加入 KI（0.1 mol · L^{-1}）溶液，观察实验现象。再加入 $Na_2S_2O_3$（0.1 mol · L^{-1}）溶液，以除去生成的碘，观察 CuI 沉淀的颜色。写出相应的反应方程式。

5. 汞(Ⅱ)和汞(Ⅰ)相互转化

（1）在 $Hg(NO_3)_2$ 溶液中加入数滴 NaCl 溶液，观察现象。

（2）少量 $Hg(NO_3)_2$ 溶液中加入一滴汞。振荡试管，把清液转移至另一试管中（余下汞回收）。往试管中加入 NaCl 溶液数滴，观察现象，并与试验（1）对比，写出反应式。

6. Cu^{2+}、Zn^{2+}、Ag^{+}、Hg^{2+}的鉴定

在点滴板上滴入 $CuSO_4$（0.1 $mol \cdot L^{-1}$）溶液和 $K_4[Fe(CN)_6]$（0.1 $mol \cdot L^{-1}$）溶液各 2 滴，观察红棕色沉淀的生成。表示有 Cu^{2+}存在。

Zn^{2+}、Ag^{+}、Hg^{2+}的鉴定见本书附录 L“常见阴阳离子鉴定方法”。

实验二十七　常见阴离子的分离与鉴定

（4 学时）

一、实验目的

（1）掌握一些常见阴离子的性质和鉴定反应。

（2）了解阴离子分离与鉴定的一般原则，掌握常见阴离子分离与鉴定的原理和方法。

二、实验原理

有关混合离子分离与鉴定的基本知识参见“混合离子的分离与鉴定”部分。

许多非金属元素可以形成简单的或复杂的阴离子，如 S^{2-}、Cl^-、NO_3^- 和 SO_4^{2-} 等，许多金属元素也可以以复杂阴离子的形式存在，如 VO_3^-、CrO_4^{2-}、$[Al(OH)_4]^-$ 等。所以，阴离子的总数很多。常见的重要阴离子有 Cl^-、Br^-、I^-、S^{2-}、SO_3^{2-}、$S_2O_3^{2-}$、SO_4^{2-}、NO_3^-、NO_2^-、PO_4^{3-}、CO_3^{2-} 等十几种，这里主要介绍它们的分离与鉴定的一般方法。

许多阴离子只在碱性溶液中存在或共存，一旦溶液被酸化，它们就会分解或相互间发生反应。酸性条件下易分解的有 NO_2^-、SO_3^{2-}、$S_2O_3^{2-}$、S^{2-}、CO_3^{2-}；酸性条件下有氧化性的离子 NO_3^-、NO_2^-、SO_3^{2-} 可与还原性离子 I^-、SO_3^{2-}、$S_2O_3^{2-}$、S^{2-} 发生氧化还原反应。还有些离子易被空气氧化，如 NO_2^-、SO_3^{2-}、S^{2-} 易被空气氧化成 NO_3^-、SO_4^{2-} 和 S 等。分析不当也容易造成错误。

由于阴离子间的相互干扰较少，实际上许多种阴离子共存的机会也较少，因此大多数阴离子分析一般都采用分别分析的方法，只有少数相互有干扰的离子才采用系统分析法，如 S^{2-}、SO_3^{2-}、$S_2O_3^{2-}$；Cl^-、Br^-、I^- 等。为了了解溶液中离子存在情况，对阴离子进行系统分组还是有必要的，但分组的主要目的不是用于离子分离，而是用于预先确定哪些离子存在。阴离子有不同的分组方法，这里只介绍其中一种，见表 3.27.1。

表 3.27.1　常见阴离子的分组

组　别	构成各组的阴离子	组试剂	特　性
第一组（挥发组）	S^{2-}、SO_3^{2-}、$S_2O_3^{2-}$、CO_3^{2-}、NO_2^- 等	HCl	在酸性介质中形成挥发性酸或易分解的酸
第二组（钙、钡盐组）	SO_4^{2-}、PO_4^{3-}、SiO_3^{2-}、AsO_4^{3-} 等	$BaCl_2$（中性或弱碱性介质）	钙盐、钡盐难溶于水
第三组（银盐组）	Cl^-、Br^-、I^- 等	$AgNO_3$ HNO_3	银盐难溶于水和稀 HNO_3
第四组（易溶组）	NO_3^-、ClO_3^-、CH_3COO^- 等	无组试剂	银盐、钙盐、钡盐等均易溶于水

三、仪器与试剂

试管，离心试管，点滴板，滴管，煤气灯，烧杯，离心机，$BaCl_2$（0.1 mol·L^{-1}），$AgNO_3$（0.1 mol·L^{-1}），KI（0.1 mol·L^{-1}），$ZnSO_4$（0.1 mol·L^{-1}），$KMnO_4$（0.01 mol·L^{-1}），$(NH_4)_2CO_3$（1 mol·L^{-1}），$FeSO_4$（0.5 mol·L^{-1}），$Ba(OH)_2$（饱和液），H_2SO_4（3 mol·L^{-1}，浓），HCl（6 mol·L^{-1}），HNO_3（6 mol·L^{-1}），钼酸铵，$Na_2[Fe(CN)_5NO]$，$K_4[Fe(CN)_6]$，淀粉，碘溶液，氯水，CCl_4，Zn 粉，$PbCO_3$（s），pH 试纸。浓度均为 0.1 mol·L^{-1}的阴离子混合液：CO_3^{2-}、SO_4^{2-}、NO_3^-、PO_4^{3-}一组；Cl^-、Br^-、I^-一组；S^{2-}，SO_3^{2-}、$S_2O_3^{2-}$、CO_3^{2-}一组；未知阴离子混合液可配 5～6 个离子一组。

四、实验内容

（一）已知阴离子混合液的分离鉴定

设计出合理的分离鉴定方案，分离鉴定下列 3 组阴离子：

（1）CO_3^{2-}、SO_4^{2-}、NO_3^-、PO_4^{3-}；

（2）Cl^-、Br^-、I^-；

（3）S^{2-}、SO_3^{2-}、$S_2O_3^{2-}$、CO_3^{2-}；

（二）未知阴离子混合液的分析

某混合离子试液可能含有 CO_3^{2-}、NO_2^-、NO_3^-、PO_4^{3-}、S^{2-}、SO_3^{2-}、$S_2O_3^{2-}$、SO_4^{2-}、Cl^-、Br^-、I^-，按下列步骤进行分析，确定试液中含有哪些离子。

1. 初步试验

（1）用 pH 试纸测试未知试液的酸碱性。如果溶液呈酸性，哪些离子不可能存在？如果试液呈碱性或中性，可取试液数滴，用 3 mol·L^{-1} H_2SO_4 酸化并水浴加热。若无气体产生，表示 CO_3^{2-}、NO_2^-、S^{2-}、SO_3^{2-}、$S_2O_3^{2-}$等离子不存在；如果有气体产生，则可根据气体的颜色、臭味和性质初步判断哪些阴离子可能存在。

（2）钡盐组阴离子的检验

在离心试管中加入几滴未知液，加入 1～2 滴 1 mol·L^{-1} $BaCl_2$ 溶液，观察有无沉淀产生。如果有白色沉淀产生，可能有 SO_4^{2-}、SO_3^{2-}、PO_4^{3-}、CO_3^{2-}等离子（$S_2O_3^{2-}$的浓度大时才会产生 BaS_2O_3 沉淀）。离心分离，在沉淀中加入数滴 6 mol·L^{-1} HCl，根据沉淀是否溶解，进一步判断哪些离子可能存在。

（3）银盐组阴离子的检验

取几滴未知液，滴加 0.1 mol·L^{-1} $AgNO_3$ 溶液。如果立即生成黑色沉淀，表示有 S^{2-}存在；如果生成白色沉淀，迅速变黄变棕变黑，则有 $S_2O_3^{2-}$。但 $S_2O_3^{2-}$浓度大时，也可能生成 $[Ag(S_2O_3)_2]^{3-}$，不析出沉淀。Cl^-、Br^-、I^-、CO_3^{2-}、PO_4^{3-}都与 Ag^+形成浅色沉淀，如有黑色沉淀，则它们有可能被掩盖。离心分离，在沉淀中加入 6 mol·L^{-1} HNO_3，必要时加热。

若沉淀不溶或只发生部分溶解，则表示可能有 Cl^-、Br^-、I^-存在。

（4）氧化性阴离子检验

取几滴未知液，用稀 H_2SO_4 酸化，加 CCl_4 5 ~ 6 滴，再加入几滴 0.1 mol · L^{-1} KI 溶液。振荡后，CCl_4 层呈紫色，说明有 NO_2^-存在（若溶液中有 SO_3^{2-}等，酸化后 NO_2 先与它们反应而不一定氧化 I^-，CCl_4 层无紫色不能说明无 NO_2^-）。

（5）还原性阴离子检验

取几滴未知液，用稀 H_2SO_4 酸化，然后加入 1 ~ 2 滴 0.01 mol · L^{-1} $KMnO_4$ 溶液。若 $KMnO_4$ 的紫红色褪去，表示可能存在 SO_3^{2-}、$S_2O_3^{2-}$、S^{2-}、Br^-、I^-、NO_2^-等还原性离子。如果有还原性离子反应，则用淀粉-碘溶液再进一步检验是否存在强还原性离子。如果能使淀粉-碘溶液的蓝色褪去，表示可能存在 S^{2-}、SO_3^{2-}、$S_2O_3^{2-}$等离子。

根据实验结果，判断有哪些离子可能存在，并将结果填入表 3.27.2。

表 3.27.2　阴离子的初步试验

阴离子	pH 试验	稀 H_2SO_4 试验	$BaCl_2$ 试验	$AgNO_3$ 试验	氧化性离子试验	还原性离子试验		综合分析
						$KMnO_4$ 试验	淀粉-碘试验	
SO_4^{2-}								
SO_3^{2-}								
$S_2O_3^{2-}$								
S^{2-}								
PO_4^{3-}								
CO_3^{2-}								
NO_2^-								
NO_3^-								
Cl^-								
Br^-								
I^-								

2. 确证性试验

根据初步试验结果，对可能存在的阴离子进行确证性试验。

五、思考题

（1）离子鉴定反应具有哪些特点？

（2）使离子鉴定反应正常进行的主要反应条件有哪些？

（3）什么叫反应的灵敏度？什么叫反应的选择性？提高反应选择性的一般方法有哪些？

（4）何为空白试验，何为对照实验？各有什么作用？

实验二十八　常见阳离子的分离和鉴定

（4 学时）

一、实验目的

掌握常见阳离子分离与鉴定的原理和方法。

二、实验原理

金属元素较多，因而由它们形成的阳离子数目也较多。最常见的阳离子有 20 余种。在阳离子的鉴定反应中，相互干扰的情况较多，很少能采用分别分析法，大都需要采用系统分析法。完整且经典的阳离子分组法是硫化氢系统分组法，根据硫化物的溶解度不同将阳离子分成五组（见表 3.28.1）。此方法的优点是系统性强，分离方法比较严密；不足之处是组试剂 H_2S、$(NH_4)_2S$ 有臭味且有毒，分析步骤也比较繁杂。在分析已知混合阳离子体系时，如果能用别的方法分离干扰离子，则最好不用或少用硫化氢。

表 3.28.1　常见阳离子的分组

分组根据	硫化物不溶于水			硫化物溶于水	
	稀酸中形成硫化物沉淀		稀酸中不形成硫化物沉淀	碳酸盐不溶	碳酸盐易溶
	氯化物不溶	氯化物易溶			
离子	Ag^+，Hg_2^{2+}（Pb^{2+}）	Pb^{2+}，Cu^{2+}，Cd^{2+}，Hg^{2+}，Bi^{3+}，Sn^{2+}，Sn^{4+}，As(Ⅲ,Ⅴ)，Sb(Ⅲ,Ⅴ)	Fe^{3+}，Fe^{2+}，Al^{3+}，Cr^{3+}，Mn^{2+}，Zn^{2+}，Co^{2+}，Ni^{2+}	Ca^{2+}，Sr^{2+}，Ba^{2+}	K^+，Na^+，NH_4^+，Mg^{2+}
组别	盐酸组	硫化氢组	硫化铵组	碳酸铵组	可溶组
组试剂及主要条件	适量稀 HCl	0.3 $mol \cdot L^{-1}$ HCl 下通 H_2S	（NH_4Cl + $NH_3 \cdot H_2O$）下通 H_2S	（$NH_3 \cdot H_2O$ + NH_4Cl）$(NH_4)_2CO_3$	—

常用的非硫化氢系统的离子分离方法主要是利用氯化物、硫酸盐是否沉淀，氢氧化物是否具有两性，以及它们能否生成氨配合物等。

绝大多数金属的氯化物易溶于水，只有 $AgCl$、Hg_2Cl_2、$PbCl_2$ 难溶；$AgCl$ 可溶于 $NH_3 \cdot H_2O$；$PbCl_2$ 的溶解度较大，并易溶于热水，在 Pb^{2+}浓度大时才析出沉淀。

绝大多数硫酸盐易溶于水，只有 Ca^{2+}、Sr^{2+}、Ba^{2+}、Pb^{2+}、Hg_2^{2+}的硫酸盐难溶于水；$CaSO_4$ 的溶解度较大，只有当 Ca^{2+}浓度很大时才析出沉淀；$PbSO_4$ 可溶于 NH_4OAc。

能形成两性氢氧化物的金属离子有 Al^{3+}、Cr^{3+}、Zn^{2+}、Pb^{2+}、Sb^{3+}、Sn^{2+}、Sn^{4+}、Cu^{2+}；在这些离子的溶液中加入适量 NaOH 时，出现相应的氢氧化物沉淀；加入过量 NaOH 后它们又会溶解成多羟基配离子；其中 $Cu(OH)_2$ 的酸性较弱，溶于碱时需要加入浓的 NaOH 溶液。其他的金属离子，除 Ag^+、Hg^{2+}、Hg_2^{2+}加入 NaOH 后生成氧化物沉淀外，其余均生成相应的氢氧化物沉淀。值得注意的是，$Fe(OH)_2$ 和 $Mn(OH)_2$ 的还原性很强，在空气中极易被氧化成 $Fe(OH)_3$ 和 $MnO(OH)_2$。

在 Ag^+、Cu^{2+}、Cd^{2+}、Zn^{2+}、Co^{2+}、Ni^{2+}溶液中加入适量 $NH_3 \cdot H_2O$ 时，形成相应的碱式盐或氢氧化物（Ag^+形成氧化物）沉淀，它们全都溶于过量 $NH_3 \cdot H_2O$，生成相应的氨配离子；其中$[Co(NH_3)_6]^{2+}$易被空气氧化成$[Co(NH_3)_6]^{3+}$。其他的金属离子，除 $HgCl_2$ 生成 $HgNH_2Cl$，Hg_2Cl_2 生成 $HgNH_2Cl + Hg$ 外，绝大多数在加入氨水时生成相应的氢氧化物沉淀，并且不溶于过量氨水。

许多过渡元素的水合离子具有特征颜色，熟悉离子及某些化合物的颜色也会对离子的分析鉴定起良好的辅助作用。

三、仪器与试剂

试管，离心试管，点滴板，离心机，搅拌棒，NaOH（2 mol·L^{-1}、6 mol·L^{-1}），$NH_3 \cdot H_2O$（6 mol·L^{-1}），HCl（2 mol·L^{-1}、6 mol·L^{-1}），H_2SO_4（2 mol·L^{-1}），KSCN（s、0.1 mol·L^{-1}），K_2CrO_4（0.1 mol·L^{-1}），$SnCl_2$（0.2 mol·L^{-1}），H_2S（饱和），$K_4[Fe(CN)_6]$，奈斯勒试剂，铝试剂，二苯硫腙，丁二酮肟，NH_4F（s）等。

四、实验内容

设计出合理的分离鉴定方案，分离鉴定下列 3 组阳离子混合液：

（1）Ag^+、Pb^{2+}、Fe^{3+}、Ni^{2+}；

（2）Ba^{2+}、Fe^{3+}、Co^{2+}、Al^{3+}；

（3）NH_4^+、Cu^{2+}、Zn^{2+}、Hg^{2+}。

五、思考题

（1）用沉淀方法分离混合离子时，如何检验离子的沉淀是否已经完全？

（2）何为分别分析，何为系统分析？各在什么情况下使用？

（3）拟定混合离子分离鉴定方案的原则是什么？

4 分析化学实验

实验一 电子天平的称量练习

（4学时）

一、实验目的

（1）掌握电子天平的基本操作和常用称量方法（直接称量法、差减称量法和去皮法）。

（2）培养准确、整齐、简明地记录实验原始数据的习惯，不可涂改数据，不可将测量数据记录在记录本以外的任何地方。

二、实验原理

电磁力补偿原理：利用电子装置完成电磁力补偿的调节，使物体在重力场中实现力矩的平衡。

电子天平具有称量自动校准、积分时间可调、灵敏度可适当选择等性能。

电子天平使用步骤：

（1）查看水平仪，如不水平，要通过水平调节脚调至水平。接通电源，预热 60 min 后方可开启显示器进行操作使用。

（2）轻按“on”或“power”键，等出现“0.000 0 g”称量模式后方可称量。

（3）将称量物轻放在称盘上，这时显示器上数字不断变化，待数字稳定并出现质量单位 g 后，即可读数，并记录称量结果。

称量方法：① 直接称量法；② 差减称量法；③ 去皮法。

三、仪器与试剂

分析天平，称量瓶，小烧杯，锥形瓶，$CaCO_3$ 试样。

四、实验内容

准确称量固体 $CaCO_3$ 试样 0.2 ~ 0.3 g 3 份。

1. 差减称量法

（1）取2个洁净、干燥的小烧杯，分别在电子天平上称准至0.1 mg。记录为$m_{烧1}$和$m_{烧2}$。

（2）取一个洁净干燥的称量瓶，装入约 1 g $CaCO_3$ 试样，盖上称量瓶盖，在电子天平上准确称量其质量，记录为$m_{(称+试样)1}$；然后用纸条套住称量瓶从分析天平中取出，让其置于烧杯1的上方，用右手隔着小纸片打开称量瓶盖，慢慢将瓶口向下倾斜，用瓶盖敲击瓶口，使试样落入烧杯中（见图 2.4.2）。当转移试样接近所需量时，在敲击中慢慢将瓶竖起，使附在瓶口的试样落入烧杯或称量瓶内，盖上瓶盖。称量并记录称量瓶和剩余试样的质量$m_{(称+试样)2}$。两次称量之差（$m_{(称+试样)1}-m_{(称+试样)2}$）即为称取试样的质量，若称取试样少于称量范围，重复上面敲击操作，直到敲出试样落在称量范围。若称取试样超出称量范围，则应重新称量。

以同样方法再转移 0.2～0.3g 试样至烧杯 2 中，再次称量称量瓶的剩余量$m_{(称+试样)3}$。第二份试样质量为$m_{(称+试样)2}-m_{(称+试样)3}$。

此法主要在学生进行称量练习时使用，称量练习时可以少量多敲击几次；但在实验中称样时最好能在一两次内敲出所需的量，以减少试样的损失或吸潮。

2. 去皮法

（1）称量瓶去皮。

① 取2个洁净、干燥的锥形瓶，分别在电子天平上称准至0.1 mg。记录为$m_{锥1}$和$m_{锥2}$。

② 取一个洁净干燥的称量瓶，装入约1 g $CaCO_3$试样，盖上称量瓶盖，放入电子天平，按去皮键；然后用纸条套住称量瓶从分析天平中取出，让其置于锥形瓶1的上方，用右手隔着小纸片打开称量瓶盖，慢慢将瓶口向下倾斜，用瓶盖敲击瓶口，使试样落入锥形瓶中。当转移试样接近所需量时，在敲击中慢慢将瓶竖起，使附在瓶口的试样落入烧杯或称量瓶内，盖上瓶盖。称量并记录称量质量$m_{(称取试样)1}$（显示负值）。负值的绝对值即为称取试样的质量，若称取试样少于称量范围，重复上面敲击操作，直到敲出试样落在称量范围。若称取试样超出称量范围，则应重新称量。

以同样方法再转移 0.2～0.3 g 试样至锥形瓶 2 中，记录称量瓶和剩余量$m_{(称取试样)2}$。

此法在实验时使用比较方便。

（2）接收容器去皮。

取一个洁净、干燥的锥形瓶，放入电子天平上，按去皮键，显示屏显示“0.000 0 g”，用药勺慢慢将试样抖入锥形瓶中，当显示屏上的显示落在称量范围时，停止加样。记录称取试样质量m_1。

另取一个洁净、干燥的锥形瓶，放入电子天平上，按去皮键，显示屏显示“0.000 0 g”，用药勺慢慢将试样抖入锥形瓶中，当显示屏上的显示落在称量范围时，停止加样。记录称取试样质量m_2。

此法在实验时使用比较方便，但一定要求锥形瓶干净且干燥。

3. 称量结束工作

检查天平是否关闭；天平上的物品是否取出；清除天平箱内及桌面脏物；罩好天平罩；在使用登记本上签名登记。

五、数据记录与处理

1. 差减称量法

表 4.1.1　差减称量法称取试样质量

次数	1	2
m(称＋试样)/g		
m(称取试样)/g		
m(烧杯＋试样)/g		
m(空烧杯)/g		
m(烧杯中试样)/g		
偏差/mg		

2. 去皮法

（1）称量瓶去皮。

表 4.1.2　称量瓶去皮法称取试样质量

次数	1	2
m(称取试样)/g	—	—
m(锥＋试样)/g		
m(锥)/g		
m(锥中试样)/g		
偏差/mg		

（2）接收容器去皮。

表 4.1.3　接收容器去皮法称取试样质量

次数	1	2
m(称出试样)/g		

六、注意事项

（1）用天平称量之前一定要检查仪器是否水平。

（2）称量物质量不得超过天平的量程。

（3）称量时要把天平门关好，待稳定后再读数。

（4）不能用天平直接称量腐蚀性的物质。

（5）使用称量瓶时，应用纸拿。

（6）称量时应将被称物置于天平正中央。

（7）称量结束后，需检查天平是否关好；物品是否取出；清扫天平；罩好天平罩；在“使用登记本”上签名登记。

七、思考题

（1）在实验中记录称量数据应准至几位？为什么？

（2）称量时，每次均应将天平门关上。为什么？

（3）使用称量瓶时，如何操作才能保证试样不致损失？

（4）在差减法称量过程中，若称量瓶内试样吸湿，对称量结果造成什么影响？若试样倒入烧杯再吸湿，对称量是否有影响？

（5）使用去皮称量法时，事先应做哪些准备？

实验二　容量仪器的校准

（4 学时）

一、实验目的

（1）了解容量仪器校准的意义和方法。

（2）初步掌握移液管的校准和容量瓶与移液管间相对校准的操作。

（3）掌握滴定管、容量瓶、移液管的使用方法。

（4）进一步熟悉分析天平的称量操作。

二、实验原理

滴定管、移液管和容量瓶是分析实验中常用的玻璃量器，都具有刻度和标示容量。量器的实际体积与它的标示往往不完全相符。因此，在准确度要求较高的分析测试中，对使用的一套量器进行校准是完全必要的。

校准的方法有称量法和相对校准法。称量法的原理是：用分析天平称量被校量器中量入和量出的纯水的质量 m，再根据纯水的密度ρ计算出被校量器的实际容量。由于玻璃的热胀冷缩，在不同温度下，量器的容积也不同。因此，规定使用玻璃量器的标准温度为 20 °C。各种量器上标出的刻度和容量，称为在标准温度 20 °C 时量器的标称容量。但是，在实际校准工作中，容器中水的质量是在室温下和空气中称量的，因此必须考虑如下三方面的影响：

（1）由于空气浮力使质量改变的校正。

（2）由于水的密度随温度而改变的校正。

（3）由于玻璃容器本身容积随温度而改变的校正。

考虑了上述的影响，可得出 20 °C 容量为 1 L 的玻璃容器，在不同温度时所盛水的质量（见附表）。据此计算量器的校正值十分方便。

如某支 25 mL 移液管在 25 °C 放出纯水的质量为 24.921 0 g，密度为 0.996 17 g · mL^{-1}，计算该移液管在 20 °C 时的实际容积。

$$V_{20}=\frac{24.921\ 0\ \text{g}}{0.996\ 17\ \text{g}\cdot\text{mL}^{-1}}=25.02\ \text{mL}$$

则这支移液管的校正值为

$$25.02\ \text{mL}-25.00\ \text{mL}=+0.02\ \text{mL}$$

需要特别指出的是：校准不当和使用不当都是产生容积误差的主要原因，其误差甚至可能超过允许或量器本身的误差。因而在校准时务必正确、仔细地进行操作，尽量减小校准误差。凡是使用校准值的，其校准次数不应少于两次，且两次校准数据的偏差应不超过该量器允许的 1/4，并取其平均值作为校准值。

有时，只要求两种容器之间有一定的比例关系，而不需要知道它们各自的准确体积，这时可用容量相对校准法。经常配套使用的移液管和容量瓶，采用相对校准法更为重要。例如，用 25 mL 移液管取蒸馏水于干净且倒立晾干的 100 mL 容量瓶中，到第 4 次重复操作后，观察瓶颈处水的弯月面下缘是否刚好与刻线上缘相切，若不相切，应重新作一记号为标线，以后此移液管和容量瓶配套使用时就用校准的标线。

三、仪器与试剂

分析天平，滴定管（50 mL），容量瓶（250 mL），移液管（25 mL），锥形瓶（50 mL），温度计。

四、实验内容

1. 滴定管的校准（称量法）

将已洗净且外表干燥的带磨口玻璃塞的锥形瓶放在分析天平上称量，记录空瓶质量 $m_{瓶}$，准确至 0.000 1 g。再将已洗净的滴定管盛满纯水，调整液面至“0”刻线附近，读出并记录读数。从滴定管中放出一定体积的纯水于已称量的锥形瓶中，待滴定管液面降到 5 mL 以上，停止从滴定管中放液，等 30 s 调整至 5 mL。塞紧塞子，称出“瓶 + 水”的质量 $m_{(水+瓶)}$，两次质量之差即为放出水的质量。用同法称量滴定管从 0 到 10 mL，0 到 15 mL，0 到 20 mL 等刻度间的 $m_{水}$，用实验水温时水的密度来除每次 $m_{水}$，即可得到滴定管各部分的实际容量 V_{20}。重复校准一次。计算校准值、总校准值及两次平均值。

2. 移液管和容量瓶的相对校准

准备一个干净且晾干的 250 mL 容量瓶，洁净的 25 mL 移液管移取纯水于容量瓶中，重复操作 9 次。观察液面的弯月面下缘是否恰好与标线上缘相切，如不相切，可在弯月面下缘相切处贴标签纸在瓶颈上另作标记，以后实验中，此移液管和容量瓶配套使用时，应以新标记为准。

五、数据记录与处理

表 4.2.1　滴定管校正表

水温　　　　，水的密度为　　　　$g \cdot mL^{-1}$

$V_{滴定管读数}$/mL	$V_{水}$/mL	$m_{(水+瓶)}$/g	$m_{水}$/g	$V_{真实体积}$/mL	校准值/mL	累积校准值/mL

六、注意事项

（1）拿取锥形瓶时，可像拿取称量瓶那样用纸条（三层以上）套取。
（2）锥形瓶磨口部位不要沾到水。
（3）测量实验水温时，须将温度计插入水中后才读数，读数时温度计球部仍浸在水中。

七、思考题

（1）容量仪器为什么要校准？
（2）校正滴定管时，为何锥形瓶和水的质量只需称到 0.001 g？
（3）容量瓶校准时为什么要晾干？在用容量瓶配制标准溶液时是否也要晾干？
（4）分段校准滴定管时，为什么每次都要从 0.00 mL 开始？

附表：不同温度下 1 L 水的质量

t/°C	m/g	t/°C	m/g	t/°C	m/g
10	998.39	19	997.34	28	995.44
11	998.33	20	997.18	29	995.18
12	998.24	21	997.00	30	9954.91
13	998.15	22	996.80	31	994.64
14	998.04	23	996.60	32	994.34
15	997.92	24	996.38	33	994.06
16	997.78	25	996.17	34	993.75
17	997.64	26	995.93	35	993.45
18	997.51	27	995.69	36	

实验三　酸碱滴定练习

（4 学时）

一、实验目的

（1）掌握滴定管、容量瓶、移液管的清洗和使用方法。

（2）初步掌握滴定分析操作基本技术和使用甲基橙、酚酞做指示剂准确判断终点的方法。

二、实验原理

滴定分析是将一种已知准确浓度的标准溶液滴加到被测试样的溶液中，直到化学反应完全为止，然后根据标准溶液的浓度和体积求得被测试样中组分含量的一种方法。酸碱滴定是利用酸碱中和反应测定酸或碱浓度的定量分析方法。

0.1 mol · L^{-1} NaOH 标准溶液（强碱）和 0.1 mol · L^{-1} HCl 标准溶液（强酸）相互滴定时，化学计量点时的 pH 为 7.0，滴定的突跃范围为 4.3 ~ 9.7。在指示剂不变的情况下，一定浓度的 HCl 溶液和 NaOH 溶液相互滴定时，所消耗的体积之比 $V(HCl)/V(NaOH)$应是一定的，改变被滴定溶液的体积，此体积之比应基本不变，借此，可以检验滴定操作技术和判断终点的能力。

滴定终点的确定借助于酸碱指示剂。实验室常用的酸碱指示剂有酚酞（变色范围 8.0 ~ 9.8）、甲基红（变色范围 4.2 ~ 6.2）、甲基橙（变色范围 3.0 ~ 4.4）。

三、仪器与试剂

酸碱滴定管各一只（50 mL），移液管（25 mL），锥形瓶 3 个（250 mL），酚酞指示剂（0.2%），甲基橙指示剂（0.2%），0.1 mol · L^{-1} NaOH 溶液，0.1 mol · L^{-1} HCl 溶液。

四、实验内容

1. HCl 溶液滴定 NaOH 溶液

洗净一支酸式滴定管，活塞涂油使之能灵活转动且不漏水。用 0.1 mol · L^{-1} HCl 溶液润洗 3 次（每次用 5 ~ 10 mL），再将 HCl 溶液倒入滴定管“0”刻线以上。排除下端气泡，调节液面至“0.00”刻线处，置于滴定管架上。用 0.1 mol · L^{-1} NaOH 溶液将洗净的 25 mL 移液管润洗 3 次，然后准确移取 25.00 mL NaOH 溶液于 250 mL 锥形瓶，加入 1 ~ 2 滴甲基橙指示剂，用 0.1 mol · L^{-1} HCl 溶液滴定 0.1 mol · L^{-1} NaOH 溶液至溶液由黄色突变为橙色，并保持 30 s 不褪色为终点。平行滴定 3 份。

2. NaOH 溶液滴定 HCl 溶液

用 0.1 mol · L^{-1} NaOH 溶液润洗已洗净的碱式滴定管 3 次，再将 NaOH 溶液倒入滴定管“0”刻线以上，排气泡后，调节液面至“0.00”刻线处，置于滴定管架上。用 0.1 mol · L^{-1} HCl 溶液将洗净的 25 mL 移液管润洗 3 次，然后移取 25.00 mL 0.1 mol · L^{-1} HCl 3 份于 250 mL 锥形瓶中，加 1 ~ 2 滴酚酞指示剂，用 0.1 mol · L^{-1} NaOH 溶液滴定 0.1 mol · L^{-1} HCl 溶液至溶液由无色变为微红色，并保持 30 s 不褪色为终点。平行滴定 3 份。

五、数据记录与处理

1. HCl 滴定 NaOH

表 4.3.1　HCl 滴定 NaOH 数据记录

指示剂：

序号	Ⅰ	Ⅱ	Ⅲ
$V(HCl)_{终}$/mL			
$V(HCl)_{始}$/mL			
$V(HCl)_{消耗}$/mL			
$V(NaOH)$/mL			
$V(HCl)/V(NaOH)$			
平均值			
相对平均偏差/%			

2. NaOH 滴定 HCl

表 4.3.2　NaOH 滴定 HCl 数据记录

指示剂：

序号	Ⅰ	Ⅱ	Ⅲ
$V(HCl)$/mL			
$V(NaOH)_{终}$/mL			
$V(NaOH)_{始}$/mL			
$V(NaOH)_{消耗}$/mL			
$V(HCl)/V(NaOH)$			
平均值			
相对平均偏差/%			

六、思考题

（1）在滴定分析中，滴定管、移液管在使用前为什么要先用待装溶液润洗几次？滴定中使用的锥形瓶或烧杯，是否也要用待装溶液润洗？

（2）在滴定接近终点时，用洗瓶吹洗锥形瓶内壁，这样会冲稀瓶内溶液，对滴定是否有影响？

（3）能否在分析天平上准确称取固体 NaOH 用直接法配制标准溶液？为什么？能否用移液管准确移取所需体积的浓 HCl 直接配制 HCl 标准溶液？为什么？

（4）用 NaOH 滴定 HCl 时，有三位同学所耗用的 NaOH 体积完全一样。他们分别记录为 25 mL，25.0 mL 和 25.00 mL。哪位记录是正确的？为什么？

实验四　NaOH 和 HCl 溶液浓度的标定

（4 学时）

一、实验目的

（1）掌握 HCl 和 NaOH 标准溶液的配制。
（2）进一步熟练掌握滴定管的正确操作，学会正确判断终点。

二、实验原理

NaOH 和 HCl 标准溶液是采用间接配制法配制的，因此必须用基准物质标定其准确浓度。

1. NaOH 溶液浓度的标定

常用邻苯二甲酸氢钾（$KHC_8H_4O_4$，简写为 KHP）标定 NaOH，它易制得纯品，在空气中不吸水，容易保存，摩尔质量较大，是一种较好的基准物质，标定反应如下：

$$KHP + NaOH \longrightarrow KNaP + H_2O$$

反应产物为二元弱碱，在水溶液中显微碱性，可选用酚酞做指示剂。邻苯二甲酸氢钾在 105 ~ 110 °C 下干燥 2 h 后备用，干燥温度过高，则脱水成为邻苯二甲酸酐。

草酸（$H_2C_2O_4 \cdot 2H_2O$）也可用于标定 NaOH，它在相对湿度为 5% ~ 95%时不会风化失水，故将其保存在磨口玻璃瓶中即可。草酸固体状态比较稳定，但溶液状态的稳定性较差，空气能使 $H_2C_2O_4$ 慢慢氧化，光和 Mn^{2+} 能催化其氧化，因此，$H_2C_2O_4$ 溶液应置于暗处存放。草酸是二元酸，K_{a1} 和 K_{a2} 相差不大，不能分步滴定，但两级解离的 H^+ 可一次被滴定。标定反应为：

$$NaOH + H_2C_2O_4 \longrightarrow Na_2C_2O_4 + H_2O$$

反应产物为 $Na_2C_2O_4$，在水溶液中显微碱性，可选用酚酞做指示剂。

2. HCl 溶液浓度的标定

常用无水碳酸钠（Na_2CO_3）标定 HCl，它易吸收空气中的水分，先将其置于 270 ~ 300 °C 干燥 1 h，然后保存于干燥器中备用，其标定反应为：

$$2HCl + Na_2CO_3 = 2NaCl + CO_2\uparrow + H_2O$$

至化学计量点时，为 H_2CO_3 饱和溶液，pH 为 3.9，以甲基橙做指示剂应滴至溶液呈橙色为终点，为使 H_2CO_3 的过饱和部分不断分解逸出，临近终点时应将溶液剧烈摇动或加热。

硼砂（$Na_2B_4O_7 \cdot 10H_2O$）也可用于标定 HCl，它易于制得纯品，吸湿性小，摩尔质量大，但由于含有结晶水，当空气中相对湿度小于 39%时，有明显的风化而失水的现象，常保存在相对湿度为 60%的恒温器（下置饱和的蔗糖和食盐溶液）中。其标定反应为：

$$Na_2B_4O_7 + 2HCl + 5H_2O = H_3BO_3 + 2NaCl$$

产物为 H_3BO_3，其水溶液 pH 约为 5.1，可用甲基红做指示剂。

三、仪器与试剂

酸式滴定管（50 mL），碱式滴定管（50 mL），容量瓶（250 mL），移液管（25 mL），锥形瓶（250 mL，3 个），酚酞指示剂（0.2%），甲基橙指示剂（0.2%），邻苯二甲酸氢钾（基准），无水 Na_2CO_3（基准），NaOH（0.1 $mol \cdot L^{-1}$），HCl（0.1 $mol \cdot L^{-1}$）。

四、实验内容

1. NaOH 溶液浓度的标定

准确称取邻苯二甲酸氢钾 0.4 ~ 0.5 g 于 250 mL 锥形瓶中，加 20 ~ 30 mL 水，温热使之溶解，冷却后加 1 ~ 2 滴酚酞，用 0.10 $mol \cdot L^{-1}$ NaOH 溶液滴定至溶液呈微红色，半分钟内不褪色，即为终点。平行标定 3 份，计算 NaOH 标准溶液的浓度。

2. HCl 溶液浓度的标定

准确称取 0.10 ~ 0.12 g 无水 Na_2CO_3（或准确称取 1.0 ~ 1.2 g 无水 Na_2CO_3，溶解后，在容量瓶中定容至 250 mL，用移液管移取 25.00 mL），置于 250 mL 锥形瓶中，用 20 ~ 30 mL 水溶解后，加入 1 ~ 2 滴甲基橙，用 HCl 溶液滴至溶液由黄色变为橙色，即为终点。平行标定 3 份，计算 HCl 标准溶液的浓度。

五、数据记录处理

1. NaOH 溶液浓度标定

表 4.4.1　NaOH 溶液浓度的标定

指示剂：

序号	1	2	3
m(KHP)/g			
$V(NaOH)_{终读数}$/mL			
$V(NaOH)_{初读数}$/mL			
V(NaOH)/mL			
c(NaOH)/ $mol \cdot L^{-1}$			
$\overline{c}$(NaOH)/ $mol \cdot L^{-1}$			
相对平均偏差/%			

2. HCl 溶液浓度标定

表 4.4.2 HCl 标准溶液浓度的标定

指示剂：

序号	1	2	3
$m(Na_2CO_3)/g$			
$V(HCl)_{终读数}/mL$			
$V(HCl)_{初读数}/mL$			
$V(HCl)/mL$			
$c(HCl)/mol \cdot L^{-1}$			
$\overline{c}(HCl)/mol \cdot L^{-1}$			
相对平均偏差/%			

六、注意事项

用 Na_2CO_3 标定 HCl 溶液时，在 CO_2 存在下终点变色不够敏锐，因此，在接近滴定终点之前，最好把溶液加热至沸，并摇动以赶走 CO_2，冷却后再滴定。

七、思考题

（1）如何计算称取基准物邻苯二甲酸氢钾或 Na_2CO_3 的质量范围？称得太多或太少对标定有何影响？

（2）溶解基准物质时加入 20 ~ 30 mL 水，是用量筒量取，还是用移液管移取？为什么？

（3）如果基准物未烘干，将使标准溶液浓度的标定结果偏高还是偏低？

（4）用 NaOH 标准溶液标定 HCl 溶液浓度时，以酚酞做指示剂，用 NaOH 滴定 HCl，若 NaOH 溶液因储存不当吸收了 CO_2，对测定结果有何影响？

实验五　食用白醋中 HAc 浓度的测定

（4 学时）

一、实验目的

（1）学习食用醋中总酸度的测定方法。

（2）掌握强碱滴定弱酸的滴定过程，突跃范围及指示剂的选择原理。

（3）熟练掌握滴定管、移液管、容量瓶的使用方法和滴定基本技术。

二、实验原理

食用醋的主要成分是醋酸（HAc），此外还含有少量其他弱酸如乳酸等。醋酸的电离常数 $K_a = 1.8\times10^{-5}$，用 NaOH 标准溶液滴定醋酸，其反应式是：

$$NaOH + HAc = NaAc + H_2O$$

滴定化学计量点的 pH 约为 8.7，应选用酚酞为指示剂，滴定终点时溶液由无色变为微红色，且 30 s 内不褪色。滴定时，不仅 HAc 与 NaOH 反应，食用醋中可能存在其他各种形式的酸也与 NaOH 反应，故滴定所得为总酸度，以 $\rho(HAc)$（$g \cdot L^{I}$）表示。

三、仪器与试剂

碱式滴定管一只（50 mL），移液管（25 mL），锥形瓶 3 个（250 mL），NaOH 溶液（$0.1\ mol \cdot L^{-1}$），酚酞指示剂，邻苯二甲酸氢钾基准物质，食用醋。

四、实验内容

1. $0.1\ mol \cdot L^{-1}$ NaOH 标准溶液浓度的标定

准确称量 0.4 ~ 0.6 g 邻苯二甲酸氢钾（$KHC_8H_4O_4$）3 份，分别倒入 250 mL 锥形瓶中，加入 40 ~ 50 mL 蒸馏水溶解，待试剂完全溶解后，加入 2 ~ 3 滴酚酞指示剂，用待标定的 NaOH 溶液滴定至呈微红色并保持半分钟即为终点。平行滴定 3 份，计算 NaOH 溶液的浓度和标定结果的相对平均偏差。

2. 食用白醋中 HAc 含量的测定

准确移取食用白醋 25.00 mL 置于 250 mL 容量瓶中，用新煮沸并冷却的蒸馏水稀释至刻度，摇匀。用 25 mL 移液管分取 3 份上述溶液，分别置于 250 mL 锥形瓶中，加入 25 mL 新煮沸并冷却的蒸馏水，加入酚酞指示剂 2 ~ 3 滴，用 NaOH 标准溶液滴定至微红色且在 30 s 内不褪色即为终点。计算食用白醋中醋酸的质量。

五、数据记录与处理

1. NaOH 溶液浓度的标定

表 4.5.1　NaOH 溶液浓度的标定数据记录

指示剂：

序号	Ⅰ	Ⅱ	Ⅲ
$m(KHC_8H_4O_4)$/g			
$V(NaOH)_{终}$/mL			
$V(NaOH)_{始}$/mL			
$V(NaOH)_{消耗}$/mL			
c (NaOH)/mol · L^{-1}			
$\overline{c}$ (NaOH)/mol · L^{-1}			
相对平均偏差/%			

2. 食用白醋中 HAc 含量的测定

表 4.5.2　食用白醋中 HAc 含量的测定数据记录

指示剂：

序号	Ⅰ	Ⅱ	Ⅲ
V(食用白醋)/mL			
$V(NaOH)_{终}$/mL			
$V(NaOH)_{始}$/mL			
$V(NaOH)_{消耗}$/mL			
ρ /g · L^{-1}			
$\overline{\rho}$ /g · L^{-1}			
相对平均偏差/%			

六、注意事项

（1）食醋中醋酸浓度较大，必须稀释后再滴定。

（2）测定醋酸时，所用蒸馏水不能含有 CO_2，否则 CO_2 溶于水生成 H_2CO_3，将同时被滴定。

七、思考题

（1）溶解基准物质时加入 40 ~ 50 mL 水，应采用哪种量器？

（2）如果基准物未烘干，对标准溶液浓度的标定结果有何影响？

（3）用 NaOH 滴定食醋中 HAc 含量时，如果用甲基橙为指示剂，对滴定结果有何影响？

（4）以酚酞为指示剂，用 NaOH 滴定 HAc，若 NaOH 溶液因贮存不当吸收了 CO_2，对测定结果有何影响？

实验六　有机酸摩尔质量的测定

（4 学时）

一、实验目的

（1）掌握用滴定分析法测定有机酸摩尔质量的原理和方法。
（2）巩固用误差理论来处理分析结果的理论知识。
（3）进一步熟练滴定操作。

二、实验原理

大多数有机酸为弱酸。当有机弱酸的 $cK_a \geqslant 10^{-8}$ 时，可用 NaOH 标准溶液准确滴定。反应式为：

$$n\text{NaOH} + \text{H}_n\text{A} = \text{Na}_n\text{A} + n\text{H}_2\text{O}$$

$$M(\text{H}_n\text{A}) = \frac{n \cdot m(\text{H}_n\text{A})}{c(\text{NaOH}) \cdot V(\text{NaOH})}$$

化学计量点时，溶液呈弱碱性，可选用酚酞为指示剂，终点：无色→微红色（30 s 内不褪色）。

三、仪器与试剂

NaOH 溶液（$0.1\ \text{mol} \cdot \text{L}^{-1}$），酚酞溶液（0.2% 乙醇溶液），邻苯二甲酸氢钾(基准)，有机酸(草酸)试样，电子天平，酸式滴定管，移液管，锥形瓶，试剂瓶。

四、实验内容

1. $0.1\ \text{mol} \cdot \text{L}^{-1}$ NaOH 溶液的标定

用去皮法准确称取 0.4 ~ 0.6 g 已烘干的邻苯二甲酸氢钾 3 份，分别放入 3 个已编号的 250 mL 干净锥形瓶中，加 40 ~ 50 mL 水溶解（可稍加热以促进溶解），加入 2 ~ 3 滴酚酞指示剂，用 $0.1\ \text{mol} \cdot \text{L}^{-1}$ NaOH 溶液滴定至呈微红色，半分钟不褪色，即为终点，记录所消耗的 NaOH 溶液的体积。平行滴定 3 份，并计算出 NaOH 溶液的浓度和标定结果的相对平均偏差。

2. 草酸摩尔质量的测定

用去皮法准确称取 1.5 ~ 1.6 g 有机酸试样一份置于小烧杯中，用适量新煮沸并冷却至室温的蒸馏水溶解后，定量转入 250 mL 容量瓶中，再用少量新煮沸并冷却至室温的蒸馏水洗烧杯几次，洗涤液加入容量瓶中，然后用新煮沸并冷却至室温的蒸馏水稀释至刻度，摇匀。用 25.00 mL 移液管平行吸取 3 份试液于 250 mL 干净锥形瓶中，加酚酞指示剂 2 滴，摇匀。用 NaOH 标准溶液滴定至溶液呈微红色，半分钟不褪色即为终点。平行滴定 3 份，计算此有机酸的摩尔质量和测定结果的相对平均偏差，并将结果与理论值比较。

五、数据记录与处理

1. NaOH 溶液浓度的标定

表 4.6.1　NaOH 溶液浓度的标定数据记录

指示剂：

序号	Ⅰ	Ⅱ	Ⅲ
$m(KHC_8H_4O_4)$/g			
$V(NaOH)_{终}$/mL			
$V(NaOH)_{始}$/mL			
$V(NaOH)_{消耗}$/mL			
c (NaOH)/mol · L^{-1}			
$\bar{c}$ (NaOH)/mol · L^{-1}			
相对平均偏差/%			

2. 草酸摩尔质量的测定

表 4.6.2　草酸摩尔质量的测定数据记录

指示剂：

序号	Ⅰ	Ⅱ	Ⅲ
m(草酸)/g			
V(草酸)/mL			
$V(NaOH)_{终}$/mL			
$V(NaOH)_{始}$/mL			
$V(NaOH)_{消耗}$/mL			
M(草酸)/g · mol^{-1}			
$\bar{M}$ /g · mol^{-1}			
相对平均偏差/%			

六、思考题

（1）用 NaOH 滴定有机酸时，能否用甲基橙做指示剂？为什么？

（2）草酸、柠檬酸和酒石酸能否用 NaOH 分步滴定？

（3）如何配制不含 CO_2 的 NaOH 溶液？

实验七　混合碱的测定——双指示剂法

（4 学时）

一、实验目的

（1）掌握用双指示剂法测定混合碱含量的原理和方法。

（2）学习用双指示剂法判断混合碱的组成，测定其中各组分的含量和总碱量的原理及方法。

二、实验原理

混合碱是 Na_2CO_3 与 NaOH 或 Na_2CO_3 与 $NaHCO_3$ 的混合物，可采用“双指示剂法”进行分析，测定各组分的含量。双指示剂法是指根据滴定过程中 pH 变化的情况，选用两种不同的指示剂分别指示终点的方法。此法简便、快速，在实际生产中普遍应用，但准确度不高。

在混合碱的试液中加入酚酞指示剂，用 HCl 标准溶液滴定至溶液呈微红色。此时试液中所含 NaOH 完全被中和，Na_2CO_3 也被滴定成 $NaHCO_3$，反应如下：

$$NaOH + HCl = NaCl + H_2O$$

$$Na_2CO_3 + HCl = NaCl + NaHCO_3$$

设此时消耗 HCl 标准溶液体积 V_1 mL。再加入甲基橙指示剂，继续用 HCl 标准溶液滴定至溶液由黄色变为橙色即为终点。此时 $NaHCO_3$ 被中和成 H_2CO_3，反应为：

$$NaHCO_3 + HCl = NaCl + H_2O + CO_2\uparrow$$

设此时消耗 HCl 标准溶液的体积 V_2 mL。根据 V_1 和 V_2 可以判断出混合碱的组成。

当 $V_1>V_2$ 时，试液为 NaOH 和 Na_2CO_3 的混合物，NaOH 和 Na_2CO_3 的含量（以质量浓度 $g\cdot L^{-1}$ 表示）可由下式计算（设试液总体积为 V）：

$$\omega(NaOH) = \frac{(V_1 - V_2)\times c(HCl)\times M(NaOH)}{V}$$

$$\omega(Na_2CO_3) = \frac{2V_2\times c(HCl)\times M(Na_2CO_3)}{2V}$$

当 $V_1<V_2$ 时，试液为 Na_2CO_3 和 $NaHCO_3$ 的混合物，Na_2CO_3 和 $NaHCO_3$ 的含量（以质量浓度 $g\cdot L^{-1}$ 表示）可由下式计算（设试液总体积为 V）：

$$\omega(Na_2CO_3) = \frac{2V_1(HCl)\times c(HCl)\times M(Na_2CO_3)}{2V}$$

$$\omega(NaHCO_3) = \frac{(V_2 - V_1)\times c(HCl)\times M(NaHCO_3)}{V}$$

三、仪器与试剂

酸滴定管一支（50 mL），移液管（25 mL），锥形瓶（250 mL，3 个），HCl 溶液（0.1 mol·L^{-1}），酚酞指示剂，甲基橙指示剂（1 g·L^{-1}），混合碱，Na_2CO_3 基准物质。

四、实验内容

1. 0.1 mol·L^{-1} HCl 溶液的标定

准确称取 1.3～1.5 g 无水 Na_2CO_3 于烧杯中，加适量水溶解，然后定容至 250 mL。称量瓶称样时一定要带盖，以免吸潮。用移液管从容量瓶中准确移取 25.00 mL 溶液于锥形瓶中，再加入 1～2 滴甲基橙指示剂，用待标定的 HCl 溶液滴定到溶液由黄色恰好变为橙色即为终点。计算 HCl 溶液的浓度。

2. Na_2CO_3 和 $NaHCO_3$ 或 Na_2CO_3 和 NaOH 的测定

准确称取试样 1.3～1.6 g，倾入烧杯中，加入少量水使其溶解，必要时可以稍加热促进溶解。冷却后，将溶液定量转入 250 mL 容量瓶中，加水稀释至刻度，充分摇匀。平行移取试液 25.00 mL 3 份，分别加入 250 mL 锥形瓶中，加水 20 mL，加入 2～3 滴酚酞指示剂后溶液呈红色。用 HCl 标准溶液滴定至溶液无色，为第一终点，记下用去 HCl 的体积 V_1。然后加 1～2 滴甲基橙指示剂，继续用 HCl 标准溶液滴定至溶液由黄色恰变为橙色，为第二终点，记下用去 HCl 的体积 V_2。计算试样中 Na_2CO_3、$NaHCO_3$ 或 Na_2CO_3、NaOH 含量。

五、数据记录和处理

1. HCl 溶液浓度的标定

表 4.7.1　HCl 溶液浓度的标定

指示剂：

序号	1	2	3
$m(Na_2CO_3)$/g			
$V(Na_2CO_3)$/mL			
$V(HCl)_{终}$/mL			
$V(HCl)_{始}$/mL			
$V(HCl)_{消耗}$/mL			
$c(HCl)$/mol·L^{-1}			
$\overline{c}(HCl)$/mol·L^{-1}			
相对平均偏差/%			

2. Na_2CO_3和 NaOH 含量的测定

表 4.7.2　Na_2CO_3和 NaOH 含量测定

指示剂：

序号		1	2	3
$m_{混合碱}$/g				
V(HCl)/mL	V_2			
	V_1			
	V_0			
$\omega(Na_2CO_3)$/g · L^{-1}				
ω(NaOH)/g · L^{-1}				
相对平均偏差/%				

3. Na_2CO_3和 $NaHCO_3$含量的测定

表 4.7.3　Na_2CO_3和 $NaHCO_3$含量的测定

指示剂：

序号		1	2	3
$m_{混合碱}$/g				
$V_{混合碱}$/mL				
V(HCl)/mL	V_2			
	V_1			
	V_0			
$\omega(Na_2CO_3)$/g · L^{-1}				
$\omega(NaHCO_3)$/g · L^{-1}				
相对平均偏差/%				

六、思考题

（1）食用碱的主要成分是 Na_2CO_3，常含有少量的 $NaHCO_3$，能否以酚酞为指示剂测定 Na_2CO_3含量？

（2）为什么用移液管移液时，必须要用被装溶液润洗，而锥形瓶却不必用被装溶液润洗？

（3）采用双指示剂法测定混合碱，分析判断下列五种情况下混合碱的组成？

① $V_1 = 0$，$V_2>0$；② $V_1>0$，$V_2 = 0$；③ $V_1>V_2>0$；④ $0<V_1<V_2$；⑤ $V_1 = V_2>0$

实验八　铵盐中氮含量的测定——甲醛法

（4 学时）

一、实验目的

（1）掌握甲醛法测定铵盐中氮含量的基本原理。
（2）复习滴定及称量操作。

二、实验原理

硫酸铵是常用的氮肥之一，是强酸弱碱盐，可用酸碱滴定法测定其含氮量。但由于 NH_4^+ 的酸性太弱（$K_a = 5.6\times10^{-10}$），不能直接用 NaOH 标准溶液准确滴定，生产和实验室中广泛采用甲醛法进行测定。

将甲醛与一定量的铵盐作用，生成相当量的酸（H^+）和质子化的六次甲基四铵盐（$K_a = 7.1\times10^{-6}$），反应如下：

$$4NH_4^+ + 6HCHO = (CH_2)_6N_4H^+ + 3H^+ + 6H_2O$$

生成的 H^+ 和质子化的六次甲基四胺盐，均可被 NaOH 标准溶液准确滴定。

$$(CH_2)_6N_4H^+ + 3H^+ + 4NaOH = 4H_2O + (CH_2)_6N_4 + 4Na^+$$

4 mol NH_4^+ 相当于 4 mol H^+，相当于 4 mol OH^-，相当于 4 mol N。所以氮与 NaOH 的化学计量数比为 1。化学计量点时溶液呈弱碱性（六次甲基四胺为有机碱），可选用酚酞做指示剂，终点：无色→微红色（30 s 内不褪色）。

$$w(\mathrm{N}) = \frac{c(\mathrm{NaOH})\times V(\mathrm{NaOH})\times M(\mathrm{N})}{m}\times100\%$$

三、仪器与试剂

碱式滴定管一只（50 mL），移液管（25 mL），锥形瓶 3 个（250 mL），邻苯二甲酸氢钾（KHP）基准试剂，酚酞指示剂，$(NH_4)_2SO_4$，NaOH 标准溶液（0.1 mol · L^{-1}），甲醛。

四、实验内容

1. 0.1 mol · L^{-1} NaOH 标准溶液浓度的标定

准确称量 0.4 ~ 0.6 g 邻苯二甲酸氢钾（$KHC_8H_4O_4$）3 份，分别倒入 250 mL 锥形瓶中，加入 40 ~ 50 mL 蒸馏水溶解，待试剂完全溶解后，加入 2 ~ 3 滴酚酞指示剂，用待标定的 NaOH 溶液滴定至呈微红色并保持半分钟即为终点。计算 NaOH 溶液的浓度和各次标定结果的相对偏差。

2. 甲醛溶液的处理

甲醛中常含有微量酸，应事先中和。中和方法：取原装瓶甲醛上层清液于烧杯中，加水稀释 1 倍，加 2 滴酚酞指示剂，用 NaOH 标准溶液滴定至呈微红色。

3. 硫酸铵中氮含量的测定

准确称取 1.5 ~ 2.5 g $(NH_4)_2SO_4$ 试样（此试样为化肥的用量，若为试剂纯则改为 1.5 ~ 1.6 g）置于小烧杯中。加少量蒸馏水溶解，然后定量转移至 250 mL 容量瓶中，定容，摇匀。

用 25 mL 移液管移取上述溶液 25 mL 于 250 mL 锥形瓶中[加入 1 滴甲基红指示剂，用 0.1 $mol \cdot L^{-1}$ NaOH 溶液中和至溶液呈黄色以除去游离酸，若试剂为纯$(NH_4)_2SO_4$则不必除！]，加入 10 mL 中性甲醛溶液，加入 1 ~ 2 滴酚酞指示剂，充分摇匀，放置 1 min 后，用 0.1 $mol \cdot L^{-1}$ NaOH 滴定至溶液呈淡红色，半分钟内不变色，即为终点。记录读数，平行测定 3 份，计算试样中氮的含量。

五、数据记录与处理

1. NaOH 溶液浓度的标定

表 4.8.1 NaOH 溶液浓度的标定数据记录

指示剂：

序号	Ⅰ	Ⅱ	Ⅲ
$m(KHC_8H_4O_4)$/g			
$V(NaOH)_{终}$/mL			
$V(NaOH)_{始}$/mL			
$V(NaOH)_{消耗}$/mL			
c (NaOH)/$mol \cdot L^{-1}$			
$\bar{c}$ (NaOH)/$mol \cdot L^{-1}$			
相对平均偏差/%			

2. 氮含量的测定

表 4.8.2 硫酸铵中氮含量的测定数据记录

序号	Ⅰ	Ⅱ	Ⅲ
$m[(NH_4)_2SO_4]$/g			
$V(NaOH)_{终}$/mL			
$V(NaOH)_{始}$/mL			
$V(NaOH)_{消耗}$/mL			
w (N)/%			
$\overline{w}$ (N)/%			
相对平均偏差/%			

六、注意事项

（1）如果铵盐中含有游离酸，应事先中和除去，先加甲基红指示剂，用 NaOH 溶液滴定至溶液呈橙色，然后再加入甲醛溶液进行测定。

（2）甲醛中常含有微量甲酸，应预先以酚酞为指示剂，用 NaOH 溶液中和至溶液呈淡红色。

（3）滴定中途，要将锥形瓶壁溶液用少量蒸馏水冲洗下来，否则将增大误差。

七、思考题

（1）铵盐中氮的测定为何不采用 NaOH 直接滴定法?

（2）为什么中和甲醛试剂中的甲酸以酚酞做指示剂；而中和铵盐试样中的游离酸则以甲基红做指示剂?

（3）NH_4HCO_3 中含氮量的测定，能否用甲醛法?

实验九　阿司匹林片剂中乙酰水杨酸含量的测定

（4 学时）

一、实验目的

（1）学习返滴定法的原理与操作。

（2）学习阿司匹林药片中乙酰水杨酸含量的测定方法。

（3）通过实验学习设计酸碱标定步骤与酸碱体积比的步骤。

（4）学习利用滴定法分析药品。

二、实验原理

乙酰水杨酸（阿司匹林）是最常用的药物之一。它是有机弱酸（$pK_a = 3.0$），摩尔质量为 $180.16\ g \cdot mol^{-1}$，微溶于水，易溶于乙醇，分子式为 $C_9H_8O_4$，干燥中稳定，遇潮水解，在 NaOH 或 Na_2CO_3 等强碱性溶液中溶解并分解为水杨酸（邻羟基苯甲酸）和乙酸盐，反应方程式如下：

$$C_6H_4(COOH)(OCOCH_3) + 2NaOH \xrightarrow{\triangle} C_6H_4(COONa)(OH) + CH_3COONa$$

水杨酸（邻羟基苯甲酸）易升华，随水蒸气一同挥发。

由于乙酰水杨酸的酸解离常数较小，可以作为一元酸，用 NaOH 溶液直接滴定，以酚酞为指示剂。为了防止乙酰基水解，应在 10 °C 以下的中性冷乙醇介质中进行滴定，滴定反应为：

$$C_6H_4(COOH)(OCOCH_3) + OH^- \longrightarrow C_6H_4(COO^-)(OCOCH_3) + H_2O$$

直接滴定法适用于乙酰水杨酸纯品的测定，而药片中一般都混有淀粉等不溶物，在冷乙醇中不易溶解完全，不宜直接滴定，可以利用上述水解反应，采用反滴定法进行测定。药片研磨成粉状后加入过量的 NaOH 标准溶液，加热一定时间使乙酰基水解完全，再用 HCl 标准溶液回滴过量的 NaOH，以酚酞的粉红色刚刚消失为终点。在这一滴定中，1 mol 乙酰水杨酸消耗 2 mol NaOH。

三、仪器与试剂

烘箱，称量瓶，电炉，研钵，电子天平，水浴锅，无水 Na_2CO_3（基准试剂），NaOH 溶液（$1\ mol \cdot L^{-1}$），酚酞指示剂（$2\ g \cdot L^{-1}$，乙醇溶液），甲基橙指示剂，阿司匹林药片。

四、实验内容

1. $1\ mol \cdot L^{-1}$ NaOH 溶液的配制

用烧杯在粗天平上称取 4 g 固体 NaOH，加入新鲜的或煮沸除去 CO_2 的蒸馏水，溶解完全后，转入带橡皮塞的试剂瓶中，加水稀释至 100 mL

2. $0.1\ mol \cdot L^{-1}$ HCl 溶液的标定

可参考实验四盐酸的标定方法。

3. 药片中乙酰水杨酸含量的测定

领取 n 片药片，称其总质量（称准至 0.000 1 g），在瓷研钵中将药片充分研细并混匀，转入称量瓶中。准确称取（0.6 ±0.05）g 药粉，置于干燥的 100 mL 烧杯中，用移液管准确加入 25.00 mL $1\ mol \cdot L^{-1}$ NaOH 标准溶液后，盖上表面皿，轻摇几下，水浴加热 20 min，迅速用流水冷却（防水杨酸挥发，防热溶液吸收空气中的 CO_2，防淀粉、糊精等进一步水解），将烧杯中的溶液定量转移至 100 mL 容量瓶中，用蒸馏水稀释至刻度线，摇匀。

准确移取上述试液 10.00 mL 于 250 mL 锥形瓶中，加 20 ~ 30 mL 水，加入 2 滴酚酞指示剂，用 $0.1\ mol \cdot L^{-1}$ HCl 标准溶液滴至红色刚刚消失即为终点。平行测定 3 份，根据所消耗的 HCl 溶液的体积计算药片中乙酰水杨酸的质量分数（%）。分别计算药粉中乙酰水杨酸的含量（%）和每片药中乙酰水杨酸的含量（g/片）。

$$w(\text{乙酰水杨酸})(\%)=\frac{\frac{1}{2}\left[V(\mathrm{NaOH})-V(\mathrm{HCl})\times\frac{V(\mathrm{NaOH})}{V(\mathrm{HCl})_{\text{空白}}}\right]\times c(\mathrm{NaOH})\times M(\text{阿司匹林})\times10^{-3}}{m(\text{阿司匹林})}\times100\%$$

注：$V(\mathrm{NaOH}) = 25.00$ mL，$c(\mathrm{NaOH})$为经加热处理的 NaOH 原始溶液的浓度。

4. NaOH 标准溶液与 HCl 溶液体积比的测定

用移液管准确加入 25.00 mL $1\ mol \cdot L^{-1}$ NaOH 标准溶液于 100 mL 烧杯中，在与测定药粉相同的实验条件下进行加热，冷却后，定量转移至 100 mL 容量瓶中，稀释至刻度线，摇匀。准确移取上述试液 10.00 mL 于 250 mL 锥形瓶中，加 20 ~ 30 mL 水，加入 2 滴酚酞指示剂，用 $0.1\ mol \cdot L^{-1}$ HCl 标准溶液滴至红色刚刚消失即为终点。平行测定 3 份，计算 $V(\mathrm{NaOH})/V(\mathrm{HCl})$、$c(\mathrm{NaOH})$（比值的意义是 1 mL 稀的盐酸相当于多少毫升浓 NaOH）。

$$c(\mathrm{NaOH})\ (\mathrm{mol \cdot L^{-1}})=\frac{c(\mathrm{HCl})\times V(\mathrm{HCl})}{V(\mathrm{NaOH})\times\frac{10.00}{100.0}}$$

注：$V(\mathrm{NaOH}) = 25.00$ mL，$c(\mathrm{NaOH})$为经加热处理的 NaOH 原始溶液的浓度。

五、数据处理

1. 0.1 mol·L⁻¹ HCl 溶液的标定

表 4.9.1 HCl 溶液的标定

序号	1	2	3
$m(Na_2CO_3)/g$			
$V(HCl)_{终读数}/mL$			
$V(HCl)_{初读数}/mL$			
$V(HCl)/mL$			
$c(HCl)/mol \cdot L^{-1}$			
$\overline{c}(HCl)/mol \cdot L^{-1}$			
相对平均偏差/%			

2. 药片中乙酰水杨酸含量的测定

表 4.9.2 药片中乙酰水杨酸含量的测定

序号	1	2	3
m(阿司匹林药片)/g			
$V_{试液}/mL$			
$V(HCl)_{终读数}/mL$			
$V(HCl)_{始读数}/mL$			
$V(HCl)_{消耗}/mL$			
w(乙酰水杨酸)/%			
$\overline{w}$(乙酰水杨酸)/%			
相对平均偏差/%			

3. NaOH 标准溶液与 HCl 溶液体积比的测定

表 4.9.3 HCl 滴定 NaOH

序号	1	2	3
$V(HCl)_{终}/mL$			
$V(HCl)_{始}/mL$			
$V(HCl)_{消耗}/mL$			
$V(NaOH)/mL$			
$V(HCl)/V(NaOH)$			
$\overline{V(HCl)/V(NaOH)}$			
相对平均偏差/%			

六、注意事项

（1）实验内容较多，首先处理样品，加碱水解阿司匹林，再标定 HCl 或测定体积比。
（2）水解后阿司匹林溶液不必过滤，带着沉淀移入容量瓶中。注意上清液的移取。

七、思考题

（1）在测定药片的实验中，为什么 1 mol 乙酰水杨酸消耗 2 mol NaOH，而不是 3 mol NaOH？回滴后的溶液中，水解产物的存在形式是什么？

（2）用返滴定法测定乙酰水杨酸，为何需做空白试验？

实验十　EDTA 标准溶液的配制与标定

（4 学时）

一、实验目的

（1）掌握 EDTA 标准溶液的配制，理解 EDTA 的标定原理与标定方法。

（2）理解金属指示剂变色原理与酸碱指示剂变色原理的区别。

（3）掌握滴定终点的正确判断，要求标定结果在允许误差范围之内。

（4）了解配位滴定与酸碱滴定的联系与区别，了解配位滴定中控制溶液酸度的重要性，熟悉配位滴定法的特点。

二、实验原理

乙二胺四乙酸简称 EDTA，常用 H_4Y 表示，是一种氨羧配合剂，能与大多数金属离子形成稳定的 1∶1 型螯合物，但溶解度较小，22 °C 在 100 mL 水中仅溶解 0.02 g，通常使用其二钠盐配制配位滴定法的标准溶液。乙二胺四乙酸二钠盐($Na_2H_2Y \cdot 2H_2O$)也简称为 EDTA，22 °C 在 100 mL 水中可溶解 11.1 g，约 0.3 $mol \cdot L^{-1}$，其溶液 pH 约为 4.4。

市售的 EDTA 常含水分 0.3%～0.5%，且含有少量杂质，不易精制；由于水和其他试剂中常含有金属离子，故 EDTA 通常采用间接配制法配制。标定 EDTA 溶液的基准物质很多，如金属 Zn、Cu、Pb、Bi 等，金属氧化物 ZnO、Bi_2O_3 等及盐类 $CaCO_3$、$MgSO_4 \cdot 7H_2O$、$Zn(Ac)_2 \cdot 3H_2O$ 等。通常选用其中与被测物组分相同的物质做基准物，这样标定条件与测定条件尽量一致，可减小误差。如测定水的硬度及石灰石中 CaO、MgO 含量时宜用 $CaCO_3$ 或 $MgSO_4 \cdot 7H_2O$ 做基准物。金属 Zn 的纯度很高（纯度可达 99.99%），在空气中又稳定，Zn 与 ZnY^{2-} 均无色，既能在 pH 5～6 以二甲酚橙为指示剂标定，又可在 pH 9～10 的氨性溶液中以铬黑 T 为指示剂标定，终点均很敏锐，因此一般多采用 Zn（ZnO 或 Zn 盐）为基准物质。

配位滴定中所用纯水应不含 Fe^{3+}、Al^{3+}、Cu^{2+}、Ca^{2+}、Mg^{2+} 等杂质离子，通常采用去离子水或二次蒸馏水，其规格应高于三级水。

EDTA 溶液应储存在聚乙烯瓶或硬质玻璃瓶中，若储存于软质玻璃瓶中，会不断溶解玻璃中的 Ca^{2+} 形成 CaY^{2+}，使 EDTA 浓度不断降低。

用 $CaCO_3$ 标定 EDTA 时，通常选用钙指示剂指示终点，用 NaOH 控制溶液 pH 为 12～13，其变色原理为：

滴定前：Ca + In（蓝色）$\longrightarrow$ CaIn（红色）

滴定中：Ca + Y $\longrightarrow$ CaY

终点时：CaIn（红色）+ Y $\longrightarrow$ CaY + In（蓝色）

三、仪器与试剂

酸式滴定管（50 mL），容量瓶（250 mL），移液管（25 mL），烧杯，电子天平，锥形瓶，乙二胺四乙酸二钠，$CaCO_3$（基准），HCl 溶液（1∶1），钙指示剂（1 g 钙指示剂与 100 g NaCl 混合磨匀），NaOH 溶液（40 g·L^{-1}），$ZnSO_4·7H_2O$（优级纯）或金属锌（w>99.9%，片状），六亚甲基四胺溶液（200 g·L^{-1}），二甲酚橙（2 g·L^{-1}水溶液）。

四、实验内容

1. 0.020 mol·L^{-1} EDTA 溶液的配制

称取 4.0 g 乙二胺四乙酸二钠($Na_2H_2Y·2H_2O$)于 500 mL 烧杯中，加入 200 mL 水。温热使其溶解完全，转入聚乙烯瓶中，用水稀释至 500 mL，摇匀。

2. 以 $CaCO_3$ 为基准物标定 EDTA

（1）配制 0.020 mol·L^{-1} 钙标准溶液。

准确称取 110 °C 干燥过的 $CaCO_3$ 0.50 ~ 0.55 g，置于 250 mL 烧杯中，用少量水润湿，盖上表面皿，慢慢滴加 1∶1 HCl 5 mL 使其溶解，加少量水稀释，定量转移至 250 mL 容量瓶中，用水稀释至刻度，摇匀，计算其准确浓度。

（2）EDTA 溶液浓度的标定

移取 20.00 mL 钙标准溶液置于 250 mL 锥形瓶中，加 20 mL NH_3-NH_4Cl 缓冲溶液及少许铬黑 T 指示剂，摇匀后，用 EDTA 溶液滴定至溶液由酒红色恰变为纯蓝色，即为终点。平行做 3 份，计算 EDTA 标准溶液的浓度。

五、数据记录与处理

1. EDTA 标准溶液浓度的标定

表 4.10.1　EDTA 溶液浓度的标定

指示剂：

序号	1	2	3
$V(CaCO_3)_{标准溶液}$/mL			
$V(Y)_{终读数}$/mL			
$V(Y)_{初读数}$/mL			
$V(Y)_{消耗}$/mL			
$c(Y)$/mol·L^{-1}			
$\bar{c}(Y)$/mol·L^{-1}			
相对平均偏差/%			

六、注意事项

（1）若要长期保存 EDTA 标准溶液，应储存于何种容器中，为什么？

（2）用基准试剂碳酸钙标定 EDTA 溶液的浓度时，为什么 pH 需要调至 12～13？

七、思考题

（1）配位滴定中为什么加入缓冲溶液？

（2）用 $CaCO_3$ 为基准物，以钙指示剂为指示剂标定 EDTA 浓度时，应控制溶液的酸度为多大？为什么？如何控制？

（3）以二甲酚橙为指示剂，用 Zn^{2+} 标定 EDTA 浓度的实验中，溶液的 pH 为多少？

（4）配位滴定法与酸碱滴定法相比，有哪些不同点？操作中应注意哪些问题？

实验十一　自来水总硬度的测定

（4 学时）

一、实验目的

（1）掌握 EDTA 溶液的配制及浓度的标定方法。
（2）了解水硬度的表示方法。
（3）掌握配位滴定法测定自来水总硬度的原理和方法。
（4）掌握铬黑 T 指示剂的使用条件。

二、实验原理

EDTA 常因吸附约 0.3%的水分和其中含有少量杂质而不能直接用于配制标准溶液。通常先把 EDTA 配成所需要的大概浓度，然后用基准物质标定。

用于标定 EDTA 的基准物质有：含量不低于 99.95% 的某些金属，如 Cu、Zn、Ni、Pb 等，以及它们的金属氧化物，或某些盐类，如 $ZnSO_4 \cdot 7H_2O$，$MgSO_4 \cdot 7H_2O$，$CaCO_3$ 等。

水硬度的测定分为水的总硬度以及钙-镁硬度两种，前者是测定 Ca 和 Mg 的总量，后者则是分别测定 Ca 和 Mg 的含量

水的总硬度的测定是指测定水中 Ca、Mg 总量。各国采用的硬度单位有所不同，目前我国常用的表示方法是以度（°）计，即 1 L 水中含有 10 mg CaO 称为 1°（$1° = 10\ mg \cdot L^{-1}$ CaO）。

按水硬度大小可将水质分为：极软水（0° ~ 4°）、软水（4° ~ 8°）、中硬水（8° ~ 16°）、硬水（16° ~ 30°）、极硬水（30°以上）。生活用自来水硬度不得超过 25°。

本实验用 EDTA 配合滴定法测定水的总硬度。在 pH = 10 的缓冲溶液中，以铬黑 T 为指示剂，用三乙醇胺掩蔽 Fe^{3+}、Al^{3+}、Cu^{2+}、Pb^{2+}、Zn^{2+}等共存离子。如果 Mg^{2+}的浓度小于 Ca^{2+}浓度的 1/20，则需加入 5 mL Mg^{2+}-EDTA 溶液。

$$\text{水的总硬度} = \frac{c \times V(\text{EDTA}) \times M(\text{CaO}) \times 1\,000}{V(\text{水样})} \quad (\text{mg} \cdot \text{L}^{-1})$$

三、仪器与试剂

酸式滴定管（50 mL），移液管（25 mL），锥形瓶 3 个（250 mL），EDTA（$0.01\ mol \cdot L^{-1}$），NH_3-NH_4Cl 缓冲溶液，三乙醇胺（1∶2），Na_2S（$20\ g \cdot L^{-1}$），铬黑 T 指示剂。

四、实验内容

1. 0.01 mol · L^{-1} EDTA 溶液的配制及标定

（1）配制：称取 4 g EDTA 置于烧杯中，加水微热溶解后，稀释到 1 L 转入试剂瓶中，摇匀，待用。

（2）标定：本实验用 $CaCO_3$ 做基准物标定 EDTA 浓度。

准确称取 $CaCO_3$ 0.25 ~ 0.3 g 于烧杯中，先用少量水润湿，盖上表面皿，缓慢滴加 1∶1 的 HCl 溶液 20 mL，溶解后定量转入 250 mL 容量瓶中，稀释到刻度，摇匀，计算 Ca^{2+}的准确浓度。

移取 25.00 mL $CaCO_3$ 标准溶液于 250 mL 锥形瓶中，加 20 mL NH_3-NH_4Cl 缓冲溶液和 2 ~ 3 滴铬黑 T 指示剂，摇匀后用 EDTA 溶液滴定，滴至溶液由酒红色恰好变为纯蓝色即为终点。平行测定 3 份，计算 EDTA 溶液的准确浓度。

2. 自来水总硬度的测定

取水样 100 mL 于锥形瓶中，加入 1 ~ 2 滴盐酸使溶液酸化，煮沸数分钟以除去 CO_2。冷却后，加入三乙醇胺 3 mL，摇匀后加入 NH_3-NH_4Cl 缓冲溶液 5 mL，1 mL Na_2S 溶液以掩蔽重金属离子。再加入 2 ~ 3 滴铬黑 T 指示剂，摇匀，立即用 EDTA 标准溶液滴定，当溶液由酒红色变为纯蓝色即为终点。根据 EDTA 溶液的用量计算水的总硬度，计算结果时把 Ca、Mg 总量折算成 CaO 计。平行测定 3 次。

五、数据记录与处理

1. EDTA 溶液浓度的标定

表 5.11.1　EDTA 溶液浓度的标定数据记录

实验次数	1	2	3
$m(CaCO_3)$/g			
$c(Ca^{2+})$/mol · L^{-1}			
$V(Ca^{2+})_{标液}$/mL	25.00		
$V(EDTA)_{终}$/mL			
$V(EDTA)_{始}$/mL			
$V(EDTA)_{消耗}$/mL			
c (EDTA)/mol · L^{-1}			
$\bar{c}$ (EDTA)/mol · L^{-1}			
相对平均偏差/%			

2. 自来水总硬度的测定

表 5.11.2　自来水总硬度的测定数据记录

实验次数	1	2	3
V(水样)/mL	100.00		
$V(EDTA)_{终}$/mL			
$V(EDTA)_{始}$/mL			
$V(EDTA)_{消耗}$/mL			
c (CaO)/10 mg · L^{-1}			
$\overline{c}$ (CaO)/10 mg · L^{-1}			
相对平均偏差/%			

六、注意事项

（1）当水样中 Mg^{2+}含量较低时，铬黑 T 指示剂终点变色不够敏锐，可加入一定量的 Mg-EDTA 混合液，以增加溶液中 Mg^{2+}含量，使终点变色敏锐。

（2）指示剂最好在滴定开始前加入。

（3）标定 EDTA 溶液的基准物有 Zn，ZnO，$CaCO_3$，Cu，Bi，Ni 等。通常选用的标定条件应尽可能与测定条件一致，以免引起系统误差。

七、思考题

（1）滴定为什么要在缓冲溶液中进行？如果没有缓冲溶液存在，将会导致什么现象发生？

（2）测定水的硬度时，先于 3 个锥瓶中加水样，再加 NH_3-NH_4Cl 缓冲液，加其他试剂，然后再一份一份地滴定，这样好不好？为什么？

（3）测定水的总硬度有何实际意义？

（4）如要分别测定出钙、镁含量应如何操作？

实验十二　铅、铋混合溶液连续滴定

（4 学时）

一、实验目的

（1）掌握用金属 Zn 标定 EDTA 的方法。
（2）掌握二甲酚橙应用的条件。
（3）了解通过控制溶液的酸度来提高 EDTA 配合滴定的选择性的原理。
（4）掌握用 EDTA 连续滴定铅、铋混合溶液的条件和方法。

二、实验原理

Bi^{3+}、Pb^{2+}均能与 EDTA 形成稳定的 1∶1 配合物，其 lg K 值分别为 27.94 和 18.04，两者稳定性相差很大，$\Delta pK = 9.90>6$。因此，可以用控制酸度的方法在一份试液中连续滴定 Bi^{3+}和 Pb^{2+}。在测定中，均以二甲酚橙（XO）做指示剂，XO 在 pH<6 时呈黄色，在 pH>6.3 时呈红色；而它与 Bi^{3+}、Pb^{2+}所形成的配合物呈紫红色，它们的稳定性与 Bi^{3+}、Pb^{2+}和 EDTA 所形成的配合物相比要低；而 $K(Bi^{3+}\text{-XO}) > K(Pb^{2+}\text{-XO})$。

测定时，先用 HNO_3 调节溶液 pH = 1.0[此时 Pb^{2+}既不与 EDTA 配合，也不与二甲酚橙（XO）配合]，Bi^{3+}与二甲酚橙（XO）形成紫红色的配合物，用 EDTA 标准溶液滴定溶液由紫红色突变为亮黄色，即为滴定 Bi^{3+}的终点。加入六次甲基四胺，使溶液 pH 为 5 ~ 6，此时 Pb^{2+}与 XO 形成紫红色配合物，继续用 EDTA 标准溶液滴定至溶液由紫红色突变为亮黄色，即为滴定 Pb^{2+}的终点。反应如下：

pH = 1.0 时

滴定前：$\underset{（黄色）}{XO} + Bi^{3+} = \underset{（紫红色）}{Bi^{3+}\text{-XO}}$

滴定时：$EDTA + Bi^{3+} = \underset{（无色）}{Bi^{3+}\text{-EDTA}}$

终点时：$EDTA + \underset{（紫红色）}{Bi^{3+}\text{-XO}} = Bi^{3+}\text{-EDTA} + \underset{（黄色）}{XO}$

PH = 5 ~ 6 时

滴定前：$\underset{（黄色）}{XO} + Pb^{2+} = \underset{（紫红色）}{Pb^{2+}\text{-XO}}$

滴定时：$EDTA + Pb^{2+} = \underset{（无色）}{Pb^{2+}\text{-EDTA}}$

终点时：$EDTA + \underset{（紫红色）}{Pb^{2+}\text{-XO}} = Pb^{2+}\text{-EDTA} + \underset{（黄色）}{XO}$

为了减小系统误差，本实验选用金属 Zn（或 $ZnSO_4 \cdot 7H_2O$）为基准物（标定条件与测定条件一致），在 pH = 5 ~ 6 的六次甲基四胺溶液中，以二甲酚橙为指示剂，进行 EDTA 的标定。用待标定的 EDTA 溶液滴定 Zn^{2+} 标准溶液，至溶液由紫红色变为亮黄色即为终点。

滴定前：$XO + Zn^{2+} = Zn^{2+}\text{-}XO$
（黄色）　　　（紫红色）

滴定时：$EDTA + Zn^{2+} = Zn^{2+}\text{-}EDTA$
（无色）

终点时：$EDTA + Zn^{2+}\text{-}XO = Zn^{2+}\text{-}EDTA + XO$
（紫红色）　　　　　（黄色）

三、仪器与试剂

酸式滴定管（50 mL），移液管（25 mL），锥形瓶 3 个（250 mL），EDTA（0.01 $mol \cdot L^{-1}$），HNO_3（0.10 $mol \cdot L^{-1}$），六次甲基四胺溶液（200 $g \cdot L^{-1}$），Bi^{3+}、Pb^{2+}混合液（含 Bi^{3+}、Pb^{2+}各约为 0.01 $mol \cdot L^{-1}$，含 HNO_3 0.15 $mol \cdot L^{-1}$），二甲酚橙（2 $g \cdot L^{-1}$ 水溶液），HCl（1 : 1），Zn 基准物。

四、实验内容

1. 0.01 $mol \cdot L^{-1}$ EDTA 标准溶液的标定（本次实验省略，用自来水测定用剩的 EDTA 溶液）

准确称取 Zn 基准物 0.16 g，置于 100 mL 烧杯中，用少量水先润湿，盖上表面皿，滴加 1 : 1 HCl 6 mL，待其全部溶解后，用少量水冲洗表面皿及烧杯内壁，定量转移入 250 mL 容量瓶中，用水稀释至刻度，摇匀。计算此溶液的准确浓度。

移取 25.00 mL Zn^{2+}标准溶液于 250 mL 锥形瓶中，加 2 滴二甲酚橙指示剂，滴加六次甲基四胺溶液，使溶液变为紫红色（此时 pH = 5 ~ 6）后，再加 5 mL。用 EDTA 溶液滴定，当溶液由紫红色突变为亮黄色时，即为终点。平行标定 3 次，计算 EDTA 溶液的准确浓度。

2. 铅、铋混合溶液的连续测定

用移液管移取 25.00 mL Bi^{3+}、Pb^{2+}混合试液于 250 mL 锥形瓶中，加入 1 ~ 2 滴二甲酚橙，用 EDTA 标准溶液滴定溶液由紫红色突变为亮黄色，即为终点，记取 V_1（mL），然后滴加六次甲基四胺溶液，使溶液变为紫红色后，再加 5 mL。继续用 EDTA 标准溶液滴定溶液由紫红色突变为亮黄色，即为终点，记下 V_2（mL）。平行测定 3 份，计算混合试液中 Bi^{3+}和 Pb^{2+}的含量（$mol \cdot L^{-1}$）及 V_1/V_2。

五、数据记录与处理

1. EDTA 溶液浓度的标定

表 4.12.1　EDTA 溶液浓度的标定数据记录

实验次数	1	2	3
$m(Zn)$/g			
$c(Zn^{2+})$/mol · L			
$V(Zn^{2+})_{标液}$/mL	25.00		
$V(EDTA)_{终}$/mL			
$V(EDTA)_{始}$/mL			
$V(EDTA)_{消耗}$/mL			
c (EDTA)/mol · L^{-1}			
$\overline{c}$ (EDTA)/mol · L^{-1}			
相对平均偏差/%			

2. 铅、铋混合溶液的连续测定

表 4.12.2　混合溶液中铅、铋浓度的测定数据记录

实验次数	1	2	3
$c(EDTA)$/mol · L^{-1}			
$V_{混合液}$/mL			
$V_{初读}$/mL			
$V_{第一终点}$/mL			
$V_{第二终点}$/mL			
V_1/mL			
V_2/mL			
$\overline{V}_1$/mL			
$\overline{V}_2$/mL			
$c(Bi^{3+})$/mol · L^{-1}			
$c(Pb^{2+})$/mol · L^{-1}			
V_1/V_2			

六、思考题

（1）用纯锌标定 EDTA 溶液时，为什么要加入六次甲基四胺溶液？

（2）本实验中，能否先在 pH = 5 ~ 6 的溶液中滴定 Pb^{2+}，然后再调节溶液的 pH = 1 来滴定 Bi^{3+}？

（3）Bi^{3+}，Pb^{2+}连续滴定时，为什么用二甲酚橙指示剂？用铬黑 T 指示剂可以吗？

实验十三　胃舒平药片中铝和镁含量的测定

（8 学时）

一、实验目的

（1）了解成品药剂中组分含量测定的预处理方法。

（2）掌握配位滴定中的返滴定分析方法。

（3）增强学生的综合研究能力和素质。

二、实验原理

胃舒平是一种中和胃酸的胃药，主要用于胃酸过多及十二指肠溃疡，主要成分为氢氧化铝、三硅酸镁（$Mg_2Si_3O_8 \cdot 5H_2O$）及少量中药颠茄流浸膏，此外药片成型时还加入了糊精等辅料。

药片中铝和镁的含量可用配位滴定法测定，其他成分不干扰测定。先将药片用酸溶解，分离除去不溶物质，制成试液。取部分试液准确加入已知过量的 EDTA 标准溶液，并调节 pH 为 3 ~ 4，煮沸数分钟，使 EDTA 与 Al^{3+} 配位完全。冷却后再调节 pH 为 5 ~ 6，以二甲酚橙为指示剂，用锌标准溶液返滴定过量的 EDTA，即可测出铝含量。另取试液调节 pH，使铝沉淀并分离后，于 pH = 10 的条件下以铬黑 T 为指示剂，用 EDTA 标准溶液滴定滤液中的镁，测得镁含量。

三、仪器与试剂

酸式滴定管（50 mL），移液管（25 mL），锥形瓶 3 个（250 mL），EDTA（$0.02\ mol \cdot L^{-1}$），Zn 基准物，六次甲基四胺溶液（200 g/L），HCl（1∶1），三乙醇胺（1∶2），氨水（1∶1），NH_4Cl（s），甲基红指示剂，二甲酚橙指示剂，铬黑 T 指示剂，氨水-氯化铵缓冲溶液（pH = 10）。

四、实验内容

1. EDTA 的配制与标定

（1）EDTA 标准溶液的配制（$0.02\ mol \cdot L^{-1}$）：称取 1.8 g EDTA 二钠盐于烧杯中，加入

100 mL 水，稍微加热并搅拌使其溶解完全，冷却后转入 250 mL 容量瓶中，稀释至刻度，摇匀。

（2）EDTA 溶液浓度的标定：准确称取 Zn 基准物 0.30 ~ 0.35 g，置于 100 mL 烧杯中，用少量水先润湿，盖上表面皿，滴加 1∶1 HCl 6 mL，待其全部溶解后，用少量水冲洗表面皿及烧杯内壁，定量转移入 250 mL 容量瓶中，用水稀释至刻度，摇匀。计算此溶液的准确浓度。

移取 25.00 mL Zn^{2+} 标准溶液于 250 mL 锥形瓶中，加 2 滴二甲酚橙指示剂，滴加六次甲基四胺溶液，使溶液变为紫红色（此时 pH = 5 ~ 6）后，再加 5 mL。用 EDTA 溶液滴定，当溶液由紫红色突变为亮黄色时，即为终点。平行标定 3 次，计算 EDTA 溶液的准确浓度。

2. 样品预处理

取“胃舒平”10 片，研细，准确称取一定量的药粉（0.7 ~ 0.9 g）于 100 mL 小烧杯中，加入 HCl（1∶1）8 mL，加水 40 mL，煮沸。冷却后抽滤，并用水洗涤沉淀，将滤液及洗涤液全部转入 100 mL 容量瓶，用水稀释至刻度线，摇匀，制成试液待用。

3. 铝的测定

准确移取上述试液 5.00 mL 于 250 mL 锥形瓶中，加水 20 mL。准确加入 25.00 mL 0.02 $mol \cdot L^{-1}$ EDTA 标准溶液，摇匀。加 2 滴二甲酚橙指示剂，滴加氨水（1∶1）至溶液恰呈紫红色，然后滴加 HCl（1∶1）2 滴（此时溶液应为黄色）。将溶液煮沸 3 min 左右，冷却。再加入六次甲基四胺溶液 10 mL，使溶液 pH 为 5 ~ 6。再加 2 滴二甲酚橙指示剂，用 Zn^{2+} 标准溶液滴定至黄色变为红色。平行滴定 3 份。根据 EDTA 加入量与 Zn^{2+} 标准溶液滴定体积，计算每片药片中铝的含量，以 $w[Al(OH)_3]$表示。

4. 镁的测定

准确移取上述试液 10.00 mL 于 100 mL 烧杯中，滴加氨水（1∶1）至刚出现沉淀，再滴加 HCl（1∶1）至沉淀刚好溶解。加入 NH_4Cl 固体 0.8 g，溶解后，滴加六次甲基四胺溶液至沉淀出现并过量 6 mL。加热至 80 °C 并维持此温度 10 ~ 15 min。冷却后过滤，以少量水洗涤沉淀，收集滤液及洗涤液于 250 mL 锥形瓶中，加入三乙醇胺 4 mL、氨水-氯化铵缓冲溶液 4 mL 及甲基红指示剂 1 滴、铬黑 T 指示剂 2 ~ 3 滴。用 EDTA 标准溶液滴定至暗红色变为蓝绿色。平行滴定 3 份，根据 EDTA 滴定体积，计算每片药片中镁的含量。以 $w(MgO)$ 表示。

五、数据记录与处理

1. EDTA 溶液浓度的标定

表 4.13.1　EDTA 溶液浓度的标定数据记录

实验次数	1	2	3
$m(Zn)$/g			
$c(Zn^{2+})$/mol·L^{-1}			
$V(Zn^{2+})_{标液}$/mL	25.00		
$V(EDTA)_{终}$/mL			
$V(EDTA)_{始}$/mL			
$V(EDTA)_{消耗}$/mL			
c(EDTA)/mol·L^{-1}			
$\overline{c}$(EDTA)/mol·L^{-1}			
相对平均偏差/%			

2. 铝的测定

表 4.13.2　药片中铝含量的测定数据记录

实验次数	1	2	3
c(EDTA)/mol·L^{-1}			
$V_{试液}$/mL	5.00		
V(EDTA)/mL	25.00		
$V_{锌标液终读}$/mL			
$V_{锌标液初读}$/mL			
$V_{锌标液消耗}$/mL			
$w[Al(OH)_3]$/%			
$\overline{w}[Al(OH)_3]$/%			
相对平均偏差/%			

3. 镁的测定

表 4.13.3 药片中镁含量的测定数据记录

实验次数	1	2	3
$c(\mathrm{EDTA})/\mathrm{mol}\cdot\mathrm{L}^{-1}$			
$V_{试液}/\mathrm{mL}$		10.00	
$V(\mathrm{EDTA})_{终读}/\mathrm{mL}$			
$V(\mathrm{EDTA})_{初读}/\mathrm{mL}$			
$V(\mathrm{EDTA})_{消耗}/\mathrm{mL}$			
$w(\mathrm{MgO})/\%$			
$\overline{w}(\mathrm{MgO})/\%$			
相对平均偏差/%			

六、注意事项

（1）胃舒平药片中各组分含量可能不十分均匀，为使测定结果具有代表性，本实验应多取一些样品，研细混匀后再取样进行分析。

（2）测定镁时，加入甲基红指示剂 1 滴，会使终点更为灵敏。

（3）以六次甲基四胺溶液调节 pH 以分离铝，其结果比用氨水好，这样可以减少 $Al(OH)_3$ 沉淀对 Mg^{2+} 的吸附。

七、思考题

（1）样品预处理时为什么要取大量药片研细混匀后再称取部分试样进行实验？

（2）测定镁时，如果用除去铝离子的方法消除干扰，则应加入什么物质？

（3）测定铝离子为什么不采用直接滴定法？

实验十四　铁矿石中铁含量的测定

（4 学时）

一、实验目的

（1）了解测定铁矿石中铁含量的标准方法和基本原理。

（2）学习矿样的分解、试液的预处理等操作方法。

（3）了解测定矿物中某组分含量的基本过程以及相应的实验数据处理方法。

二、实验原理

含铁的矿物种类很多。其中有工业价值、可以作为炼铁原料的铁矿石主要有：磁铁矿（Fe_3O_4）、赤铁矿（Fe_2O_3）、褐铁矿（$Fe_2O_3 \cdot nH_2O$）和菱铁矿（$FeCO_3$）等。测定铁矿石中铁的含量最常用的方法是重铬酸钾法。经典的重铬酸钾法（即氯化亚锡-氯化汞-重铬酸钾法），方法准确、简便，但所用氯化汞是剧毒物质，会严重污染环境，为了减少环境污染，现在较多采用无汞分析法。

本实验采用改进的重铬酸钾法，即三氯化钛-重铬酸钾法。其基本原理是：粉碎到一定粒度的铁矿石用热的盐酸分解。试样分解完全后，在体积较小的热溶液中，加入 $SnCl_2$ 将大部分 Fe^{3+}还原为 Fe^{2+}，溶液由红棕色变为浅黄色，然后再以 Na_2WO_4为指示剂，用 $TiCl_3$将剩余的 Fe^{3+}全部还原成 Fe^{2+}，当 Fe^{3+}定量还原为 Fe^{2+}之后，过量 1～2 滴 $TiCl_3$溶液，即可使溶液中的 Na_2WO_4，还原为蓝色的五价钨化合物，俗称“钨蓝”，故指示溶液呈蓝色，滴入少量 $K_2Cr_2O_7$，使过量的 $TiCl_3$氧化，“钨蓝”刚好褪色。在无汞测定铁的方法中，常采用 $SnCl_2$-$TiCl_3$联合还原，其反应方程式为：

$$2Fe^{3+} + Sn^{2+} \xlongequal{\quad} Sn^{4+} + 2Fe^{2+}$$

$$Fe^{3+} + Ti^{3+} + H_2O \xlongequal{\quad} Fe^{2+} + TiO^{2+} + 2H^+$$

此时试液中的 Fe^{3+}已被全部还原为 Fe^{2+}，加入硫磷混酸和二苯胺磺酸钠指示剂，用标准重铬酸钾溶液滴定至溶液呈稳定的紫色即为终点，在酸性溶液中，滴定 Fe^{2+}的反应式如下：

$$Cr_2O_7^{2-} + 6Fe^{2+} + 14H^+ \xlongequal{\quad} \underset{(黄色)}{6Fe^{3+}} + \underset{(绿色)}{2Cr^{3+}} + 7H_2O$$

在滴定过程中，不断产生的 Fe^{3+}（黄色）对终点的观察有干扰，通常用加入磷酸的方法，使 Fe^{3+}与磷酸形成无色的$[Fe(HPO_4)_2]^-$配合物，消除 Fe^{3+}（黄色）的颜色干扰，便于观察终点。同时由于生成了$[Fe(HPO_4)_2]^-$，Fe^{3+}的浓度大大降低，避免了二苯胺磺酸钠指示剂被 Fe^{3+}氧化而过早地改变颜色，使滴定终点提前到达的现象，提高了滴定分析的准确性。根据滴定消耗的 $K_2Cr_2O_7$ 溶液的体积（V），可以计算得到试样中铁的含量，其计算式为

$$w(\mathrm{Fe})=\frac{6c\left(\mathrm{K_2Cr_2O_7}\right)\cdot V(\mathrm{K_2Cr_2O_7})\times 55.85}{m\times 1\,000}\times 100\%$$

式中　$c\left(K_2Cr_2O_7\right)$——$K_2Cr_2O_7$ 标准溶液的物质的量浓度，$mol \cdot L^{-1}$；

m——试样的质量，g；

55.85——铁的摩尔质量，$g \cdot mol^{-1}$。

三、仪器与试剂

酸式滴定管（50 mL），移液管（25 mL），锥形瓶 3 个（250 mL），分析天平，电热板或电炉，重铬酸钾基准物，HCl 溶液（1∶1），$SnCl_2$ 溶液（10%），Na_2WO_4 溶液（10%），$TiCl_3$ 溶液（1 + 9），硫磷混合酸，铁矿石，二苯胺磺酸钠溶液（0.2%），浓盐酸。

四、实验内容

1. $K_2Cr_2O_7$ 标准溶液的配制

准确称取 $K_2Cr_2O_7$ 1.2 ~ 1.3 g 置于 100 mL 烧杯中，用少量水溶解后，定量转移至 250 mL 容量瓶中定容，摇匀。计算准确浓度。

2. 试样的分解

准确称取 0.15 ~ 0.20 g 铁矿石试样 3 份，分别置于 3 个 250 mL 锥形瓶中，用少量蒸馏水润湿，加入 20 mL 浓 HCl 溶液，盖上表面皿，在通风橱中小火加热至近沸。必要时加入约 0.2 g NaF 助溶，也可加 $SnCl_2$ 助溶。待铁矿石大部分溶解后，缓缓煮沸 1 ~ 2 min，以使铁矿分解完全（即无黑色颗粒状物质存在），这时溶液呈红棕色。用少量蒸馏水吹洗瓶壁和表面皿，加热至沸。

3. Fe^{3+} 的还原

趁热滴加 10% $SnCl_2$ 溶液，边加边摇动，直到溶液由红棕色变为浅黄色（若 $SnCl_2$ 过量，溶液的黄色完全消失呈无色，则应加入少量 $K_2Cr_2O_7$ 溶液使溶液呈浅黄色）。加入 50 mL 蒸馏水及 10 滴 10% Na_2WO_4 溶液，在摇动下滴加 $TiCl_3$ 溶液至出现稳定的蓝色（即 30 s 内不褪色），再过量 1 滴。用自来水冷却至室温，小心滴加 $K_2Cr_2O_7$ 溶液至蓝色刚刚消失（呈浅绿色或接近无色）。

4. 滴　定

将试液再加入 50 mL 蒸馏水，10 mL 硫磷混酸及 2 滴二苯胺磺酸钠指示剂，立即用 $K_2Cr_2O_7$ 标准溶液滴定至溶液呈稳定的紫色为终点，记下所消耗的 $K_2Cr_2O_7$ 标准溶液的体积。按照上

述步骤测定另 2 份样品。根据所耗 $K_2Cr_2O_7$ 标准溶液的体积，按公式计算铁矿石中铁的含量（%）。3 次平行测定结果的极差应不大于 0.4%，以其平均值为最后结果。

五、数据记录与处理

1. 铁矿石中铁含量的测定

表 4.14.1　铁矿石中铁含量的测定数据记录

实验次数	1	2	3
$m(K_2Cr_2O_7)$/g			
$c(K_2Cr_2O_7)/mol\cdot L^{-1}$			
m(铁矿石样)/g			
$V(K_2Cr_2O_7)_{终}$/mL			
$V(K_2Cr_2O_7)_{始}$/mL			
$V(K_2Cr_2O_7)_{消耗}$/mL			
w (Fe)/%			
$\overline{w}$ (Fe)/%			
相对平均偏差/%			

六、思考题

（1）滴定前为什么要加入硫磷混酸？

（2）还原 Fe^{3+} 时，为什么要使用两种还原剂，只使用其中的一种有何不妥？

（3）试样分解完，加入硫磷混酸和指示剂后为什么必须立即滴定？

附注：

（1）$SnCl_2$ 溶液（10%）的配制：称取 10 g $SnCl_2\cdot 2H_2O$，溶于 40 mL 盐酸中，加热至澄清，然后加水稀释至 1 L。

（2）Na_2WO_4 溶液（10%）的配制：称取 100 g Na_2WO_4，溶于约 400 mL 蒸馏水中，若浑浊则进行过滤，然后加入 50 mL H_3PO_4 用蒸馏水稀释至 1 L。

（3）$TiCl_3$ 溶液的配制：将 100 mL $TiCl_3$ 试剂（15% ~ 20%）与 HCl 溶液（1 + 1）200 mL 及 700 mL 水相混合，转入棕色细口瓶中，加入 10 粒无砷锌，放置过夜。

（4）硫磷混酸的配制：在搅拌下将 250 mL H_2SO_4 缓缓加到 500 mL 水中，冷却后再加 250 mL 浓磷酸，混匀。

（5）应特别强调，预处理一份试样就立即滴定，而不能同时预处理几份并放置，然后再一份一份地滴定。

实验十五　碘溶液和硫代硫酸钠溶液的配制与标定

（4 学时）

一、实验目的

（1）掌握 I_2 和 $Na_2S_2O_3$ 溶液的配制与保存方法。
（2）掌握标定 I_2 及 $Na_2S_2O_3$ 溶液浓度的原理和方法。
（3）掌握直接碘量法和间接碘量法的测定条件。

二、实验原理

碘量法用的标准溶液主要有硫代硫酸钠和碘标准溶液两种。用升华法可制得纯的 I_2，纯 I_2 可用作基准物，用纯 I_2 可按直接法配制标准溶液。如用普通的 I_2 配标准溶液，则应先配成近似浓度，然后再标定。

I_2 微溶于水而易溶于 KI 溶液，但在稀的 KI 溶液中溶解得很慢，所以配制 I_2 溶液时不能过早加水稀释，应先将 I_2 与 KI 混合，用少量水充分研磨，溶解完全后再稀释到所需浓度。I_2 与 KI 间存在如下平衡。

$$I_2 + I^- = I_3^-$$

游离 I_2 容易挥发损失，这是影响碘溶液稳定性的原因之一。因此溶液中应维持适当过量的 I^-，以减少 I_2 的挥发。

空气能氧化 I^-，引起 I_2 浓度增加。反应方程式如下：

$$4I^- + O_2 + 4H^+ = 2I_2 + 2H_2O$$

此氧化作用缓慢，但在光、热及酸的作用下会加速，因此 I_2 溶液应储于棕色瓶中，置冷暗处保存。I_2 能缓慢腐蚀橡胶和其他有机物，所以 I_2 溶液应避免与这类物质接触。

标定 I_2 溶液浓度的最好方法是用三氧化二砷（俗名砒霜，剧毒！）做基准物。但三氧化二砷有剧毒，故常用 $Na_2S_2O_3$ 标准溶液来标定。

硫代硫酸钠（$Na_2S_2O_3 \cdot 5H_2O$）一般都含有少量杂质，如 S、Na_2SO_3、$Na_2S_2O_3$、Na_2CO_3 及 NaCl 等，同时还容易风化和潮解，因此不能直接配制准确浓度的溶液。

$Na_2S_2O_3$ 溶液易受空气和微生物等的作用而分解：

（1）溶解的 CO_2 的作用：$Na_2S_2O_3$ 在中性或碱性溶液中较稳定，当 $pH < 4.6$ 时即不稳定。溶液中含有 CO_2 时，会促进 $Na_2S_2O_3$ 分解

$$Na_2S_2O_3 + H_2CO_3 = NaHSO_3 + NaHCO_3 + S\downarrow$$

此分解作用一般发生在溶液配成后的最初10天内。分解后1分子$Na_2S_2O_3$变成了1分子$NaHSO_3$，1分子$Na_2S_2O_3$只能和1个碘原子作用，而1分子$NaHSO_3$却能和2个碘原子作用，因此从结果来看溶液的浓度增加了。以后由于空气的氧化作用，浓度又慢慢减小。

在pH = 9 ~ 10时硫代硫酸盐溶液最为稳定，所以要在$Na_2S_2O_3$溶液中加入少量Na_2CO_3。

（2）空气的氧化作用：

$$2Na_2S_2O_3 + O_2 = 2Na_2SO_4 + 2S\downarrow$$

（3）微生物的作用：这是使$Na_2S_2O_3$分解的主要原因。

为了减少溶解在水中的CO_2，以及杀死水中微生物，应用新煮沸后冷却的蒸馏水配制溶液并加入少量Na_2CO_3（浓度约为0.02%），以防止$Na_2S_2O_3$分解。

日光能促进$Na_2S_2O_3$溶液分解，所以$Na_2S_2O_3$溶液应储于棕色瓶中，放置暗处，经8 ~ 14 d再标定。长期使用的溶液应定期标定。若保存得好可每两月标定一次。

通常用$K_2Cr_2O_7$做基准物标定$Na_2S_2O_3$溶液的浓度。$K_2Cr_2O_7$先与KI反应析出I_2，析出的I_2再用标准$Na_2S_2O_3$溶液滴定，反应方程式如下：

$$Cr_2O_7^{2-} + 6I^- + 14H^+ = 2Cr^{3+} + 3I_2 + 7H_2O$$

$$I_2 + 2S_2O_3^{2-} = S_4O_6^{2-} + 2I^-$$

这个标定方法是间接碘量法的应用。

根据$K_2Cr_2O_7$标准溶液的物质的量浓度和滴定消耗的体积，就可计算出溶液中$Na_2S_2O_3$的浓度。

三、仪器与试剂

酸滴定管一支（50 mL），移液管（25 mL），锥形瓶（250 mL，3个），$K_2Cr_2O_7$标准溶液（0.017 mol·L^{-1}），硫代硫酸钠（s），碘（s），KI（s），KI溶液（100 g·L^{-1}，使用前配制），淀粉指示剂（5 g·L^{-1}），Na_2CO_3（s），HCl溶液（6 mol·L^{-1}）。

四、实验内容

1. 0.050 mol·L^{-1} I_2溶液的配制

配制0.050 mol·L^{-1} I_2溶液300 mL ，称取4.0 g I_2放入小烧杯中，加入8 g KI，加水少许，用玻璃棒搅拌至I_2全部溶解后，转入500 mL烧杯，加水稀释至300 mL。摇匀，贮存于棕色瓶中。

2. $Na_2S_2O_3$溶液的配制

在500 mL含有0.1 g Na_2CO_3的新煮沸放冷的蒸馏水中加入$Na_2S_2O_3 \cdot 5H_2O$ 13 g，使之完全溶解，放置1 ~ 2周后再标定。

3. $Na_2S_2O_3$溶液的标定

称取 $K_2Cr_2O_7$ 1.2 ~ 1.3 g 于小烧杯中，加水使之溶解，定量转移到 250 mL 容量瓶中，加水至刻度，混匀，备用。用移液管移取 $K_2Cr_2O_7$ 标准溶液 25.00 mL 于碘量瓶中，加入 5 mL 6 mol·L^{-1} HCl、10 mL 100 g·L^{-1} KI，摇匀后盖上表面皿，于暗处放置 5 min，然后用 100 mL H_2O 稀释，用 $Na_2S_2O_3$ 溶液滴定至浅黄绿色后，加入 2 mL 淀粉指示剂，继续滴定至溶液蓝色消失并变为绿色即为终点。平行测定 3 次，计算 $Na_2S_2O_3$ 标准溶液的浓度。

4. I_2 溶液的标定

用移液管移取 25.00 mL $Na_2S_2O_3$ 标准溶液，置于 250 mL 锥形瓶中，加 50 mL 水、2 mL 淀粉指示剂，用 I_2 溶液滴定至溶液呈蓝色。平行测定 3 次，计算 I_2 溶液的准确浓度。

五、数据记录与处理

1. $Na_2S_2O_3$溶液的标定

表 4.15.1　$Na_2S_2O_3$溶液浓度的标定

实验次数	1	2	3
$m(K_2Cr_2O_7)_{基准}$/g			
$V(Na_2S_2O_3)_{终}$/mL			
$V(Na_2S_2O_3)_{始}$/mL			
$V(Na_2S_2O_3)_{消耗}$/mL			
$c(Na_2S_2O_3)$/mol·L^{-1}			
$\bar{c}$ $(Na_2S_2O_3)$/mol·L^{-1}			
相对平均偏差/%			

2. I_2 溶液的标定

表 4.15.2　I_2 溶液浓度的标定

实验次数	1	2	3
$V(Na_2S_2O_3)$/mL			
$V(I_2)_{终}$/mL			
$V(I_2)_{始}$/mL			
$V(I_2)_{消耗}$/mL			
$c(I_2)$/mol·L^{-1}			
$\bar{c}$ (I_2)/mol·L^{-1}			
相对平均偏差/%			

六、注意事项

（1）为避免 I_2 被淀粉吸附得过牢，难以观察终点，必须在滴定至近终点时加入淀粉溶液。

（2）$K_2Cr_2O_7$ 与 KI 的反应需要一定的时间才能进行完全，故需放置约 5 min。

七、思考题

（1）用 $K_2Cr_2O_7$ 做基准物质标定 $Na_2S_2O_3$ 溶液时，为什么要加入过量的 KI 和 HCl 溶液？为什么要放置一定时间后才能加水稀释？为什么在滴定前还要加水稀释？

（2）标定 I_2 溶液时，既可以用 $Na_2S_2O_3$ 滴定 I_2 溶液，也可以用 I_2 滴定 $Na_2S_2O_3$ 溶液，且都采用淀粉指示剂。但在两种情况下加入淀粉指示剂的时间是否相同？为什么？

实验十六　维生素 C 含量测定

（4 学时）

一、实验目的

（1）掌握碘溶液的配制及标定方法。

（2）了解直接碘量法测定 V_C 的原理及操作过程。

（3）掌握 $Na_2S_2O_3$ 标准溶液的配制及标定。

二、实验原理

抗坏血酸又称维生素 C（V_C），分子式为 $C_6H_8O_6$，由于分子中的烯二醇基具有还原性，能被 I_2 氧化成二酮基：

```
 ┌───O────┐  H   OH                ┌───O────┐   H    OH
 │        │  │   │                 │        │   │    │
 C──C══C──C──C───CH + I₂ ───→ C──C──C──C──C────CH + 2HI
 ‖  │  │  │  │   │                 ‖  ‖  ‖  │  │    │
 O  OH OH H  OH  H                 O  O  O  H  OH   H
```

维生素 C 的半反应为

$$C_6H_8O_6 \longrightarrow C_6H_6O_6 + 2H^+ + 2e^- \qquad E^{\ominus} \approx +0.18\ V$$

1 mol 维生素 C 与 1 mol I_2 定量反应，维生素 C 的摩尔质量为 $176.12\ g \cdot mol^{-1}$。该反应可以用于测定药片、注射液及果蔬中的 V_C 含量。由于维生素 C 的还原性很强，在空气中极易被氧化，尤其是在碱性介质中，测定时加入 HAc 使溶液呈弱酸性，减少维生素 C 的副反应。维生素 C 在医药和化学上应用非常广泛。在分析化学中常用在光度法和配位滴定法中作为还原剂，如使 Fe^{3+} 还原为 Fe^{2+}，Cu^{2+} 还原为 Cu^+，硒（Ⅲ）还原为硒等。

三、仪器与试剂

酸式滴定管（50 mL），移液管（25 mL），锥形瓶（250 mL，3 个），I_2 储备溶液（$0.05\ mol \cdot L^{-1}$），I_2 标准溶液（$0.01\ mol \cdot L^{-1}$），$Na_2S_2O_3$（$0.10\ mol \cdot L^{-1}$），$Na_2S_2O_3$ 标准溶液（$0.02\ mol \cdot L^{-1}$），淀粉溶液（$5\ g \cdot L^{-1}$），醋酸（$2\ mol \cdot L^{-1}$），维生素 C 药片。

四、实验内容

1. I_2溶液的标定

参见实验十五碘和硫代硫酸钠标准溶液的配制及标定。

2. 药片中 V_C含量的测定

准确称取约 1/2 片药片置于锥形瓶，加 50 mL 新煮沸刚冷却的蒸馏水，立即加入 10 mL 2 mol·L^{-1} HAc 溶解，溶解完后加入 2 mL 淀粉溶液，立即用 I_2标准溶液滴定至呈现稳定的蓝色。平行测定 3 次，计算果浆中 V_C的含量和相对平均偏差。

五、数据记录与处理

1. $Na_2S_2O_3$溶液的标定

表 4.16.1　$Na_2S_2O_3$溶液的标定

序号	1	2	3
$m(K_2Cr_2O_7)_{基准}$/g			
$V(Na_2S_2O_3)_{终}$/mL			
$V(Na_2S_2O_3)_{始}$/mL			
$V(Na_2S_2O_3)_{消耗}$/mL			
$c(Na_2S_2O_3)$/mol·L^{-1}			
$\overline{c}\ (Na_2S_2O_3)$/mol·$L^{-1}$			
相对平均偏差/%			

2. I_2溶液的标定

表 4.16.2　I_2溶液的标定

序号	1	2	3
$V(Na_2S_2O_3)$/mL			
$V(I_2)_{终}$/mL			
$V(I_2)_{始}$/mL			
$V(I_2)_{消耗}$/mL			
$c(I_2)$/mol·L^{-1}			
$\overline{c}\ (I_2)$/mol·L^{-1}			
相对平均偏差/%			

3. 药片中 V_C 含量的测定（药片 1/2 片）

表 4.16.3　药片中 V_C 含量的测定

序号	1	2	3
m(药片)/g			
$V(I_2)_{终}$/mL			
$V(I_2)_{始}$/mL			
$V(I_2)_{消耗}$/mL			
$w(V_C)$/ %			
$\overline{w}(V_C)$ /%			
相对平均偏差/%			

六、思考题

（1）药片中加入醋酸的作用是什么？

（2）配制 I_2 溶液中加入 KI 的目的是什么？

（3）能否直接配制 $Na_2S_2O_3$ 标准溶液？配制后为何要放置数日才能标定？配制 $Na_2S_2O_3$ 时加入 Na_2CO_3 的作用是什么？为什么要用新煮沸并刚冷却的蒸馏水？

（4）为什么不能直接用 $K_2Cr_2O_7$ 标定 $Na_2S_2O_3$ 溶液，而要采用间接法？为什么 $K_2Cr_2O_7$ 与 KI 反应必须加酸，且要放置 5 min？滴定前加水稀释的目的是什么？

（5）碘量法为什么既可测定还原性物质，又可测定氧化性物质？测量时应如何控制溶液的酸度？

（6）碘量法主要的误差来源有哪些？如何避免？

实验十七　高锰酸钾标准溶液的配制和标定

（4 学时）

一、实验目的

（1）学习高锰酸钾标准溶液的配制。

（2）掌握氧化还原滴定条件的影响和控制方法。

（3）掌握深色溶液的体积读数方法。

二、实验原理

市售的 $KMnO_4$ 试剂常含有少量 MnO_2 和其他杂质；蒸馏水中含有少量有机物质，它们能使 $KMnO_4$ 还原为 $MnO(OH)_2$，而 $MnO(OH)_2$ 又能促进 $KMnO_4$ 的自身分解：

$$4MnO_4^- + 2H_2O = 4MnO_2 + 3O_2\uparrow + 4OH^-$$

见光时分解得更快。因此，$KMnO_4$ 溶液的浓度容易改变，必须正确地配制和保存，如果长期使用，必须定期进行标定。

标定 $KMnO_4$ 溶液的基准物质有 As_2O_3、铁丝、$H_2C_2O_4 \cdot 2H_2O$ 和 $Na_2C_2O_4$ 等，其中以 $Na_2C_2O_4$ 最常用。$Na_2C_2O_4$ 易纯制，不易吸湿，性质稳定。在酸性条件下，用 $Na_2C_2O_4$ 标定 $KMnO_4$ 的反应为：

$$2MnO_4^- + 5C_2O_4^{2-} + 16H^+ \longrightarrow 2Mn^{2+} + 10CO_2\uparrow + 8H_2O$$

滴定时利用 MnO_4^{2-} 本身的紫红色指示终点，称为自身指示剂

三、仪器与试剂

酸式滴定管（50 mL），容量瓶（250 mL），移液管（25 mL），烧杯，电子天平，锥形瓶（250 mL），微孔玻璃漏斗，$KMnO_4$（s），$Na_2C_2O_4$（s），H_2SO_4（3 $mol \cdot L^{-1}$）。

四、实验内容

1. 0.02 $mol \cdot L^{-1}$ $KMnO_4$ 溶液的配制

称取 1.6 g $KMnO_4$ 溶于 500 mL 水中，盖上表面皿，加热至沸并保持微沸状态 1 h，冷却后于室温下放置 2 ~ 3 d，用微孔玻璃漏斗或玻璃棉过滤，滤液储于清洁带塞的棕色瓶中。

2. $KMnO_4$溶液的标定

准确称取 1.3 ~ 1.6 g 基准物质 $Na_2C_2O_4$ 于小烧杯中，用水溶解，全部转移至 250 mL 容量瓶中，定容，摇匀。用移液管移取此溶液 25.00 mL 于锥形瓶中，加 40 mL 水、10 mL 3 mol · L^{-1} H_2SO_4，加热至 70 ~ 80 °C。趁热用 $KMnO_4$ 溶液进行滴定。由于开始时滴定反应速度较慢，滴定的速度也要慢，一定要等前一滴 $KMnO_4$ 的红色完全褪去再滴入下一滴。随着滴定的进行，溶液中产物即催化剂 Mn^{2+} 的浓度不断增大，反应速度加快，滴定的速度也可适当加快，此为自身催化作用。直至滴定的溶液呈微红色，半分钟不褪色即为终点。注意终点时溶液的温度应保持在 60 °C 以上。平行标定 3 份，计算 $KMnO_4$ 溶液的浓度。

五、数据记录与处理

1. $KMnO_4$溶液的标定

表 4.17.1 高锰酸钾标准溶液的配制和标定

序号	1	2	3
$m(Na_2C_2O_4)$/g			
$V(KMnO_4)_{终}$/mL			
$V(KMnO_4)_{始}$/mL			
$V(KMnO_4)_{消耗}$/mL			
$c(KMnO_4)$/mol · L^{-1}			
$\overline{c}(KMnO_4)$/mol·L^{-1}			
相对平均偏差/%			

六、注意事项

（1）在室温下，$KMnO_4$ 与 $Na_2C_2O_4$ 之间的反应速度较慢，故需将溶液加热。但温度不能太高，若超过 90 °C，易引起 $H_2C_2O_4$ 分解。

（2）$KMnO_4$ 颜色较深，液面的弯月面下沿不易看出，读数时应以液面的上沿最高线为准。

（3）如滴定速度过快，部分 $KMnO_4$ 将来不及与 $Na_2C_2O_4$ 反应，而在热的酸性溶液中分解，产生 MnO_2 棕黄色沉淀。

（4）$KMnO_4$ 的滴定终点不稳定，这是由于空气中含有还原性气体及尘埃等杂质，能使 $KMnO_4$ 缓慢分解，而使红色消失，故经过 30 s 不褪色即可认为已到达终点。

七、思考题

（1）配制 $KMnO_4$ 标准溶液时，为什么要将 $KMnO_4$ 溶液煮沸一定时间并放置数天？配好

的 $KMnO_4$ 溶液为什么要过滤后才能保存？过滤时是否可以用滤纸？配制好的 $KMnO_4$ 溶液为什么要盛放在棕色瓶中保存？如果没有棕色瓶怎么办？

（2）用 $Na_2C_2O_4$ 标定 $KMnO_4$ 时候，为什么必须在 H_2SO_4 介质中进行？酸度过高或过低有何影响？可以用 HNO_3 或 HCl 调节酸度吗？为什么要加热到 70～80 °C？溶液温度过高或过低有何影响？标定 $KMnO_4$ 溶液时，为什么第一滴 $KMnO_4$ 加入后溶液的红色褪去很慢，而以后红色褪去越来越快？

（3）盛放 $KMnO_4$ 溶液的烧杯或锥形瓶等容器放置较久后，其壁上常有棕色沉淀，是什么？此棕色沉淀用通常方法不容易洗净，应怎样洗涤才能除去此沉淀？

实验十八　过氧化氢的含量测定——高锰酸钾法

（4 学时）

一、实验目的

（1）进一步熟悉氧化还原滴定分析的正确操作。
（2）掌握氧化性溶液的保存方法。

二、实验原理

过氧化氢在工业、生物、医药方面应用很广泛，所以常需要测定它的含量。H_2O_2分子中有一个过氧键（—O—O—），在酸性溶液中它是一个强氧化剂，但遇到高锰酸钾时表现为还原剂，具有还原性，在酸性介质中和室温条件下能被高锰酸钾定量氧化，其反应方程式为：

$$2MnO_4^- + 5H_2O_2 + 6H^+ \xlongequal{} 2Mn^{2+} + 5O_2\uparrow + 8H_2O$$

室温下，开始反应时速度慢，滴入第 1 滴溶液不易褪色，待 Mn^{2+}生成之后，由于 Mn^{2+}的自动催化作用，加快了反应速度，故能顺利地滴定至终点。

该反应不需另加指示剂，稍过量的高锰酸钾呈现的粉红色可指示滴定终点。根据 $KMnO_4$标准溶液的物质的量浓度和滴定消耗的体积，就可计算出溶液中 H_2O_2的含量。

三、仪器与试剂

酸式滴定管（50 mL），容量瓶（250 mL），移液管（25 mL），烧杯，电子天平，锥形瓶（250 mL），$KMnO_4$（s），$Na_2C_2O_4$（s），H_2SO_4（3 mol · L^{-1}），$MnSO_4$（1 mol · L^{-1}），H_2O_2（市售质量分数约为 30%的水溶液）。

四、实验内容

1. 0.02 mol · L^{-1} $KMnO_4$溶液的配制与标定

此 $KMnO_4$溶液的配制与标定详情可参考实验十七。

2. H_2O_2含量的测定

用吸量管移取 2.00 mL 30% H_2O_2水溶液，置于 250 mL 容量瓶中，加水稀释至刻度，摇匀后备用。

用移液管移取 25.00 mL 上述溶液，置于 250 mL 锥形瓶中，加 5 mL H_2SO_4（3 mol · L^{-1}），用 $KMnO_4$ 标准溶液滴定至溶液呈微红色，30 s 不褪色即为终点。平行做 3 份，计算试样中 H_2O_2 的质量浓度（g · L^{-1}）。

$$2MnO_4^- \sim 5H_2O_2$$

$$c(H_2O_2)V(H_2O_2)=\frac{m(H_2O_2)}{M(H_2O_2)}\times 1\,000=\frac{5}{2}c(KMnO_4)V(KMnO_4)$$

五、数据记录与处理

1. $KMnO_4$ 溶液的标定

表 4.18.1　高锰酸钾标准溶液的标定

序号	1	2	3
$m(Na_2C_2O_4)$/g			
$V(KMnO_4)_{终}$/mL			
$V(KMnO_4)_{始}$/mL			
$V(KMnO_4)_{消耗}$/mL			
$c(KMnO_4)$/mol · L^{-1}			
$\overline{c}(KMnO_4)$/mol · L^{-1}			
相对平均偏差/%			

2. H_2O_2 含量的测定

表 4.18.2　H_2O_2 含量的测定

序号	1	2	3
$V(H_2O_2)$/mL			
$\overline{c}(KMnO_4)$/mol · L^{-1}			
$V(KMnO_4)_{终}$/mL			
$V(KMnO_4)_{始}$/mL			
$V(KMnO_4)_{消耗}$/mL			
$\omega(H_2O_2)$/g · L^{-1}			
$\overline{\omega}(H_2O_2)$/g · L^{-1}			
相对平均偏差/%			

六、注意事项

（1）因为 H_2O_2 与 $KMnO_4$ 溶液开始反应速率较慢，可加入 2 ~ 3 滴 $MnSO_4$ 溶液（相当于 10 ~ 13 mg Mn^{2+}）为催化剂，以加速反应速率。

（2）H_2O_2 易分解，不需要加热。

七、思考题

（1）用高锰酸钾法测定 H_2O_2 时，能否用 HNO_3 或 HCl 来控制酸度？

（2）用高锰酸钾法测定 H_2O_2 时，为何不能通过加热来加速反应？

（3）H_2O_2 有哪些重要性质？使用时应注意些什么？

实验十九　水样中化学需氧量的测定

（4 学时）

一、实验目的

（1）了解测定化学需氧量（COD）的意义。

（2）掌握酸性高锰酸钾测定水中 COD 的分析方法。

二、实验原理

化学需氧量是量度水体受还原性物质污染程度的综合性指标之一，是环境保护和水质控制经常需要测定的项目。它是指用适当氧化剂处理水样时，水样中需氧污染物所消耗的氧化剂的量，通常以相应的氧量（$mg \cdot L^{-1}$）来表示。COD 值越高，说明水体受污染越严重。

COD 测定分为酸性高锰酸钾法、碱性高锰酸钾法和重铬酸钾法。高锰酸钾法记为 COD_{Mn}，重铬酸钾法记为 COD_{Cr}。目前国内废水监测中主要采用 COD_{Cr} 法，而 COD_{Mn} 仅适用于污染不太严重的地面水、地表水、饮用水和生活污水的测定。

本实验采用酸性高锰酸钾法。在酸性条件下，向被测水样中定量加入高锰酸钾溶液，加热水样，使高锰酸钾与水样中的还原性物质（主要是有机物）充分氧化反应，过量的高锰酸钾加入一定量的草酸钠还原，最后用高锰酸钾返滴定过量的草酸钠，由此计算出水样的需氧量。反应方程式：

$$MnO_4^- + C_2O_4^{2-} + 16H^+ = CO_2 + H_2O + Mn^{2+}$$

三、仪器与试剂

酸式滴定管（50 mL），移液管（25 mL），锥形瓶 3 个（250 mL），容量瓶，水浴锅，玻璃砂漏斗，H_2SO_4（3 $mol \cdot L^{-1}$），$KMnO_4$（s，AR），$Na_2C_2O_4$（s，基准物），硫酸（1∶2），硝酸银（10%）。

四、实验内容

1. $KMnO_4$（0.005 $mol \cdot L^{-1}$）溶液的配制与标定

（1）配制：称取 0.4 ~ 0.5 g $KMnO_4$放入烧杯，加水 500 mL 使其溶解，转入棕色试剂瓶中。放置 7 ~ 10 天后，用玻璃砂芯漏斗过滤，弃去残渣和沉淀。把试剂瓶洗净，将滤液倒回瓶内，进行标定。

（2）标定：准确称取 0.04 ~ 0.05 g $Na_2C_2O_4$ 基准物 3 份，分别置于 250 mL 锥形瓶中，各加入 40 mL 蒸馏水和 10 mL 3 $mol \cdot L^{-1}$ H_2SO_4，水浴加热至 75 ~ 80 °C。趁热用待标定的 $KMnO_4$ 溶液滴定，开始时，滴定速度要慢，在第一滴 $KMnO_4$ 溶液滴入后，不断摇动溶液，当紫红色褪去后再滴入第二滴。溶液中有 Mn^{2+} 产生后，滴定速度可适当加快，近终点时，紫红色褪去很慢，应减慢滴定速度，同时充分摇动溶液。当溶液呈现微红色并在 30 s 不褪色，即为终点。计算溶液的准确浓度。滴定过程要保持温度不低于 60 °C。

2. $Na_2C_2O_4$ 溶液的配制

准确称取 $Na_2C_2O_4$ 基准物 0.4 ~ 0.5 g，放入烧杯，加少量水溶解，定量转移至 250 mL 容量瓶中，稀释至刻度，摇匀，计算其准确浓度。

3. 水样测定

取水样适量，置于 250 mL 锥形瓶中，补加 100 mL 蒸馏水，加 H_2SO_4（1∶2）10 mL，再加入硝酸银溶液 2 mL 以除去水样中的 Cl^-（当水样中 Cl^- 浓度很小时，可以不加），摇匀后准确加入 $KMnO_4$ 标准溶液 10.00 mL，将锥形瓶置于沸水浴中加热 30 min，使其还原性物质充分氧化。取出稍冷后（75 ~ 80 °C），准确加 $Na_2C_2O_4$ 标准溶液 10.00 mL，摇匀（此时溶液应为无色），保持温度在 75 ~ 80 °C，用高锰酸钾标准溶液滴定至微红色，30 s 内不褪色即为终点，记下高锰酸钾标准溶液的用量 V_1。

4. 空白试验

在 250 mL 锥形瓶中加 100 mL 蒸馏水和 H_2SO_4（1∶2）10 mL，保持温度在 75 ~ 80 °C，用高锰酸钾标准溶液滴定至微红色，30 s 内不褪色即为终点，记下高锰酸钾标准溶液的用量 V_2。

5. $KMnO_4$ 溶液与 $Na_2C_2O_4$ 溶液的换算系数 k

在 250 mL 锥形瓶中加 100 mL 蒸馏水和 H_2SO_4（1∶2）10 mL，加 $Na_2C_2O_4$ 标准溶液 10.00 mL，摇匀，水浴加热至 75 ~ 80 °C，用高锰酸钾标准溶液滴定至微红色，30 s 内不褪色即为终点，记下高锰酸钾标准溶液的用量 V_3。

$$k = \frac{1\,000}{V_3 - V_2}$$

水样中化学需氧量 COD 的计算

$$\text{COD}_{\text{Mn}}(\text{酸性}) = \frac{\left[(10.00 + V_1)k - 10.00\right] \times c(\text{Na}_2\text{C}_2\text{O}_4) \times 16.00 \times 1\,000}{V(\text{水样})}$$

五、数据记录与处理

1. $KMnO_4$溶液的配制与标定

表 4.19.1　$KMnO_4$溶液浓度的标定数据记录

实验次数	1	2	3
$m(Na_2C_2O_4)_{基准}$/g			
$V(KMnO_4)_{终}$/mL			
$V(KMnO_4)_{始}$/mL			
$V(KMnO_4)_{消耗}$/mL			
$c\ (KMnO_4)$/mol · L^{-1}			
$\bar{c}\ (KMnO_4)$/mol · L^{-1}			
相对平均偏差/%			

2. 水样测定

表 4.19.2　水样中 COD_{Mn}的测定数据记录

实验次数	1	2	3
V(水样)			
$V(KMnO_4)_{终}$/mL			
$V(KMnO_4)_{始}$/mL			
$V_1 = V(KMnO_4)_{消耗}$/mL			
V_2(空白)/mL			
V_3(换算系数 k)/mL			
COD_{Mn}(酸性)			
相对平均偏差/%			

六、思考题

（1）水样的采集和保存应注意哪些事项？

（2）水样加 $KMnO_4$煮沸后，若红色消失说明什么？应采取什么措施？

（3）哪些因素影响 COD 测定的结果，为什么？

（4）可以采用哪些方法避免废水中 Cl^-对测定结果的影响？

附注：

（1）水样取样体积根据在沸水浴中加热 30 min 后，应剩下加入量一半以上的高锰酸钾溶液量来确定。

（2）本实验在加热氧化有机物时，完全敞开，如果废水中易挥发的化合物含量较高，应使用回流冷凝装置加热，否则结果将偏低。

实验二十　水样中氯含量的测定——莫尔法

（4 学时）

一、实验目的

（1）了解沉淀滴定法测定水中微量 Cl^- 含量的方法。
（2）学习沉淀滴定的基本操作。

二、实验原理

水中氯的来源主要是自来水中加氯以杀灭或抑制微生物。氯以单质或次氯酸盐的形式加入水中后，经水解生成游离性有效氯，包括分子氯、次氯酸和次氯酸盐离子等形式。它们的相对比例决定于水的 pH 和水温的高低，在多数水体的 pH 下，主要是以次氯酸和次氯酸盐离子形式存在。

水中 Cl^- 的定量检测，最常用的是莫尔法（银量法）。该法的应用比较广泛，生活用水、工业用水、环境水质检测以及一些药品、食品中氯的测定都使用莫尔法。此法是在中性或弱碱性溶液中，以 K_2CrO_4 为指示剂，以 $AgNO_3$ 标准溶液进行滴定。由于 AgCl 沉淀的溶解度比 Ag_2CrO_4 小，因此，在溶液中首先析出 AgCl 沉淀。当 AgCl 定量沉淀后，过量 1 滴 $AgNO_3$ 溶液即与 CrO_4^{2-} 生成砖红色 Ag_2CrO_4 沉淀，指示达到终点。主要反应如下：

$$Ag^+ + Cl^- \xlongequal{} \underset{(白色)}{AgCl\downarrow} \qquad K_{sp} = 1.8 \times 10^{-10}$$

$$2Ag^+ + CrO_4^{2-} \xlongequal{} \underset{(砖红色)}{Ag_2CrO_4\downarrow} \qquad K_{sp} = 2.0 \times 10^{-12}$$

滴定必须在中性或弱碱性溶液中进行，最适宜 pH 范围为 6.5 ~ 10.5。如果有铵盐存在，溶液的 pH 需控制在 6.5 ~ 7.2 之间。

指示剂的用量对滴定有影响，一般以 $5 \times 10^{-3}\ mol \cdot L^{-1}$ 为宜。

三、仪器与试剂

分析天平，酸式滴定管（50 mL），吸量管（10 mL），锥形瓶 3 个（250 mL），容量瓶，称量瓶，NaCl 基准试剂，K_2CrO_4（0.5%），$AgNO_3$ 溶液（$0.005\ mol \cdot L^{-1}$）。

四、实验内容

1. $AgNO_3$（0.01 mol · L^{-1}）溶液的配制与标定

称 0.170 g 硝酸银溶解于 100 mL 不含 Cl^- 的蒸馏水中，摇匀后储存于带玻璃塞的棕色试剂瓶中，进行标定。

准确称取 0.14 ~ 0.16 g NaCl 基准试剂于小烧杯中，用蒸馏水溶解后，转入 250 mL 容量瓶中，加水稀释至刻度，摇匀。用移液管移取 25.00 mL 置于 250 mL 锥形瓶中，加 1 滴 K_2CrO_4（0.5%）指示剂，在不断摇动下，用 $AgNO_3$ 溶液滴定至呈现砖红色即为终点。平行测定 3 份，计算 $AgNO_3$ 溶液的准确浓度。

2. 水样中 Cl^- 含量的测定

准确移取 25.00 mL 水样注入锥形瓶中，加 1 滴 K_2CrO_4（0.5%）指示剂，在不断摇动下，用 $AgNO_3$ 溶液滴定至呈现砖红色即为终点。平行测定 3 份，计算水样中 Cl^- 的含量。

五、数据记录与处理

1. $AgNO_3$ 溶液浓度的标定

表 4.20.1　$AgNO_3$ 溶液浓度的标定数据记录

实验次数	1	2	3
m(NaCl)/g			
$V(AgNO_3)_{终}$/mL			
$V(AgNO_3)_{始}$/mL			
$V(AgNO_3)_{消耗}$/mL			
$c\,(AgNO_3)$/mol · L^{-1}			
$\overline{c}\,(AgNO_3)$/mol · L^{-1}			
相对平均偏差/%			

2. 自来水中 Cl^- 含量的测定

表 4.20.2　自来水中 Cl^- 含量的测定数据记录

实验次数	1	2	3
V(自来水)/mL			
$V(AgNO_3)_{终}$/mL			
$V(AgNO_3)_{始}$/mL			
$V(AgNO_3)_{消耗}$/mL			
$w\,(Cl^-)$/mg · L^{-1}			
$\overline{w}\,(Cl^-)$/mg · L^{-1}			
相对平均偏差/%			

六、思考题

（1）莫尔法测氯时，为什么溶液的 pH 须控制在 6.5 ~ 10.5？

（2）K_2CrO_4 做指示剂时，指示剂浓度过大或过小对测定结果有何影响？

（3）能否用莫尔法以 NaCl 标准溶液直接滴定 Ag^+？为什么？

（4）配制好的 $AgNO_3$ 溶液要储于棕色瓶中，并置于暗处，为什么？

实验二十一　可溶性氯化物中氯含量的测定——佛尔哈德法

（4 学时）

一、实验目的

（1）掌握佛尔哈德法测定可溶性氯化物中氯离子的方法。
（2）学习沉淀滴定中返滴定的基本操作。

二、实验原理

以铁铵矾[$NH_4Fe(SO_4)_2 \cdot 12H_2O$]为指示剂的银量法称为佛尔哈德法。可以用直接滴定法测定 Ag^+或间接滴定法测定卤素。该法的最大优点是可以在酸性溶液中进行滴定，许多弱酸根离子不干扰测定，因而此法的选择性高。本实验采用返滴定测氯，首先加入已知过量的 $AgNO_3$ 标准溶液与 Cl^- 反应完全，再以铁铵矾为指示剂，用 NH_4SCN 标准溶液滴定剩余的 Ag^+，以配离子的红色为指示终点。反应如下：

$$Ag^+ + Cl^- = AgCl \downarrow$$

$$Ag^+ + SCN^- = AgSCN \downarrow$$

（白色）

$$Fe^{3+} + SCN^- = [FeSCN]^{2+} \downarrow$$

（红色）

由于 AgSCN 的溶解度（1.03×10^{-12}）小于 AgCl 的溶解度（1.8×10^{-10}），在用 NH_4SCN 溶液回滴剩余的 Ag^+达到化学计量点后，稍微过量的 SCN^-可能与 AgCl 作用，使 AgCl 转化为 AgSCN。为避免上述 AgCl 沉淀与 SCN^-的沉淀转化反应，可在滴加 NH_4SCN 标准溶液前加入硝基苯 1 ~ 2 mL，用力摇动。此外，由于指示剂中的 Fe^{3+}在中性或碱性溶液中将形成深色的$[FeOH]^{2+}$等配合物，甚至产生沉淀，因此佛尔哈德法应该在酸度大于 0.3 $mol \cdot L^{-1}$ 的溶液中进行。

三、仪器与试剂

分析天平，酸式滴定管（50 mL），移液管（25 mL），锥形瓶 3 个（250 mL），容量瓶，称量瓶，NaCl 基准试剂，NH_4SCN（AR），$AgNO_3$ 溶液（0.05 $mol \cdot L^{-1}$），铁铵矾，HNO_3（1：1），硝基苯，K_2CrO_4（5%），粗食盐。

四、实验内容

1. $AgNO_3$溶液的配制与标定

方法同实验十四（水样中氯的测定）。

2. NH_4SCN 溶液的配制与标定

称取 1.0 g NH_4SCN 置于小烧杯中，用 250 mL 蒸馏水溶解后，转入试剂瓶中待标定。准确移取 25.00 mL $AgNO_3$ 溶液入锥形瓶中，加入 5 mL HNO_3（1∶1），4 滴铁铵矾指示剂，用 NH_4SCN 溶液滴定至溶液颜色呈浅红色即为终点。平行测定 3 份，计算 NH_4SCN 溶液的准确浓度。

3. 样品测定

准确称取粗食盐 0.6 g 左右于小烧杯中，用蒸馏水溶解后，转入 250 mL 容量瓶中，加水稀释至刻度，摇匀。用移液管移取 25.00 mL 置于 250 mL 锥形瓶中，加入 5 mL HNO_3（1∶1），由滴定管定量加入 $AgNO_3$ 标准溶液至过量 2～3 mL（检查是否沉淀完全，应在接近计量点时，振荡溶液，然后静置片刻，让生成的沉淀沉于底部，在上清液中滴加几滴 $AgNO_3$ 溶液，如不产生沉淀，说明已沉淀完全）。然后加硝基苯 1～2 mL，用力摇动，再加入 4 滴铁铵矾指示剂，用 NH_4SCN 溶液滴定至溶液颜色呈浅红色即为终点。平行测定 3 份，计算样品中氯的含量。

五、数据记录与处理

1. $AgNO_3$溶液浓度的标定

表 4.21.1　$AgNO_3$溶液浓度的标定数据记录

实验次数	1	2	3
$m(NaCl)/g$			
$V(AgNO_3)_{终}/mL$			
$V(AgNO_3)_{始}/mL$			
$V(AgNO_3)_{消耗}/mL$			
$c(AgNO_3)/mol \cdot L^{-1}$			
$\overline{c}(AgNO_3)/mol \cdot L^{-1}$			
相对平均偏差/%			

2. NH_4SCN 溶液浓度的标定

表 4.21.2　NH_4SCN 溶液浓度的标定数据记录

实验次数	1	2	3
$V(AgNO_3)$/mL			
$V(NH_4SCN)_{终}$/mL			
$V(NH_4SCN)_{始}$/mL			
$V(NH_4SCN)_{消耗}$/mL			
$c(NH_4SCN)$/mol · L^{-1}			
$\overline{c}$ (NH_4SCN)/mol · L^{-1}			
相对平均偏差/%			

3. 样品中 Cl^- 含量的测定

表 4.21.3　样品中 Cl^- 含量的测定数据记录

实验次数	1	2	3
m(粗食盐)/g			
$V(AgNO_3)$/mL			
$V(NH_4SCN)_{终}$/mL			
$V(NH_4SCN)_{始}$/mL			
$V(NH_4SCN)_{消耗}$/mL			
w (Cl^-)/ mg · L^{-1}			
$\overline{w}$ (Cl^-)/ mg · L^{-1}			
相对平均偏差/%			

六、思考题

（1）本实验加入有机溶剂的作用是什么？若测定溴或碘的含量，是否要加有机溶剂，为什么？

（2）酸度对测定结果有何影响？能否用 HCl 或 H_2SO_4 代替 HNO_3 酸化溶液？

实验二十二　分光光度法测定铁的含量

（4 学时）

一、实验目的

（1）熟悉邻二氮菲（邻菲啰啉）分光光度法测定铁含量的原理和方法。

（2）掌握 722 型分光光度计的使用方法。

二、实验原理

根据朗伯-比尔定律，当单色光通过一定厚度（l）的有色物质溶液时，有色物质对光的吸收程度（用吸光度 A 表示）与有色物质的浓度（c）成正比。

$$A = k \cdot c \cdot l$$

式中　k——吸光系数，它是各种有色物质在一定波长下的特征常数

在分光光度法中，当条件一定时，k、l 均为常数，此时，上式可写成：

$$A = K \cdot c$$

因此，一定条件下只要测出各不同浓度溶液的吸光度值，以浓度为横坐标，吸光度为纵坐标即可绘制标准曲线。

在同样条件下，测定待测溶液的吸光度，然后从标准曲线上查出其浓度。

邻二氮菲是目前分光光度法测定铁含量的较好试剂。在 pH = 2 ~ 9 的溶液中，试剂与 Fe^{2+} 生成稳定的红色配合物。该反应中铁必须是亚铁状态，因此，在显色前要加入还原剂，如盐酸羟胺。反应如下：

$$2Fe^{3+} + 2NH_2OH + 2OH^- = 2Fe^{2+} + N_2 + 4H_2O$$

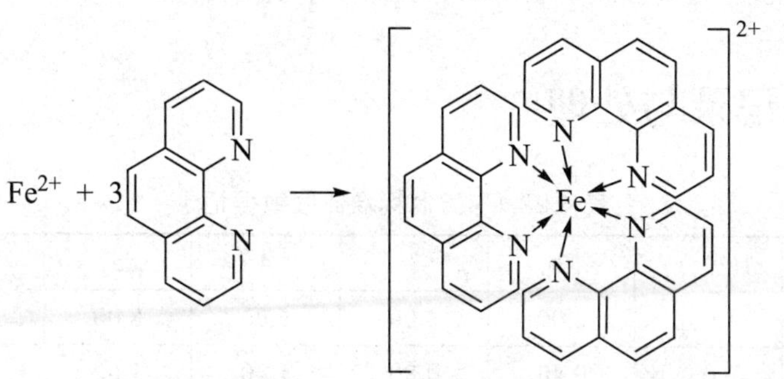

$$Fe^{2+} + 3\,\text{phen} \longrightarrow [Fe(phen)_3]^{2+}$$

红色配合物的最大吸收波长 λ_{max} 为 510 nm。

三、仪器与试剂

722 型分光光度计，容量瓶（50 mL），刻度吸量管，邻二氮菲（0.1%，新鲜配制），盐酸羟胺（10%，临时配制），NaAc（1 mol · L^{-1}），$NH_4Fe(SO_4)_2 \cdot 6H_2O$（10 mg · L^{-1}），NaOH（0.1 mol · L）。

四、实验内容

1. $NH_4Fe(SO_4)_2 \cdot 6H_2O$ 标准溶液（10 mg · L^{-1}）的配制

准确称取 0.215 9 g $NH_4Fe(SO_4)_2$ 置于烧杯中，加入 6 mol · L^{-1} HCl 20 mL 和少量蒸馏水，溶解后转入 250 mL 容量瓶中，加蒸馏水稀释至刻度，摇匀备用（此溶液含铁 100 mg · L^{-1}）。用移液管移取上述铁标准溶液 10.00 mL，置于 100 mL 容量瓶中，加 6 mol · L^{-1} HCl 2.0 mL，然后加水稀释到刻度，充分摇匀，此溶液含铁 10 mg · L^{-1}。

2. 吸收曲线的绘制

移取 10.00 mL 铁标准溶液，加入 50 mL 容量瓶中，加入 1 mL 盐酸羟胺，摇匀；加入 2.0 mL 0.1% 邻二氮菲溶液及 5 mL NaAc 溶液，加水至 50 mL 刻度线，摇匀。放置 10 min，以试剂空白为参比，在波长 440 ~ 560 nm 之间，每隔 2 nm 测吸光度。然后在坐标纸上以波长为横坐标，吸光度为纵坐标绘制吸收曲线。从吸收曲线上选择测定铁的适宜波长，一般选最大吸收波长（λ_{max}）。

3. 标准曲线的绘制

在 6 个 50 mL 容量瓶中，用吸量管分别加入 0，2.00，4.00，6.00，8.00，10.00 mL 10 mg · L^{-1} 铁标准溶液，均加入 1 mL 10% 盐酸羟胺，摇匀；加入 2.0 mL 0.1% 邻二氮菲溶液及 5 mL NaAc 溶液；用水稀释至刻度，充分摇匀，放置 10 min。用 1 cm 比色皿，以试剂空白（即 0.0 mL 铁标准溶液）为参比溶液，在所选择的波长（510 nm）下，测量各溶液的吸光度（注意从低浓度到高浓度的顺序）。以含铁量为横坐标，吸光度 A 为纵坐标，绘制标准曲线。

4. 试样中铁含量的测定

准确吸取 5.00 mL 待测试液于 50 mL 容量瓶中，按标准曲线制作的操作步骤，加入各种试剂，测量吸光度。从标准曲线上查出和计算试液中铁的含量（mg · L^{-1}）。

五、数据记录与处理

表 4.22.1　绘制标准曲线数据记录

容量瓶编号	1(空白)	2	3	4	5	6	7(水样)
$V_{标准铁溶液}$/mL	0	2.00	4.00	6.00	8.00	10.00	
$C_{标准铁溶液}$/mg · L^{-1}	0	0.40	0.80	1.20	1.60	2.00	
A							

六、思考题

（1）为什么要控制被测溶液的吸光度最好在 0.15 ~ 0.7 的范围内？如何控制？

（2）由工作曲线查出的待测铁离子的浓度是否是原始待测液中铁离子的浓度？

（3）制作标准曲线时能否改变加入各种试剂的顺序？为什么？

（4）如果试液测得的吸光度不在标准曲线范围内怎么办？

5 综合和设计实验

实验一 常见阴离子化合物和未知物鉴别

一、实验目的

运用所学元素及其化合物的基本性质，进行一些常见阴离子化合物的鉴定或鉴别，进一步巩固常见阴离子重要反应的基本知识。

二、实验用品

石蕊试纸，pH 试纸，Na_2SO_4，Na_2SO_3，$Na_2S_2O_3$，Na_2S，盐酸，Na_3PO_4，Na_2HPO_4，NaH_2PO_4，酚酞试液，$CaCO_3$，Na_2CO_3，NaCl，NaBr，$BaCl_2$，$AgNO_3$，$CuSO_4$，$Ba(NO_3)_2$。

三、实验内容

（1）如何区别 Na_2SO_4、Na_2SO_3、$Na_2S_2O_3$、Na_2S？

（2）通过实验将下面无标签试剂鉴别出来（至少 3 种方法）。

Na_3PO_4、Na_2HPO_4、NaH_2PO_4

（3）现有一瓶白色粉末状固体，它可能是 Na_3PO_4、Na_2CO_3、Na_2SO_4、NaCl、NaBr 中的任意一种。设计鉴别方案。

（4）现有一包白色粉末，可能由 NaCl、Na_2SO_4、Na_2CO_3、$CuSO_4$ 中的一种或几种组成。设计鉴别方案。

实验二　常见阳离子化合物的鉴定和鉴别

一、实验目的

运用所学元素及其化合物的基本性质，进行一些常见阳离子化合物的鉴定或鉴别，进一步巩固常见阳离子重要反应的基本知识。

二、实验用品

$Cu(OH)_2$，Cu_2S，$CuBr_2$，AgI，稀 HCl，浓氨水，KI，KCl，$Cd(NO_3)_2$，$AgNO_3$，$ZnSO_4$，H_2S，Zn^{2+}，$Cu(NO_3)_2$，$Hg(NO_3)_2$，$Al(NO_3)_3$，$NH_3 \cdot H_2O$，NaOH，$Fe(NO_3)_3$，$Cr(NO_3)_3$，$Ni(NO_3)_2$，Na_2CO_3，铁屑。

三、实验内容

（1）选用什么试剂溶解下列沉淀：

$Cu(OH)_2$、Cu_2S、$CuBr_2$、AgI

（2）选用一种试剂区别下列 4 种溶液：

KCl、$Cd(NO_3)_2$、$AgNO_3$、$ZnSO_4$

（3）选用一种试剂区别下列 4 种离子：

Cu^{2+}、Zn^{2+}、Hg^{2+}、Cd^{2+}

（4）用一种试剂分离下列各组离子：

① Zn^{2+}、Cd^{2+}　② Zn^{2+}、Cu^{2+}　③ Zn^{2+}、Al^{3+}

（5）有一瓶含有 Fe^{3+}、Cr^{3+}、Ni^{2+}的混合溶液，如何将它们分离出来？

（6）设计分离和鉴定下列混合离子的方案：

① Ag^+、Cu^{2+}、Fe^{3+}、Al^{3+}、Ba^{2+}、Na^+

② Mn^{2+}、Zn^{2+}、Co^{2+}、Ba^{2+}、K^+

实验三 离子鉴定和未知物的鉴定

一、实验目的

运用所学的元素及化合物的基本性质，进行常见物质的鉴别或鉴定，进一步巩固常见阳离子和阴离子重要的基本知识。

二、实验原理

鉴定一个试样或者鉴别一组未知物时，通常应从以下几个方面考虑。

1. 物 态

（1）状态，若为固态，要观察它的晶形。

（2）观察试样的颜色。

（3）嗅闻试样的气味。

2. 溶解性

首先试验是否溶于冷水、热水；其次依次用盐酸（稀、浓）、硝酸（稀、浓）试验其溶解性。

3. 酸碱性

（1）通过对指示剂的反应加以判断。

（2）两性物质借助于既溶于酸，又能溶于碱判别。

（3）可溶性盐的酸碱性可用它的水溶液判别。

（4）可利用试液的酸碱性排除某些离子的存在。

4. 物质对热的稳定性

可根据物质在加热时是否熔化、升华、分解等来鉴别。

5. 鉴定或鉴别反应

（1）通过与其他试剂反应，生成沉淀或放出气体。必要时再对生成的气体或沉淀做性质试验。

（2）显色反应。

（3）焰色反应。

（4）硼砂珠试验。

（5）其他特征反应。

三、实验用品

铝片，锌片，CuO，Co_2O_3，PbO_2，MnO_2，$AgNO_3$，$Hg(NO_3)_2$，$Hg_2(NO_3)_2$，$Pb(NO_3)_2$，$NaNO_3$，$Cd(NO_3)_2$，$Zn(NO_3)_2$，$Al(NO_3)_3$，KNO_3，$Mn(NO_3)_2$，$NaNO_3$，Na_2S，$Na_2S_2O_3$，Na_3PO_4，NaCl，Na_2CO_3，$NaHCO_3$，Na_2SO_4，NaBr，Na_2SO_3，$BaCl_2$，HCl（$2\ mol \cdot L^{-1}$），H_2SO_4（$3\ mol \cdot L^{-1}$），HNO_3（$3\ mol \cdot L^{-1}$），$NH_3 \cdot H_2O$（$6\ mol \cdot L^{-1}$），NaOH（$6\ mol \cdot L^{-1}$），$Na_3Co(NO_2)_6$（$0.1\ mol \cdot L^{-1}$），CH_2COOH（$6\ mol \cdot L^{-1}$），NH_4SCN（饱和）。

四、实验内容

根据下述实验内容，列出实验用品及分析步骤：

（1）区分 2 片银白色金属片：一是铝片，一是锌片。

（2）鉴别 4 种黑色和近于黑色的氧化物：CuO、Co_2O_3、PbO_2、MnO_2。

（3）未知混合液 1、2、3 分别含有 Cr^{3+}、Mn^{2+}、Fe^{3+}、Co^{2+}、Ni^{2+}中的大部分或全部，设计实验方案以确定未知的溶液中哪几种离子不存在。

（4）盛有以下 10 种硝酸盐的试剂瓶标签被腐蚀，试加以鉴别。

$AgNO_3$	$Hg(NO_3)_2$	$Hg_2(NO_3)_2$	$Pb(NO_3)_2$	$NaNO_3$
$Cd(NO_3)_2$	$Zn(NO_3)_2$	$Al(NO_3)_3$	KNO_3	$Mn(NO_3)_2$

（5）盛有下列 10 种固体钠盐的试剂瓶标签脱落，试加以鉴别。

$NaNO_3$	Na_2S	$Na_2S_2O_3$	Na_3PO_4	NaCl
Na_2CO_3	$NaHCO_3$	Na_2SO_4	NaBr	Na_2SO_3

实验四　硫酸四氨合铜（Ⅱ）的制备及配离子组成测定

一、实验目的

（1）用精制的硫酸铜通过配位取代反应制备硫酸四氨合铜(Ⅱ)。

（2）学会用吸光光度法、酸碱滴定法分别测定硫酸四氨合铜(Ⅱ)配离子组成中 SO_4^{2-}、Cu^{2+}及 NH_3 含量。

二、实验原理

硫酸四氨合铜（$[Cu(NH_3)_4]SO_4$）常用作杀虫剂、媒染剂，碱性镀铜中常用作电镀液的主要成分，工业上用途广泛。硫酸四氨合铜是中性稳定的绛蓝色晶体，常温下与水和二氧化碳反应，生成绿色粉末状铜的碱式盐。加热时易失氨，不能用蒸发浓缩的方法制备。$[Cu(NH_3)_4]SO_4$ 在乙醇中的溶解度远小于在水中的溶解度。因此采用加入浓乙醇溶液使晶体析出。

$[Cu(NH_3)_4]SO_4$ 的制备反应如下：

$$CuSO_4 + 4NH_3 + H_2O = [Cu(NH_3)_4]SO_4 \cdot H_2O$$

氨含量的测定：

$$[Cu(NH_3)_4]SO_4 + 2NaOH = CuO\downarrow + 4NH_3 + Na_2SO_4 + H_2O$$

$$NH_3 + HCl（过量）= NH_4Cl$$

$$HCl（剩余）+ NaOH = NaCl + H_2O$$

SO_4^{2-} 含量的测定：

$$SO_4^{2-} + Ba^{2+} = BaSO_4$$

铜含量测定：分光光度法。

三、仪器与试剂

简易的定氮装置（铁架台、锥形瓶、漏斗、小试管、导管），减压过滤装置，722 型分光光度计，容量瓶，滴定管，烧杯，表面皿，电炉，石棉网，滴管，滤纸，洗瓶，坩埚，马弗炉，$CuSO_4 \cdot 5H_2O$，浓氨水，乙醇（95%），$CuSO_4$ 标准溶液（$0.2\ mol \cdot L^{-1}$），氨水（$2\ mol \cdot L^{-1}$），硫酸（$6\ mol \cdot L^{-1}$），HCl（$6\ mol \cdot L^{-1}$），$BaCl_2$（$0.1\ mol \cdot L^{-1}$），HCl 标准溶液（$0.5\ mol \cdot L^{-1}$），NaOH（10%），NaOH 标准溶液（$0.5\ mol \cdot L^{-1}$）。

四、实验内容

（一）硫酸四氨合铜(Ⅱ)的制备

在小烧杯中加入 10 g $CuSO_4 \cdot 5H_2O$，加 14 mL 水溶解，加入 20 mL 浓氨水，沿烧杯壁缓慢加入 35 mL 95% 乙醇，盖上表面皿，静置析出晶体后（约 30 min），减压过滤，并用 2∶1 氨水与乙醇混合液淋洗晶体 2 次，每次用量 2～3 mL，将其在 60 °C 左右烘干，称量，保存待用。

（二）硫酸四氨合铜(Ⅱ)的组成测定

1. 铜含量测定

（1）标准曲线的绘制。

取 0.2 $mol \cdot L^{-1}$ $CuSO_4$ 标准溶液 5.00，4.00，3.00，2.00，1.00 mL 分别于 50 mL 容量瓶中配成 0.02，0.016，0.012，0.008，0.004 $mol \cdot L^{-1}$ $CuSO_4$ 溶液。取上述溶液各 10 mL，分别加入 2 $mol \cdot L^{-1}$ 氨水 10 mL，混匀后在波长 610 nm 处测定溶液的吸光度。以吸光度 A 对 Cu^{2+} 浓度作图。

（2）样品中 Cu^{2+} 含量的测定。

准确称取 0.65～0.70 g 样品，加 10 mL 水溶解，滴加 6 $mol \cdot L^{-1}$ 硫酸至溶液由深蓝色变至蓝色。定量转移至 250 mL 容量瓶中，稀释至刻度，摇匀。取出 10 mL，加入 2 $mol \cdot L^{-1}$ 氨水 10 mL，混匀后在与工作曲线相同的条件下测定溶液的吸光度。根据吸光度，从工作曲线上找出 Cu^{2+} 浓度，计算 Cu^{2+} 的含量。

2. SO_4^{2-} 含量的测定

称取试样约 0.65 g 置于 400 mL 烧杯中，加 25 mL 水溶解，稀释至 200 mL。

（1）沉淀的制备。

在上述溶液中加入 2 mL 6 $mol \cdot L^{-1}$ HCl，盖上表面皿，放在电炉石棉网上加热至近沸。取 0.1 $mol \cdot L^{-1}$ $BaCl_2$ 溶液 30～35 mL 于小烧杯中，加热至近沸。然后用滴管将热 $BaCl_2$ 溶液逐滴加入样品溶液，同时不断搅拌。当 $BaCl_2$ 溶液即将加完时，静置，在 $BaSO_4$ 的上层清液中加入 1～2 滴 $BaCl_2$ 溶液，检验 SO_4^{2-} 是否沉淀完全。盖上表面皿，置于电炉（水浴）上，在不断搅拌下继续加热，陈化半小时，然后冷却至室温。

（2）沉淀的过滤和洗涤。

将上清液用倾注法倒入漏斗中的滤纸上，用一洁净烧杯收集滤液（检查沉淀有无穿滤现象，若有，应重新更换滤纸）。用少量（10～15 mL）热蒸馏水洗涤沉淀 3～4 次，然后将沉淀小心转移到滤纸上。用洗瓶吹洗烧杯内壁，洗涤液并入漏斗中，并用撕下的滤纸角擦拭玻璃棒和烧杯内壁，滤纸角放入漏斗中，再用少量蒸馏水洗涤滤纸上的沉淀，至滤液不含 Cl^- 为止（用 0.1 $mol \cdot L^{-1}$ $AgNO_3$ 检验）。

（3）沉淀的干燥和灼烧。

取下滤纸，将沉淀包好，置于已恒重的坩埚中，先用小火烘干炭化，再用大火烘至滤纸灰化，然后将坩埚转入马弗炉中，在 800 ~ 850 °C 灼烧 30 min。取出坩埚，待红热褪去，置于干燥器中，冷却 30 min 后称量。再重复灼烧 20 min，取出，冷却，称量，直至恒重。根据 $BaSO_4$ 的质量计算试样中 SO_4^{2-} 的含量。

3. 氨含量的测定

氨含量测定在简易的定氮装置中进行，如图 5.4.1 所示。测定时先准确称取 0.25 ~ 0.30 g 样品置于锥形瓶中，加 80 mL 水溶解，然后加入 10 mL 10% NaOH 溶液。在另一锥形瓶中准确加入 30 ~ 35 mL HCl 标准溶液（0.5 $mol \cdot L^{-1}$），放入冰浴中冷却。按图搭好装置，漏斗下端固定于一小试管中，试管内注入 3 ~ 5 mL 10% NaOH 溶液，使漏斗柄插入液面下 2 ~ 3 cm，整个操作过程中漏斗下端不能露出液面。小试管的橡皮塞要切去一个缺口，使试管内与锥形瓶相通。加热样品溶液，开始时用大火加热，溶液开始沸腾时改为小火，保持微沸状态。蒸出的氨通过导管被标准 HCl 溶液吸收。约 1 h 可将氨全部蒸出。取出并拔掉插入溶液中的导管，用少量水将导管内外可能黏附的溶液洗入吸收氨的锥形瓶内。用 0.5 $mol \cdot L^{-1}$ 标准 NaOH 溶液滴定剩余（以酚酞为指示剂）HCl。根据加入的 HCl 溶液体积及浓度和滴定所用 NaOH 溶液体积及浓度，计算样品中氨的含量。

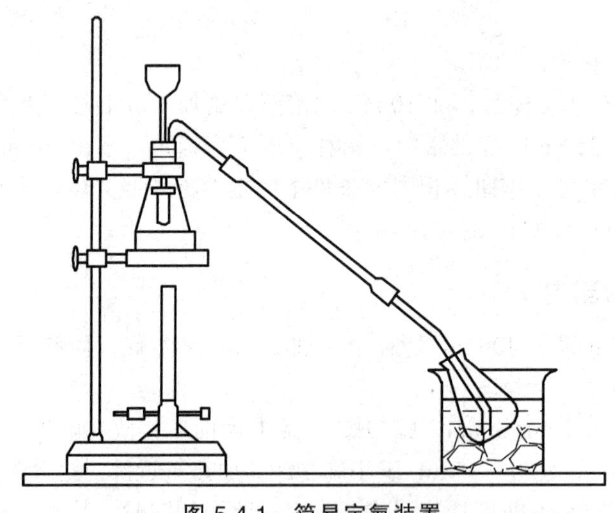

图 5.4.1 简易定氮装置

五、数据记录与处理

（1）试样质量：

（2）计算 Cu^{2+} 的含量：

$$w(Cu^{2+}) = \frac{c \times 63.54}{4m_s} \times 100\%$$

式中 c——工作曲线上查出 Cu^{2+} 的浓度；

m_s——样品质量。

（3）计算 SO_4^{2-} 的含量：

$$w(SO_4^{2-}) = \frac{m(BaSO_4) \times M(SO_4^{2-})}{M(BaSO_4) \times m_s} \times 100\%$$

（4）计算 NH_3 的含量：

$$w(NH_3) = \frac{(c_1V_1 - c_2V_2) \times 17.04}{m_s \times 1\,000} \times 100\%$$

式中　c_1——标准盐酸的浓度；

V_1——标准盐酸的体积；

c_2——标准氢氧化钠溶液的浓度；

V_2——标准氢氧化钠溶液的体积。

（5）计算水的含量：

$$w(H_2O) = 1 - w(NH_3) - w(SO_4^{2-}) - w(Cu^{2+})$$

（6）确定试样的实验式。

六、思考题

（1）硫酸四氨合铜中 Cu^{2+}、SO_4^{2-}、NH_3 还可以用哪些方法测定？

（2）溶液加热近沸，为何要改为小火保持微沸，而不能煮沸？

实验五　三草酸合铁（Ⅲ）酸钾的制备及其组成测定

一、实验目的

（1）掌握合成 $K_3[Fe(C_2O_4)_3]\cdot 3H_2O$ 的基本原理和制备方法。

（2）了解高锰酸钾法测定铁及草酸根含量的方法。

二、实验原理

1. $K_3[Fe(C_2O_4)_3]\cdot 3H_2O$ 的制备

本实验以硫酸亚铁铵为原料，与草酸在酸性溶液中先制得草酸亚铁沉淀，然后再用草酸亚铁在草酸钾和草酸的存在下，以过氧化氢为氧化剂，得到铁(Ⅲ)草酸配合物。主要反应为

$$(NH_4)_2Fe(SO_4)_2\cdot 6H_2O + H_2C_2O_4 = FeC_2O_4\cdot 2H_2O\downarrow + (NH_4)_2SO_4 + H_2SO_4 + 4H_2O$$

$$2FeC_2O_4\cdot 2H_2O + H_2O_2 + 3K_2C_2O_4 + H_2C_2O_4 = 2K_3[Fe(C_2O_4)_3]\cdot 3H_2O$$

利用高锰酸钾在酸性溶液中的强氧化性，采用高锰酸钾标准溶液滴定一定量的 $K_3[Fe(C_2O_4)_3]\cdot 3H_2O$ 溶液，即可测定出 Fe^{2+}、$C_2O_4^{2-}$的含量。主要反应为

$$2MnO_4^- + 5C_2O_4^{2-} + 16H^+ = 2Mn^{2+} + 10CO_2\uparrow + 8H_2O$$

$$Zn + 2Fe^{3+} = 2Fe^{2+} + Zn^{2+}$$

$$MnO_4^- + 5Fe^{2+} + 8H^+ = 5Fe^{3+} + Mn^{2+} + 4H_2O$$

三、仪器与试剂

分析天平，称量纸，滴定台，洗瓶，漏斗，烧杯（100 mL），锥形瓶，酸式滴定管（50 mL），抽滤瓶，布氏漏斗，台秤，量筒（50 mL），水浴锅，温度计，$(NH_4)_2Fe(SO_4)_2\cdot 6H_2O$，乙醇（95%），$K_2C_2O_4$（饱和），$H_2SO_4$（2 $mol\cdot L^{-1}$、1 $mol\cdot L^{-1}$），$H_2C_2O_4$（饱和），H_2O_2（30%），$KMnO_4$标准溶液（0.02 $mol\cdot L^{-1}$），锌粉，NH_4SCN 溶液。

四、实验内容

1. 三草酸合铁(Ⅲ)酸钾的制备

（1）草酸亚铁的制备。

称取 5.0 g $(NH_4)_2Fe(SO_4)_2 \cdot 6H_2O$ 固体倒入 200 mL 烧杯中，加入 15 mL 去离子水和 2 mL 2 $mol \cdot L^{-1}$ H_2SO_4，加热使之溶解。然后加入 25 mL 饱和 $H_2C_2O_4$ 溶液，不断搅拌，加热至沸后，室温下静置，得黄色 $FeC_2O_4 \cdot 2H_2O$ 晶体，沉降后用倾析法弃去上层清液。再向沉淀中加入 20 mL 水，搅拌，并温热，静置后再弃去清液（尽可能把清液倾倒干净）。

（2）三草酸合铁(Ⅲ)酸钾的制备。

加入 10 mL 饱和 $K_2C_2O_4$ 溶液于上述沉淀中，水浴加热至约 40 °C，用滴管慢慢滴加 10 mL 30% H_2O_2，不断搅拌并保持温度在 40 °C 左右（此时会有氢氧化铁沉淀生成）。将水浴加热至沸，再分两次加入 8 mL 饱和 $H_2C_2O_4$（一开始 5 mL 一次加入，最后 3 mL 慢慢滴加），滴加过程中保持水浴沸腾。趁热将溶液抽滤倒入一个 100 mL 的烧杯中，加入 10 mL 无水乙醇，温热以使可能生成的晶体再溶解。用表面皿盖住烧杯，静置（避光静置过夜），晶体完全析出后抽滤，称量，计算产率。

2. $K_3[Fe(C_2O_4)_3] \cdot 3H_2O$ 组成的测定

（1）高锰酸钾溶液（0.02 $mol \cdot L^{-1}$）的配制与标定。

见第 4 章实验十三（水样中化学需氧量的测定）。

（2）$C_2O_4^{2-}$ 含量的测定。

将自制产物 $K_3[Fe(C_2O_4)_3] \cdot 3H_2O$ 放入烘箱，在 110 °C 干燥 2 h，放入干燥器内冷却待用。

准确称取上述烘干产物 0.20 ~ 0.25 g 于锥形瓶中，加入 25 mL 水和 5 mL 1 $mol \cdot L^{-1}$ H_2SO_4 溶液，使样品溶解，加热至 40 ~ 50 °C（不烫手），用高锰酸钾标准溶液滴定，滴至加入最后 1 滴后溶液呈淡紫色在 30 s 内不褪色即为终点，记下 $V(KMnO_4)_1$。滴定后的溶液保留待用。

（3）Fe^{2+} 含量的测定。

在（2）滴完的锥形瓶溶液中加入 2 g 锌粉和 5 mL 2 $mol \cdot L^{-1}$ H_2SO_4 溶液（若二者量不足，可补加），煮沸 5 ~ 8 min，这时溶液应为无色，用 NH_4SCN 溶液在点滴板上检验 1 滴溶液，如沉淀不立即出现红色，可进行下面滴定。否则，若有粉红色出现，应继续煮沸几分钟。将溶液过滤到另一锥形瓶中，用 10 mL 1 $mol \cdot L^{-1}$ H_2SO_4 溶液彻底冲洗残余的锌和锥形瓶（至少洗涤 2 次，以免 Fe^{2+}、$C_2O_4^{2-}$ 残留在滤纸上），将洗涤液并入滤液内，用高锰酸钾标准溶液继续滴定至终点，记下 $V(KMnO_4)_2$。平行（2）（3）测定两次，根据（2）（3）消耗的高锰酸钾溶液体积计算 $C_2O_4^{2-}$、Fe^{2+} 的含量。

（4）H_2O 含量的测定。

取一洁净坩埚，放入烘箱，在 110 °C 干燥 1 h，放入干燥器内冷却至室温，称量。再干燥 20 min，再冷却，称量，直至恒重（两次称量之差不超过 0.4 mg）。

准确称取自制产物 0.5 ~ 0.6 g，放入已恒重的坩埚中，放入烘箱，在 110 °C 干燥 1 h，放入干燥器内冷却至室温，称量。再干燥 20 min，再冷却，称量，直至恒重。根据称量结果，计算 H_2O 的含量。

（5）根据实验结果，计算产物的化学式。

五、数据记录与处理

1. $KMnO_4$溶液的配制与标定

表 5.5.1　$KMnO_4$溶液的配制与标定数据记录

实验次数	1	2	3
$m(Na_2C_2O_4)_{基准}$/g			
$V(KMnO_4)_{终}$/mL			
$V(KMnO_4)_{始}$/mL			
$V(KMnO_4)_{消耗}$/mL			
$c(KMnO_4)/mol \cdot L^{-1}$			
$\bar{c}\ (KMnO_4)/mol \cdot L^{-1}$			
相对平均偏差/%			

2. $C_2O_4^{2-}$含量的测定

$$w(C_2O_4^{2-}) = \frac{5c(KMnO_4)V(KMnO_4) \times M(C_2O_4^{2-})}{2 \times 1\,000 \times m(K_3[Fe(C_2O_4)_3] \cdot 3H_2O)} \times 100\%$$

3. Fe^{2+}含量的测定

$$w(Fe^{2+}) = \frac{5c(KMnO_4)[V(KMnO_4)_2 - V(KMnO_4)_1] \times M(Fe)}{2 \times 1\,000 \times m(K_3[Fe(C_2O_4)_3] \cdot 3H_2O)} \times 100\%$$

4. H_2O 含量的测定

$$w(H_2O) = \frac{m_{样品} - m_{恒重}}{m_{样品}} \times 100\%$$

六、注意事项

（1）水浴 40 °C 下加热，慢慢滴加 H_2O_2，以防止 H_2O_2 分解。

（2）在抽滤过程中，勿用水冲洗黏附在烧杯和布氏滤斗上的绿色产品。

七、思考题

（1）在制备 $K_3[Fe(C_2O_4)_3] \cdot 3H_2O$ 最后的溶液中加入乙醇的作用是什么？

（2）制备中加完 H_2O_2 后为何再加入饱和 $H_2C_2O_4$？然后为什么要趁热过滤？

（3）使 Fe^{3+} 还原为 Fe^{2+} 时，用什么做还原剂？过量的还原剂如何除去？还原反应完成的标志是什么？

实验六　三氯化六氨合钴（Ⅲ）的合成和组成测定

一、实验目的

（1）掌握三氯化六氨合钴(Ⅲ)的制备并测其组成的基本操作。
（2）加深配合物的形成对三价钴稳定性影响的理解。

二、实验原理

1. $[Co(NH_3)_6]Cl_3$的制备

根据有关电对的标准电极电势可以知道，在通常情况下，二价钴盐较三价钴盐稳定得多，而在它们的配合物状态下却正好相反，三价钴反而比二价钴稳定。因此，通常采用空气或过氧化氢氧化二价钴的方法，来制备三价钴盐的配合物。

氯化钴(Ⅲ)的氨合物有许多种，其制备方法各不相同。三氯化六氨合钴(Ⅲ)的制备条件是以活性炭为催化剂，用过氧化氢氧化有氨及氯化铵存在的氯化钴(Ⅱ)溶液。反应式为

$$2CoCl_2 + 2NH_4Cl + 10NH_3 + H_2O_2 = 2[Co(NH_3)_6]Cl_3 + 2H_2O$$

得到的固体粗产品中混有大量活性炭，可以将其溶解在酸性溶液中，过滤掉活性炭，在高的盐酸浓度下令其结晶出来。

2. $[Co(NH_3)_6]Cl_3$组成的测定

NH_3含量测定：$[Co(NH_3)_6]^{3+}$是很稳定的，但在强碱并沸热的条件下分解。

$$2[Co(NH_3)_6]Cl_3 + 6NaOH \xlongequal{沸热} 2Co(OH)_3 + 12NH_3 + 6NaCl$$

用标准浓度的酸吸收挥发出的氨，即可测得该配离子的配位数。

钴(Ⅲ)含量测定：碘量法。

$$Co_2O_3 + 3I^- + 6H^+ = 2Co^{2+} + I_3^- + 3H_2O$$

$$2Na_2S_2O_3 + I_3^- = Na_2S_4O_6 + 2NaI + I^-$$

氯含量的测定：沉淀滴定法。

三、仪器与试剂

托盘天平，分析天平，锥形瓶（250 mL，100 mL），吸滤瓶，布氏漏斗，量筒（100 mL，

10 mL），烧杯（500 mL，100 mL），酸式滴定管（50 mL），碱式滴定管（50 mL），$CoCl_2 \cdot 6H_2O$（s），NH_4Cl（s），KI（s），活性炭，HCl（6 $mol \cdot L^{-1}$，2 $mol \cdot L^{-1}$，0.5 $mol \cdot L^{-1}$，浓），H_2O_2（5%，30%），浓氨水，NaOH（10%，0.5 $mol \cdot L^{-1}$），$Na_2S_2O_3$ 标准溶液（0.05 $mol \cdot L^{-1}$），$AgNO_3$ 标准溶液（0.1 $mol \cdot L^{-1}$），K_2CrO_4（5%），冰，NaCl（基准），淀粉溶液。

四、实验内容

1. $[Co(NH_3)_6]Cl_3$ 的制备

在 100 mL 锥形瓶内加入 9 g 研细的 $CoCl_2 \cdot 6H_2O$（已称好）、6 g 氯化铵（自己称）和 10 mL 水。加热溶解后加入 0.5 g 活性炭（已称好），冷却后，加入 20 mL 浓氨水，进一步用冰水冷却到 10 °C 以下，缓慢加入 10 mL 10% 的 H_2O_2，在水浴上加热至 60 °C 左右，恒温 20 min（适当摇动锥形瓶）。以流水冷却后再以冰水冷却即有晶体析出（粗产品），用布氏漏斗抽滤。将滤饼（用勺刮下）溶于含有 1.5 mL 浓盐酸的 70 mL 沸水中，趁热过滤，慢慢加入 10 mL 浓盐酸于滤液中。以冰水冷却，即有大量橘黄色晶体析出。抽滤，用 10 mL 无水乙醇洗涤，抽干，将滤饼连同滤纸一并取出放在一张纸上，置于干燥箱中，在 105 °C 以下烘干 25 min（教师协助操作，自己记录时间），称量（精确至 0.1 g），计算产率。

2. $[Co(NH_3)_6]Cl_3$ 中钴(Ⅲ)含量的测定

用减量法准确称取 0.200 0 g 产品于 250 mL 锥形瓶中，加 50 mL 水溶解，加 2 $mol \cdot L^{-1}$ NaOH 溶液 10 mL。将锥形瓶放在水浴上（夹住锥形瓶放入盛水的大烧杯中）加热至沸，维持沸腾状态。待氨全部赶走后（如何检查？约 1 h 可将氨全部蒸出），冷却，加入 1 g 碘化钾固体，摇匀，加 10 mL 6 $mol \cdot L^{-1}$ HCl 溶液，于暗处（橱柜中）放置 5 min 左右，立即用 0.05 $mol \cdot L^{-1}$ 标准 $Na_2S_2O_3$ 溶液（准确浓度临时告知）滴定至浅黄色，加入 2 mL 0.2% 淀粉溶液后，再滴定至蓝色消失，呈稳定的粉红色即为终点。平行测定 3 份，计算钴的百分含量。

3. 氯含量的测定

准确称取样品 0.200 0 g 于锥形瓶内，用适量水溶解，以 2 mL 5% K_2CrO_4 为指示剂，在不断摇动下，滴入 0.1 $mol \cdot L^{-1}$ $AgNO_3$ 标准溶液，直至溶液由黄色变为稳定的橙色即为终点。记下 $AgNO_3$ 标准溶液的体积，计算出样品中氯的百分含量。

根据上述分析结果，求出产品的实验式。

五、数据记录与处理

1. Co^{3+} 含量的测定

$$w(Co^{3+}) = \frac{c(Na_2S_2O_3)V(Na_2S_2O_3) \times M(Co)}{1\,000 \times m([Co(NH_3)_6]Cl_3)} \times 100\%$$

2. Cl^-含量的测定

$$w(Cl^-)=\frac{c(AgNO_3)V(AgNO_3)\times M(Cl)}{1\,000\times m([Co(NH_3)_6]Cl_3)}\times 100\%$$

六、思考题

（1）制备过程中，在 60 °C 左右的水浴加热 20 min 的目的是什么？可否加热至沸？

（2）在加入 H_2O_2 和浓盐酸时都要求慢慢加入，为什么？它们在制备三氯化六氨合钴（Ⅲ）的过程中起什么作用？

（3）在钴含量测定中，如果氨没有赶净，对分析结果有何影响？写出分析过程中涉及的反应式。

（4）将粗产品溶于含盐酸的沸水中，趁热过滤后，再加入浓盐酸的目的是什么？

附注：

（1）K_2CrO_4（5%）溶液的配制：溶解 5 g K_2CrO_4 于 100 mL 水中，在搅拌下滴加 $AgNO_3$ 标准溶液至砖红色沉淀生成，过滤溶液。

（2）NaCl 标准溶液（0.100 0 mol · L^{-1}）的配制：称取预先在 400 °C 干燥的 5.844 3 g 基准 NaCl，溶解于水中，移入 1 000 mL 容量瓶中，用水稀释至刻度，摇匀。

（3）$AgNO_3$ 标准溶液（0.1 mol · L^{-1}）的配制：称取 16.9 g $AgNO_3$ 溶解于水中，稀释至 1 L，摇匀，储于棕色试剂瓶中。

（4）标定 $AgNO_3$ 标准溶液：吸取 25.00 mL 0.100 0 mol · L^{-1} NaCl 标准溶液于 250 mL 锥形瓶中，用水稀释至 50 mL，加 1 mL 5% K_2CrO_4 溶液，在不断摇动下用 $AgNO_3$ 标准溶液滴定，直至溶液由黄色变为稳定的橘红色，即为终点。同时做空白实验。

$$c(AgNO_3)=\frac{c(NaCl)\cdot V_1(NaCl)}{V-V_0}$$

式中　$c(AgNO_3)$——$AgNO_3$ 标准溶液的浓度；

V——滴定用去 $AgNO_3$ 标准溶液的总体积；

$c(NaCl)$——NaCl 标准溶液的浓度；

$V_1(NaCl)$——NaCl 标准溶液的体积；

V_0——空白滴定用去的 $AgNO_3$ 标准溶液的总体积。

实验七　牛奶酸度和钙含量的测定

一、实验目的

（1）了解牛奶酸度和钙含量的检测方法及其表示。

（2）了解配位滴定法的原理及方法。

二、实验原理

通过测定牛奶的酸度即可确定牛乳的新鲜程度，同时可反映出乳质的实际状况。乳的酸度一般以中和 100 mL 牛乳所需 0.1 mol · L^{-1} 氢氧化钠溶液的体积（单位：mL）来表示。正常牛乳的酸度随乳牛的品种、饲料、泌乳期的不同而略有差异，但一般均在 14 ~ 18°T 之间。如果牛乳放置时间过长，因细菌繁殖而致使牛乳酸度降低。因此牛乳的酸度是反映其质量的一项重要指标。

牛奶中钙的测定采取配位滴定法，用二乙胺四乙酸二钠盐（EDTA）溶液滴定牛奶中的钙。用 EDTA 测定钙，一般在 pH = 12 ~ 13 的碱性溶液中，以钙试剂（络蓝黑 R）为指示剂，计量点前钙与钙试剂形成粉红配合物，当用 EDTA 溶液滴定至计量点时，游离出指示剂，溶液呈现蓝色。滴定时 Fe、Al 有干扰，可用三乙醇胺掩蔽。

三、仪器与试剂

移液管（25 mL），量筒，锥形瓶，碱式滴定管，pHS-25 型酸度计，酚酞指示剂（1%），氢氧化钠标准溶液（0.1 mol · L^{-1}），标准缓冲溶液（pH = 6.88）；EDTA 标准溶液（0.02 mol · L^{-1}）、NaOH 溶液（20%）、铬蓝黑 R（0.5%）或 MgY-EBT 指示剂，鲜乳。

四、实验内容

1. NaOH 溶液的标定

见第 4 章实验四（食用白醋中 HAc 浓度的测定）。

2. 酸度的测定

（1）酸碱滴定法。

量取 50 mL 鲜乳，注入 250 mL 锥形瓶中，用 50 mL 中性蒸馏水稀释，加入 1% 酚酞指示剂 5 滴，混匀。用 0.1 mol · L^{-1} 氢氧化钠标准溶液（如何标定？）滴定，不断摇动，直至微红色在 1 min 内不消失为止。

计算酸度：以 100 mL 牛乳消耗的 NaOH 溶液体积（单位：mL）表示。或量取 250 mL 酸牛乳，充分搅拌均匀，然后准确称取此酸牛乳 15 ~ 20 g 于 250 mL 锥形瓶中，加入 50 mL 热至 40 °C 的蒸馏水（摇匀），加 0.1% 酚酞指示剂 3 滴，用 0.1 mol · L^{-1} NaOH 标准溶液滴至微红色在 30 s 内不消失，即为终点。重复 3 次，计算酸度（以 100 g 酸牛奶消耗的 NaOH 溶液体积表示）。

（2）酸度计法。

按照 pH 计的使用说明用标准缓冲溶液（pH = 6.88）定位，用蒸馏水洗净电极，擦干。取 50 mL 鲜牛奶放入 100 mL 烧杯中，在酸度计上测定 pH。

3. 钙含量的测定

（1）EDTA 溶液的标定（用标准锌溶液标定）。

见第 4 章实验十（胃舒平药片中铝和镁含量的测定）。

（2）钙含量的测定（配位滴定法）。

准确移取牛奶试样 25.00 mL 三份分别加入 250 mL 锥形瓶中，加入 25 mL 蒸馏水、2 mL 20% NaOH 溶液，摇匀，再加入 10 ~ 15 滴铬蓝黑 R 指示剂，用标准 EDTA 溶液滴定至溶液由粉红色至明显灰蓝色，即为终点。平行测定 3 次，计算牛奶中的含钙量，以每 100 mL 牛奶含钙的质量（单位：mg）表示。将纯鲜牛奶换成高钙牛奶，重复做三次，计算高钙牛奶中的含钙量。

$$c(\mathrm{Ca})\ (\mathrm{mg/100\ mL}) = \frac{c(\mathrm{EDTA})V(\mathrm{EDTA})\times 40}{25}\times 100$$

五、思考题

（1）牛奶酸度和钙含量是怎样表示的？

（2）锌标准溶液如何配制？

（3）EDTA 滴定牛奶中钙的原理是什么？如何消除 Fe、Al 的干扰？

实验八　硅酸盐水泥中硅、铁、铝、钙、镁含量的测定

一、实验目的

学习复杂物质分析的实验方法。

二、实验原理

1. 硅的测定

水泥主要由硅酸盐组成，一般含硅、铁、铝、镁和钙等。硅的测定可利用重量法。将试样与固体 NH_4Cl 混匀后，再加 HCl 分解，其中的硅生成硅酸凝胶沉淀下来。经过滤、洗涤后的 $SiO_2 \cdot H_2O$ 在瓷坩埚中于 950 °C 灼烧至恒重，称量，得到 SiO_2 的含量。滤液可进行铁、铝、镁和钙的测定。

2. 铁、铝的测定

取滤液适量，调节 pH 至 2.0 ~ 2.5，以磺基水杨酸为指示剂，用 EDTA 配位滴定铁（Fe^{3+}）；然后加入过量的 EDTA 标准溶液，加热煮沸，调节 pH 至 3.5，以 PAN（吡啶偶氮萘酚）为指示剂，用 $CuSO_4$ 标准溶液返滴定法测定 Al^{3+}。

3. 镁、钙的测定

Fe^{3+}、Al^{3+} 含量高时，对 Ca^{2+}、Mg^{2+} 测定有干扰，需先将它们分离。用尿素分离 Fe^{3+}、Al^{3+} 后，调节 pH 至 12.6，以钙指示剂或铬黑 T 为指示剂，EDTA 配位滴定法测定钙。然后调 pH 约为 10，以铬黑 T 为指示剂，EDTA 配位滴定法测定镁。

三、仪器与试剂

马弗炉，瓷坩埚，干燥器，分析天平，滴定管，锥形瓶，烧杯，沙浴锅，容量瓶，水泥试样，NH_4Cl（s），HCl（浓，6 $mol \cdot L^{-1}$，2 $mol \cdot L^{-1}$），HNO_3（浓），磺基水杨酸（10% 水溶液），氯乙酸-乙酸铵缓冲溶液（pH = 2.0），氯乙酸-乙酸钠缓冲溶液（pH = 3.5），氨水-氯化铵缓冲溶液（pH = 10），氢氧化钠强碱缓冲溶液（pH = 12.6），EDTA 标准溶液（0.02 $mol \cdot L^{-1}$），$CuSO_4$ 标准溶液（0.02 $mol \cdot L^{-1}$），溴甲酚绿（0.1% 的 20% 乙醇溶液），PAN（0.3% 乙醇溶液），氨水（1 : 1），尿素（10%），NH_4NO_3（1%），钙指示剂，NaOH（20%），$AgNO_3$（0.1 $mol \cdot L^{-1}$），铬黑 T。

四、实验内容

1. EDTA 溶液的标定（用标准锌溶液标定）

见第 4 章实验十（胃舒平药片中铝和镁含量的测定）。

2. 铜标准溶液的配制

（1）称取 1.000 0 g 金属铜，加入 20 mL 硝酸（1∶1），低温加热溶解并蒸发至近干，再加入 10 ml 硫酸（1∶1），小心继续蒸发至冒白烟，冷却后加水浸取，待盐类全部溶解，冷却后移入 1 000 mL 容量瓶中，用水稀释到刻度，摇匀。此溶液 1 mL 含有 1 mg 铜。

（2）称取 3.928 1 g 硫酸铜（$CuSO_4 \cdot 5H_2O$）溶于少量水中，滴入几滴硫酸（1∶1），移入 1 000 mL 容量瓶中，用水稀释至刻度，摇匀。此溶液 1 mL 含有 1 mg 铜。

3. SiO_2 的测定

准确称取 0.4 g 水泥试样，置于 50 mL 烧杯中，加入 2.5 ~ 3 g 固体 NH_4Cl，用玻璃棒搅拌均匀，滴加浓 HCl 至试样全部润湿（约 2 mL），滴加浓 HNO_3 2 ~ 3 滴，搅匀。盖上表面皿，置于沸水浴上，加热 1 min，加热水 40 mL，搅动以溶解可溶性盐类。过滤，用热水洗涤烧杯和沉淀，直至滤液中无 Cl^- 为止，弃去滤液。将沉淀连同滤纸放入已恒重的瓷坩埚，炭化并灰化后，于 950 °C 灼烧 30 min，取出，置于干燥器中冷却至恒温，称量。再灼烧，直至恒重。计算试样中 SiO_2 的含量。

4. 铁、铝的测定

（1）样品溶解：

准确称取约 2 g 水泥试样于 250 mL 烧杯中，加入 8 g SiO_2 固体 NH_4Cl，用玻璃棒搅拌 20 min 混匀，加浓 HCl 12 mL，使试样全部润湿，再滴加浓 HNO_3 4 ~ 8 滴，搅匀。盖上表面皿，置于已预热的沙浴上加热 20 ~ 30 min，直至无黑色或灰色的小颗粒为止。取下烧杯，稍冷却后加热水 40 mL，搅拌使可溶性盐类溶解。冷却后，连同沉淀一起转移到 500 mL 容量瓶中，稀释至刻度，摇匀，放置 1 ~ 2 h，使其澄清。然后，用虹吸管吸取溶液于洁净干燥的大烧杯中保存，作为测 Fe、Al、Ca、Mg 等用。

（2）铁、铝的测定：

准确移取试液 25.00 mL 至 250 mL 锥形瓶中，加磺基水杨酸 10 滴，pH = 2.0 的缓冲溶液 10 mL，用 EDTA 标准溶液滴定至酒红色变为无色（终点）。平行测定 3 份，计算 Fe_2O_3 的含量。

在测定 Fe 后的溶液中，加入 1 滴溴甲酚绿，用 HCl（1∶1）调至溶液呈黄绿色，然后加入过量 EDTA 标准溶液 15 mL，加热煮沸 1 min，加入 pH = 3.5 的缓冲溶液 10 mL，4 滴 PAN 指示剂，用 $CuSO_4$ 标准溶液滴定至茶红色（终点）。平行测定 3 份，计算 Al_2O_3 的含量。

5. 镁、钙的测定

Fe、Al 对 Ca、Mg 的测定有干扰，需先将它们分离。取试液 100 mL 于 250 mL 烧杯中，滴加氨水至红棕色沉淀生成，再滴入 HCl（2 mol · L^{-1}）使沉淀刚好溶解。然后，加入尿素溶液 25 mL，加热约 20 min，不断搅拌，使分离 Fe^{3+}、Al^{3+}沉淀完全，趁热过滤，滤液用 250 mL 烧杯承接。用 NH_4NO_3（1%）热水洗涤沉淀至无 Cl^-。滤液冷却后转移至 250 mL 容量瓶中，稀释至刻度，摇匀，用于测定 Ca、Mg。

准确移取试液 25.00 mL 至 250 mL 锥形瓶中，加 2 滴钙指示剂，滴加 NaOH（20%）使溶液变为微红色，加入 10 mL pH = 12.6 的缓冲溶液和 20 mL 水，用 EDTA 标准溶液滴定至终点（纯蓝色）。平行测定 3 份，计算 CaO 的含量。

在测定 Ca 后的溶液中，滴加 HCl（$2\ mol \cdot L^{-1}$）至溶液黄色褪去，此时 pH 约为 10，加入 15 mL pH = 10 的缓冲溶液、2 滴铬黑 T 指示剂，用 EDTA 标准溶液滴定至由红色变为纯蓝色（终点）。平行测定 3 份，计算 MgO 的含量。

五、思考题

（1）Fe^{3+}、Al^{3+}、Ca^{2+}、Mg^{2+}共存时，能否用 EDTA 标准溶液控制酸度法滴定 Fe^{3+}？滴定时酸度范围为多少？

（2）测定 Al^{3+}时为什么用返滴定法？

实验九　碱式碳酸铜的制备

一、实验目的

（1）通过查阅资料了解碱式碳酸铜的制备原理和方法。

（2）通过实验探求制备碱式碳酸铜的反应物配比和合适温度。

（3）初步学会设计实验方案，以培养独立分析、解决问题以及设计实验的能力。

二、实验原理

碱式碳酸铜 [$Cu_2(OH)_2CO_3$]为天然孔雀石的主要成分，呈暗绿色或淡蓝绿色，加热至 200 °C 即分解，在水中的溶解度很小，新制备的试样在水中很容易分解。

通过查阅资料，给出碱式碳酸铜的制备原理和方法。

三、实验内容

1. 反应物溶液的配制

配制 0.5 mol · L^{-1} $CuSO_4$溶液和 0.5 mol · L^{-1} Na_2CO_3溶液各 100 mL。

2. 制备反应条件的探究

（1）$CuSO_4$和 Na_2CO_3溶液的合适配比。

于 4 支试管内均加入 2.0 mL 0.5 mol · L^{-1} $CuSO_4$ 溶液，再分别取 0.5 mol · L^{-1} Na_2CO_3 溶液 1.6，2.0，2.4，2.8 mL 依次加入另外 4 支编号的试管中。将 8 支试管放在 75 °C 的恒温水浴中。几分钟后，依次将 $CuSO_4$溶液分别倒入 Na_2CO_3溶液中，振荡试管，比较各试管中沉淀生成的速率、沉淀的数量及颜色，从中得出两种反应物溶液以何种比例相混合为最佳。

（2）反应温度的确定。

在 3 支试管中，各加入 2.0 mL 0.5 mol · L^{-1} $CuSO_4$溶液，另取 3 支试管，各加入由上述实验得到的合适用量的 0.5 mol · L^{-1} Na_2CO_3溶液。从这两列试管中各取一支，将它们分别置于室温、50 °C、100 °C 的恒温水浴中，数分钟后将 $CuSO_4$溶液倒入 Na_2CO_3溶液中，振荡并观察现象，由实验结果确定制备反应的合适温度。

3. 碱式碳酸铜的制备

取 60 mL 0.5 mol · L^{-1} $CuSO_4$ 溶液，根据上面实验确定的反应物合适比例及适宜温度制取碱式碳酸铜。待沉淀完全后，用蒸馏水洗涤沉淀数次，直到沉淀中不含 SO_4^{2-}为止，吸干。将所得产品在烘箱中于 100 °C 烘干，待冷至室温后，称量并计算产率。

实验十　纳米二氧化钛的制备

一、实验目的

（1）了解二氧化钛的制备方法，掌握钛醇盐水解法制备二氧化钛。

（2）以酞酸丁酯为原料，自行设计制备二氧化钛的试验方案。

二、实验原理

二氧化钛是白色固体或粉末状的两性氧化物，又称钛白，化学式 TiO_2，自然界存在三种变体：金红石、锐钛矿、板钛矿。二氧化钛在水中的溶解度很小，但可溶于酸，也可溶于碱。

纳米 TiO_2 的制备方法很多，钛醇盐水解法是以钛醇盐为原料，通过水解和缩聚反应制得溶胶，再进一步缩聚得到凝胶，凝胶经干燥和煅烧处理即可得纳米 TiO_2。其化学反应式为

水解：　$Ti(OR)_4 + nH_2O \longrightarrow Ti(OR)_{(4-n)}(OH)_n + nROH$

缩聚：　$2Ti(OR)_{(4-n)}(OH)_n \longrightarrow [Ti(OR)_{(4-n)}(OH)_{(n-1)}]_2O + H_2O$

三、实验内容

（1）查阅有关资料，设计出详细的试验方案（包括基本的实验原理，详细的实验步骤，每一步骤的具体条件，试剂的用量以及每一操作选用的器皿和规格等），经指导教师审阅批准后进行试验。

（2）按制备 2 g 理论量的二氧化钛，计算出其他试剂和原料的用量。

（3）写出完整的实验报告（包括目的要求，基本原理，现象记录，产品质量，产率，讨论项目）。

（4）对产品的质量进行鉴定：产品晶型分析以及催化活性分析。

实验十一　煤矸石及废铝箔制备硫酸铝

一、实验目的

（1）了解煤矸石的主要成分，掌握由煤矸石废弃物制备硫酸铝的方法。

（2）培养学生查阅文献，设计实验，分析和解决问题的能力。

二、实验原理

煤矸石是煤生产过程中副产的固体废弃物。一般含有 C 10%～30%，SiO_2 30%～50%，Al_2O_3 10%～30%，Fe_2O_3 10%～30%，碳酸盐约 5%，水分约 5%。

在 (973 ± 50) K 焙烧煤矸石，可使其中较多的 Al_2O_3 转化为活性的γ-Al_2O_3，若温度太低则达不到活化的目的，太高则得到在酸中难以转化成硫酸铝的α-Al_2O_3。当γ-Al_2O_3 与 H_2SO_4 反应，主要反应式：

$$Al_2O_3 + 3H_2SO_4 + (x-3)H_2O = Al_2(SO_4)_3 \cdot xH_2O$$

$$x = 6, 10, 14, 18, 27$$

主要副反应如下：

$$Fe_2O_3 + H_2SO_4 = Fe_2(SO_4)_3 + 3H_2O$$

活性γ-Al_2O_3 经硫酸浸取，产物为 $Al_2(SO_4)_3 \cdot 18H_2O$ 晶体。煤矸石中的钙、镁、钛等金属氧化物也不同程度地与 H_2SO_4 反应生成硫酸盐。产品中含杂质硫酸铁过高时，颜色发黄。反应时煤矸石粉应过量，使产品不含游离酸，且使原料硫酸被充分利用。

氧化铁的测定：用 10%磺基水杨酸与铁的配合物的紫红色作为指示剂，用 0.01 $mol \cdot L^{-1}$ EDTA 标准溶液滴定至试液由紫红色变为亮黄色或无色。

氧化铝的测定：用 0.1% PAN 为指示剂，EDTA 标准溶液返滴定法，由黄色变为紫红色或蓝紫色即为终点。

三、实验内容

（1）查阅有关资料，设计出详细的试验方案（包括基本的实验原理，详细的实验步骤，每一步骤的具体条件，试剂的用量以及每一操作选用的器皿和规格等），经指导教师审阅批准后进行试验。

（2）写出完整的实验报告（包括目的要求，基本原理，现象记录，产品质量，产率，讨论项目）。

实验十二　天然染料敏化半导体纳米电池的制作

一、实验目的

（1）了解染料敏化电池的原理。

（2）掌握染料敏化半导体纳米电池的制作步骤与方法。

（3）掌握电池性能测定的一般方法。

二、实验原理

染料敏化电池是利用染料吸收太阳能，将光能转化成电能的一种装置。常见的光敏剂有天然染料和合成染料。具有吸收光能力强、光谱范围宽的天然染料如卟啉类等，从植物中用水等作为溶剂提取即可使用。

常用的半导体纳米材料有 TiO_2 等，制备纳米 TiO_2 的原料有多种，如 $TiCl_4$、钛酸丁酯、钛酸异丙酯等；制备方法有多种，包括水凝胶法、有机溶剂凝胶法、气相沉积法等。

将半导体氧化钛铺于导电玻璃上，将染料吸附到半导体纳米粒子上，在光照下光敏剂吸收太阳光中的能量，使基态电子跃迁到激发态，激发态电子转移到半导体纳米电极上，使之形成染料敏化电极，并 I_2/I^- 电对构成电池。

三、实验内容

（1）将红茶用一定量的水浸泡一天，过滤，得红茶提取物染料。

（2）用四氯化钛或钛酸正丁酯制备纳米氧化钛，浓缩得纳米氧化钛糊状物。

（3）将纳米氧化钛涂于导电玻璃上，300 °C 烧结 30 min，冷却后浸渍于红茶提取物中，数小时后取出，用乙醇洗涤，干燥后粘结一导线。

（4）在另一导电玻璃上用铅笔涂上炭黑，并粘结一导线制作另一电极。

（5）在两电极间加入 I_2/KI 溶液，将两电极用夹子夹紧组装成电池。

（6）分别在暗处和光照下测定电池的电流和电压。

实验十三　席夫碱铜配合物的合成与表征

一、实验目的

（1）了解金属配合物的实际应用。

（2）掌握席夫碱合成的基本原理。

（3）掌握金属配合物的合成及提纯方法。

（4）掌握有机金属配合物的表征方法。

二、实验原理

金属配合物在现代化学、药物、生物学、功能材料上都有重要的应用。席夫碱金属铜配合物是抗菌、抗癌等的一类重要化合物，其制备方法是先在乙醇、丙酮等溶剂中制得一种席夫碱，然后利用席夫碱的氮、氧等作为配位原子与过渡金属离子配位形成配合物，其基本的合成路线如下：

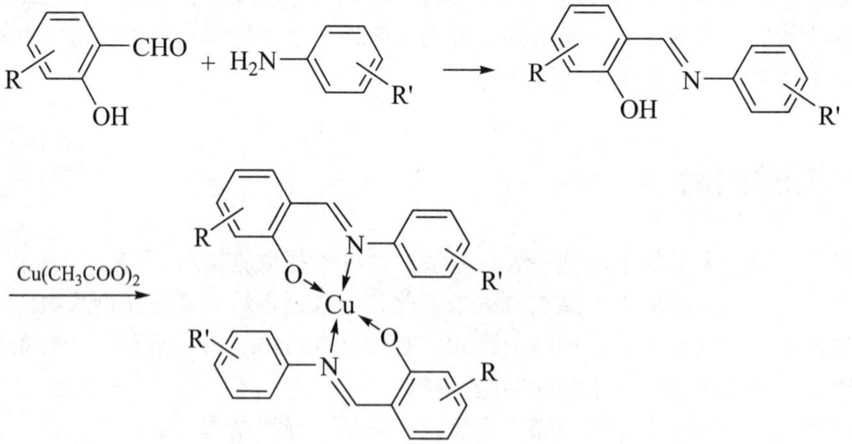

三、实验内容

（1）选用一种醛和一种胺，在三个不同温度和三个不同时间制备一种席夫碱，测定其熔点，并对所制化合物用元素分析、红外、紫外、质谱进行表征。

（2）用所制配体与醋酸铜反应制备金属铜配合物，用元素分析、红外、紫外表征。

（3）分析配体与配合物红外、紫外的差别。

实验十四　天然药物的分离与检测

一、实验目的

（1）理解天然药物分离的基本原理。
（2）掌握天然药物分离的基本方法。
（3）掌握药物分析与检测的基本方法。

二、实验原理

天然药物化学研究常从有效成分或生理活性成分的提取、分离工作开始。在进行提取之前，应了解所用材料的基源（如动、植物的学名）、产地、药用部位、采集时间与方法等。目的物为已知成分或已知化学结构类型，如从甘草中提取甘草酸，从麻黄中提取麻黄碱，或从植物中提取某类成分如总生物碱或总酸性成分时，工作比较简单。一般宜先查阅有关资料，搜集、比较该种或该类成分的各种提取方案，尤其是工业生产方法，再根据具体条件加以选用。

天然药物提取的方法有溶剂提取法、水蒸气蒸馏法、升华法等。天然药物提取后，可以通过气、液相色谱分析其组成及含量，对于分离出的纯组分，可通过红外、紫外、元素分析、质谱等进行表征。

三、实验内容

（1）选用一种药用植物，选择一种相适应的提取方法，进行提取或分离。
（2）通过液相或气相色谱测定其成分及含量。
（3）比较不同条件下提取物组成及含量的变化。
（4）对提取物为纯物质的样品进行表征。

主要参考书目

[1] 南京大学化学实验教学组. 大学化学实验[M]. 北京：高等教育出版社，1999.
[2] 南京无机及分析化学实验编写组. 无机及分析化学实验[M]. 4 版. 北京：高等教育出版社，2006.
[3] 中山大学，等. 无机化学实验[M]. 3 版. 北京：高等教育出版社，1992.
[4] 崔学桂，张晓丽，胡清萍. 基础化学实验（Ⅰ）[M]. 2 版. 北京：化学工业出版社，2009.
[5] 武汉大学. 分析化学实验[M]. 3 版. 北京：高等教育出版社，1994.
[6] 高职高专化学教材编写组. 分析化学实验[M]. 2 版. 北京：高等教育出版社，2002.

附　录

附录 A　几种常用酸碱的密度和浓度

酸或碱	分子式	密度/g·mL^{-1}	质量分数	浓度/mol·L^{-1}
浓硫酸 稀硫酸	H_2SO_4	1.84 1.18	0.96 0.25	18 3
浓盐酸 稀盐酸	HCl	1.18 1.10	0.36 0.20	12 6
浓硝酸 稀硝酸	HNO_3	1.42 1.19	0.72 0.32	16 6
冰乙酸 稀乙酸	CH_3COOH	1.05 1.04	0.995 0.34	17 6
磷酸	H_3PO_4	1.69	0.85	15
浓氨水 稀氨水	$NH_3 \cdot H_2O$	0.90 0.96	0.28 ~ 0.30 0.10	15 6

附录 B　一些弱电解质的标准解离常数（25 °C）

名　称	解离常数	pK_a（pK_b）
氢氰酸（HCN）	$K_a = 4.93\times10^{-10}$	9.31
亚硝酸（HNO_2）	$K_a = 4.6\times10^{-4}$	3.37
次磷酸（H_3PO_2）	$K_a = 5.9\times10^{-2}$	1.23
乙　酸（HAc）	$K_a = 1.76\times10^{-5}$	4.76
氢氟酸（HF）	$K_a = 3.53\times10^{-4}$	3.45
硼　酸（H_3BO_3）	$K_a = 5.8\times10^{-10}$	9.24
甲　酸（HCOOH）	$K_a = 1.8\times10^{-4}$	3.75
苯　酚（C_6H_5OH）	$K_a = 1.28\times10^{-10}$	9.89
双氧水（H_2O_2）	$K_a = 2.24\times10^{-12}$	11.65
次氯酸（HClO）	$K_a = 2.88\times10^{-8}$	7.54
次溴酸（HBrO）	$K_a = 2.06\times10^{-9}$	8.69
次碘酸（HIO）	$K_a = 2.3\times10^{-11}$	10.64
氢硫酸（H_2S）	$K_{a1} = 9.1\times10^{-8}$ $K_{a2} = 7.1\times10^{-15}$	7.04 14.15
碳　酸（H_2CO_3）	$K_{a1} = 4.2\times10^{-7}$ $K_{a2} = 5.6\times10^{-11}$	6.38 10.25

续附录 B

名　称	解离常数	$pK_a(pK_b)$
亚硫酸（H_2SO_3）	$K_{a1}=1.54\times10^{-2}$ $K_{a2}=1.02\times10^{-7}$	1.81 6.91
草　酸（$H_2C_2O_4$）	$K_{a1}=5.9\times10^{-2}$ $K_{a2}=6.4\times10^{-5}$	1.23 4.19
亚磷酸（H_3PO_3）	$K_{a1}=5.0\times10^{-2}$ $K_{a2}=2.5\times10^{-7}$	1.30 6.60
磷　酸（H_3PO_4）	$K_{a1}=7.52\times10^{-3}$ $K_{a2}=6.23\times10^{-8}$ $K_{a3}=2.2\times10^{-13}$	2.12 7.21 12.67
氨　水（$NH_3\cdot H_2O$）	$K_b=1.78\times10^{-5}$	4.75
羟　氨（NH_2OH）	$K_b=9.12\times10^{-9}$	8.04

附录 C　标准电极电位（298 K）

电极反应（半反应）	$E^\ominus$/V	电极反应（半反应）	$E^\ominus$/V
$Li^++e^-=Li$	−3.045	$Cu^++e^-=Cu$	0.521
$K^++e^-=K$	−2.925	$Cu^{2+}+2e^-=Cu$	0.223
$Ca(OH)_2+2e^-=Ca+2OH^-$	−3.020	$Cu^{2+}+e^-=Cu^+$	0.159
$Ba(OH)_2+2e^-=Ba+2OH^-$	−2.99	$ClO_4^-+H_2O+2e^-=ClO_3^-+2OH^-$	0.360
$Rb^++e^-=Rb$	−2.925	$ClO_2^-+H_2O+2e^-=ClO^-+2OH^-$	0.342
$Cs^++e^-=Cs$	−2.923	$O_2+2H_2O+4e^-=4OH^-$	0.350
$Ba^{2+}+2e^-=Ba$	−2.912	$Ag_2O+H_2O+2e^-=Ag+2OH^-$	0.340
$Sr^{2+}+2e^-=Sr$	−2.89	$Br_2(l)+2e^-=2Br^-$	0.907
$Na^++e^-=Na$	−2.714	$MnO_2+4H^++2e^-=Mn^{2+}+2H_2O$	0.108 7
$Ca^{2+}+2e^-=Ca$	−2.87	$2NO_3^-+4H^++2e^-=N_2O_4+2H_2O$	0.799 6
$Mg(OH)_2+2e^-=Mg+2OH^-$	−2.690	$ClO^-+H_2O+2e^-=Cl^-+2OH^-$	0.851
$Mg^{2+}+2e^-=Mg$	−2.375	$[PtCl_6]^{2-}+2e^-=[PtCl_4]^{2-}+2Cl^-$	0.68
$Al(OH)_3+3e^-=Al+3OH^-$	−2.31		
$H_2(g)+2e^-=2H^-$	−2.25	$Pt^{2+}+2e^-=Pt$	1.18
$Al^{3+}+3e^-=Al$	−1.66	$Cr_2O_7^{2-}+14H^++6e^-=2Cr^{3+}+7H_2O$	1.330
$Be^{2+}+2e^-=Be$	−1.85	$MnO_4^-+e^-=MnO_4^2$	0.558
$Mn(OH)_2+2e^-=Mn+2OH^-$	−1.47	$MnO_4^-+4H^++3e^-=MnO_2+2H_2O$	1.679
$Zn(OH)_2+2e^-=Zn+2OH^-$	−1.249	$MnO_4^-+8H^++5e^-=Mn^{2+}+2H_2O$	1.510
$Mn^{2+}+2e^-=Mn$	−1.180	$[FeCN_6]^{3-}+e^-=[FeCN_6]^{4-}$	0.401
$2H_2O+2e^-=H_2+2OH^-$	−0.828	$AgF+e^-=Ag+F^-$	0.779
$Zn^{2+}+2e^-=Zn$	−0.763	$Hg^{2+}+2e^-=Hg$	0.851

续附录 C

电极反应（半反应）	$E^{\ominus}$/V	电极反应（半反应）	$E^{\ominus}$/V
$Cr^{3+} + 3e^- = Cr$	−0.744	$2Hg^{2+} + 2e^- = Hg_2^{2+}$	0.920
$Fe(OH)_3 + e^- = Fe(OH)_2 + OH^-$	−0.56	$Hg_2^{2+} + 2e^- = 2Hg$	0.690
$Fe^{2+} + 2e^- = Fe$	−0.409 0	$I_2 + 2e^- = 2I^-$	0.538
$2CO_2 + 2H^+ + 2e^- = H_2C_2O_4$	−0.49	$S + 2e^- = S^{2-}$	−0.476
$Cd^{2+} + 2e^- = Cd$	−0.403	$[Ag(NH_3)_2]^+ + e^- = Ag + 2NH_3$	0.373
$Ni^{2+} + 2e^- = Ni$	−0.246	$[Co(NH_3)_6]^{3+} + e^- = [Co(NH_3)_6]^{2+}$	0.108
$Co^{2+} + 2e^- = Co$	−0.277	$[Co(NH_3)_6]^{2+} + 2e^- = Co + 6NH_3$	−0.43
$Sn^{2+} + 2e^- = Sn$	−0.136	$Cu(OH)_2 + 2e^- = Cu + 2OH^-$	−0.222
$Sn^{4+} + 2e^- = Sn^{2+}$	0.151	$F_2 + 2H^+ + 2e^- = 2HF$	3.053
$[SnF_6]^{2-} + 4e^- = Sn + 6F^-$	−0.25	$Fe^{3+} + e^- = Fe^{2+}$	0.771
$2H^+ + 2e^- = H_2$	0.000 0	$FeF_6^{3-} + e^- = Fe^{2+} + 6F^-$	0.4
$Pb^{2+} + 2e^- = Pb$	−0.126	$Ag^+ + e^- = Ag$	0.799
$PbI_2 + 2e^- = Pb + 2I^-$	−0.365	$AgI + e^- = Ag + I^-$	−0.15 2
$PbSO_4 + 2e^- = Pb + SO_4^{2-}$	−0.355 3	$AgBr + e^- = Ag + Br^-$	−0.071
$PbBr_2 + 2e^- = Pb + 2Br^-$	−0.280	$AgCl + e^- = Ag + Cl^-$	−0.222 3
$PbCl_2 + 2e^- = Pb + 2Cl^-$	−0.268	$[Ag(S_2O_3)_2]^{3-} + e^- = Ag + 2S_2O_3^{2-}$	0.01
		$Ag_2CrO_4 + 2e^- = 2Ag + CrO_4^{2-}$	0.447

附录 D 难溶化合物的溶度积常数（25.0 °C）

分子式	K_{sp}	pK_{sp}（$-\lg K_{sp}$）	分子式	K_{sp}	pK_{sp}（$-\lg K_{sp}$）
Ag_3AsO_4	1.0×10^{-22}	22.0	Hg_2Cl_2	1.3×10^{-18}	17.88
$AgBr$	5.0×10^{-13}	12.3	HgC_2O_4	1.0×10^{-7}	7.0
$AgBrO_3$	5.50×10^{-5}	4.26	Hg_2CO_3	8.9×10^{-17}	16.05
$AgCl$	1.8×10^{-10}	9.75	$Hg_2(CN)_2$	5.0×10^{-40}	39.3
$AgCN$	1.2×10^{-16}	15.92	Hg_2CrO_4	2.0×10^{-9}	8.70
Ag_2CO_3	8.1×10^{-12}	11.09	Hg_2I_2	4.5×10^{-29}	28.35
$Ag_2C_2O_4$	3.5×10^{-11}	10.46	HgI_2	2.82×10^{-29}	28.55
Ag_2CrO_4	1.2×10^{-12}	11.92	$Hg_2(IO_3)_2$	2.0×10^{-14}	13.71
$Ag_2Cr_2O_7$	2.0×10^{-7}	6.70	$Hg_2(OH)_2$	2.0×10^{-24}	23.7
AgI	8.3×10^{-17}	16.08	HgS（红）	4.0×10^{-53}	52.4
$AgIO_3$	3.1×10^{-8}	7.51	HgS（黑）	1.6×10^{-52}	51.8
$AgOH$	2.0×10^{-8}	7.71	$MgCO_3$	3.5×10^{-8}	7.46
Ag_3PO_4	1.4×10^{-16}	15.84	$Mg(OH)_2$	1.8×10^{-11}	10.74

续附录 D

分子式	K_{sp}	pK_{sp} ($-\lg K_{sp}$)	分子式	K_{sp}	pK_{sp} ($-\lg K_{sp}$)
Ag_2S	6.3×10^{-50}	49.2	$MnCO_3$	1.8×10^{-11}	10.74
AgSCN	1.0×10^{-12}	12.00	MnS（粉红）	2.5×10^{-10}	9.6
Ag_2SO_3	1.5×10^{-14}	13.82	MnS（绿）	2.5×10^{-13}	12.6
Ag_2SO_4	1.4×10^{-5}	4.84	$NiCO_3$	6.6×10^{-9}	8.18
$Al(OH)_3$	4.57×10^{-33}	32.34	NiC_2O_4	4.0×10^{-10}	9.4
Al_2S_3	2.0×10^{-7}	6.7	$Ni(OH)_2$（新）	2.0×10^{-15}	14.7
$Au(OH)_3$	5.5×10^{-46}	45.26	$Ni_3(PO_4)_2$	5.0×10^{-31}	30.3
$AuCl_3$	3.2×10^{-25}	24.5	α-NiS	3.2×10^{-19}	18.5
AuI_3	1.0×10^{-46}	46.0	β-NiS	1.0×10^{-24}	24.0
$Ba_3(AsO_4)_2$	8.0×10^{-51}	50.1	γ-NiS	2.0×10^{-26}	25.7
$BaCO_3$	5.1×10^{-9}	8.29	$PbBr_2$	4.0×10^{-5}	4.41
BaC_2O_4	1.6×10^{-7}	6.79	$PbCl_2$	1.6×10^{-5}	4.79
$BaCrO_4$	1.2×10^{-10}	9.93	$PbCO_3$	7.4×10^{-14}	13.13
$Ba_3(PO_4)_2$	3.4×10^{-23}	22.44	$PbCrO_4$	2.8×10^{-13}	12.55
$BaSO_4$	1.1×10^{-10}	9.96	PbS	1.0×10^{-28}	28.00
BaS_2O_3	1.6×10^{-5}	4.79	$PbSO_4$	1.6×10^{-8}	7.79
$Bi_2(C_2O_4)_3$	3.98×10^{-36}	35.4	$CaCO_3$	2.8×10^{-9}	8.54
$Bi(OH)_3$	4.0×10^{-31}	30.4	$Ca(OH)_2$	5.5×10^{-6}	5.26
$CdCO_3$	5.2×10^{-12}	11.28	$CaSO_4$	3.16×10^{-7}	5.04
CdS	8.0×10^{-27}	26.1	$Ca_3(PO_4)_2$	2.0×10^{-29}	28.70
CdSe	6.31×10^{-36}	35.2	PbSe	7.94×10^{-43}	42.1
$Co(OH)_2$（蓝）	6.31×10^{-15}	14.2	$Pd(OH)_2$	1.0×10^{-31}	31.0
$Co(OH)_2$（粉红，新沉淀）	1.58×10^{-15}	14.8	$Pd(OH)_4$	6.3×10^{-71}	70.2
$Co(OH)_2$（粉红，陈化）	2.00×10^{-16}	15.7	PdS	2.03×10^{-58}	57.69
$Cr(OH)_3$	6.3×10^{-31}	30.2	Sb_2S_3	1.5×10^{-93}	92.8
CuBr	5.3×10^{-9}	8.28	$Sn(OH)_2$	1.4×10^{-28}	27.85
CuCl	1.2×10^{-6}	5.92	$Sn(OH)_4$	1.0×10^{-56}	56.0
CuCN	3.2×10^{-20}	19.49	SnO_2	3.98×10^{-65}	64.4
$CuCO_3$	2.34×10^{-10}	9.63	SnS	1.0×10^{-25}	25.0
CuI	1.1×10^{-12}	11.96	SnSe	3.98×10^{-39}	38.4
$Cu(OH)_2$	4.8×10^{-20}	19.32	$Fe(OH)_2$	8.0×10^{-16}	15.1
$Cu_3(PO_4)_2$	1.3×10^{-37}	36.9	$Fe(OH)_3$	4.0×10^{-38}	37.4
Cu_2S	2.5×10^{-48}	47.6	FeS	6.3×10^{-18}	17.2
Cu_2Se	1.58×10^{-61}	60.8	$ZnCO_3$	1.4×10^{-11}	10.84
CuS	6.3×10^{-36}	35.2	$Zn(OH)_2$	2.09×10^{-16}	15.68
CuSe	7.94×10^{-49}	48.1	α-ZnS	1.6×10^{-24}	23.8
Hg_2Br_2	5.6×10^{-23}	22.24	β-ZnS	2.5×10^{-22}	21.6

附录 E　配离子的稳定常数

配离子	稳定常数	$\lg\beta$	配离子	稳定常数	$\lg\beta$
$[Ag(NH_3)_2]^+$	1.11×10^{7}	7.05	$[Fe(CN)_6]^{4-}$	1.00×10^{35}	35
$[AgCl_2]^-$	1.10×10^{5}	5.04	$[Fe(CN)_6]^{3-}$	1.10×10^{42}	42
$[AgBr_2]^-$	2.14×10^{7}	7.33	$[Fe(F)_6]^{3-}$		15.77
$[Ag(CN)_2]^-$	1.26×10^{21}	21.10	$[Fe(C_2O_4)_3]^{3-}$	1.58×10^{20}	20.20
$[Ag(SCN)_2]^-$	3.72×10^{7}	7.57	$[Fe(C_2O_4)_3]^{4-}$	1.66×10^{5}	5.22
$[Ag(S_2O_3)_2]^{3-}$	$\beta_1=6.61\times10^{8}$ $\beta_2=3.16\times10^{3}$	8.82 13.5	$[Fe(SCN)_2]^+$	$\beta_1=8.91\times10^{2}$ $\beta_2=2.29\times10^{3}$	8.82 3.36
$[Ag(Ac)_2]^-$	4.37	0.64	$[Co(NH_3)_6]^{2+}$	1.29×10^{5}	5.11
$[Cu(NH_3)_4]^{2+}$	2.09×10^{13}	13.32	$[Co(NH_3)_6]^{3+}$	1.59×10^{35}	35.2
$[Cu(CN)_4]^{2-}$	2.0×10^{30}	30.30	$[Co(SCN)_4]^{2-}$	1.00×10^{3}	3.00
$[Cu(Ac)_4]^{2-}$	1.54×10^{3}	3.30	$[Cd(NH_3)_4]^{2+}$	1.32×10^{7}	7.12
$[Cu]C_2O_4)_2]^{2-}$	7.9×10^{8}	8.90	$[Cd(CN)_4]^{2-}$	6.03×10^{18}	18.78
$[Ni(NH_3)_6]^{2+}$	5.50×10^{8}	8.74	$[CdI_4]^{2-}$	2.57×10^{5}	5.41
$[Ni(CN)_4]^{2-}$	2.00×10^{31}	31.3	$[CdCl_4]^{2-}$	6.31×10^{2}	2.80
$[Zn(NH_3)_4]^{2+}$	2.88×10^{9}	9.46	$[Al(F)_6]^{3-}$	6.92×10^{19}	19.84
$[Zn(CN)_4]^{2-}$	5.01×10^{16}	16.7	$[Sn(F)_6]^{2-}$	1.00×10^{25}	25
$[Zn(C_2O_4)_3]^{4-}$	1.41×10^{8}	8.15	$[PbCl_3]^-$	1.70×10^{3}	3.23
$[Zn(OH)_4]^{2-}$	4.57×10^{17}	17.66	$[Pb(Ac)_4]^{2-}$	3.16×10^{8}	8.50
$[Hg(NH_3)_4]^{2+}$		19.28	$[Au(CN)_2]^-$	2.00×10^{38}	38.30
$[HgCl_4]^{2-}$	1.17×10^{15}	15.07	$[Cd(en)_3]^{2+}$	1.23×10^{12}	12.09
$[HgI_4]^{2-}$	6.76×10^{29}	29.83	$[Co(en)_3]^{2+}$	8.71×10^{13}	13.94
$[Hg(CN)_4]^{2-}$	2.51×10^{41}	41.4	$[Co(en)_3]^{3+}$	4.90×10^{48}	48.69
$[Hg(SCN)_4]^{2-}$	1.70×10^{21}	21.23	$[Fe(en)_3]^{2+}$	5.01×10^{9}	9.70
$[Zn(en)_3]^{2+}$	1.29×10^{14}	14.11	$[Ni(en)_3]^{2+}$	2.14×10^{18}	18.33

附录 F 氢氧化物（氧化物）沉淀和溶解时所需的 pH

氢氧化物（氧化物）	pH				
	开始沉淀		沉淀完全	沉淀开始溶解	沉淀完全溶解
	原始浓度（$1\ mol\cdot L^{-1}$）	原始浓度（$0.01\ mol\cdot L^{-1}$）			
$Sn(OH)_4$	0	0.5	1.0	13	>14
$Sn(OH)_2$	0.9	2.1	4.7	10	13.5
$TiO(OH)_2$	0	0.5	2.0		
$ZrO(OH)_2$	1.3	2.3	3.8		
$Fe(OH)_3$	1.5	2.3	4.1	14	
HgO	1.3	2.4	5.0	11.5	
$Cr(OH)_3$	4.0	4.9	6.8	12	>14
$Be(OH)_2$	5.2	6.2	8.8		
$Zn(OH)_2$	5.4	6.4	8.0	10.5	12～13
$Fe(OH)_2$	6.5	7.5	9.7	13.5	
$Co(OH)_2$	6.6	7.6	9.2	14	
$Ni(OH)_2$	6.7	7.7	9.5		
$Cd(OH)_2$	7.2	8.2	9.7		
Ag_2O	6.2	8.2	11.2	12.7	
$Mn(OH)_2$	7.8	8.8	10.4	14	
$Mg(OH)_2$	9.4	10.4	12.4		

附录 G 基准试剂的干燥条件

基准试剂	使用前的干燥条件
碳酸钠	坩埚中加热到 270～300 °C，干燥至恒重
氨基磺酸	在抽真空的硫酸干燥器中放置约 48 h
邻苯二甲酸氢钾	在 105～110 °C 下干燥至恒重
草酸钠	在 105～110 °C 下干燥至恒重
重铬酸钾	在 140 °C 下干燥至恒重
碘酸钾	在 105～110 °C 下干燥至恒重
溴酸钾	在 180 °C 下干燥 1～2 h
三氧化二砷	在硫酸干燥器中干燥至恒重
铜	在硫酸干燥器中放置约 24 h
氯化钠	在 500～600 °C 下灼烧至恒重
锌	用 $6\ mol\cdot L^{-1}$ HCl 冲洗表面，再用水、乙醇、丙酮冲洗，在干燥器中放置约 24 h

附录 H　滴定分析中常用的指示剂

（1）酸碱指示剂

指示剂名称	变色范围	颜色变化	配制方法
甲基橙	3.1～4.4	红色—橙黄色	0.1% 水溶液
二甲基黄	2.9～4.4	红—黄	0.1 g 指示剂溶于 100 mL 20% 乙醇中
溴酚蓝	3.0～4.6	黄—蓝	0.1 g 指示剂溶于 100 mL 20% 乙醇中
中性红	6.8～8.0	红—亮黄	0.1 g 指示剂溶于 100 mL 60% 乙醇中
刚果红	3.0～5.2	蓝紫—红	0.1% 水溶液
溴百里酚蓝	6.0～7.6	黄—蓝	0.05 g 指示剂溶于 100 mL 20% 乙醇中
酚酞	8.2～10.0	无—粉红	0.1 g 指示剂溶于 100 mL 60% 乙醇中
百里酚酞	9.4～10.6	无—蓝	0.1 g 指示剂溶于 100 mL 90% 乙醇中

（2）金属离子指示剂

指示剂名称	解离平衡颜色变化	配制方法
铬黑 T（EBT）	$H_2In^- \xrightarrow{pK_{a2}=6.3} HIn^{2-} \xrightarrow{pK_{a3}=11.5} In^{3-}$ 紫红　蓝　橙	1. 0.5% 水溶液 2.与 NaCl 按 1∶100 质量比混合
二甲酚橙（XO）	$H_3In^{4-} \xrightarrow{pK_a=6.3} H_2In^{5-}$ 黄　红	0.2% 水溶液
K-B 指示剂	$H_2In \xrightarrow{pK_a=8} HIn^- \xrightarrow{pK_{a2}=13} In^{2-}$ 红　蓝　紫红	0.2 g 酸性铬蓝 K 与 0.34 g 萘酚绿 B 溶于 100 mL 水中。配置后需调节 K-B 比例，使终点变化明显
钙指示剂	$H_2In^- \xrightarrow{pK_{a2}=7.4} HIn^{2-} \xrightarrow{pK_{a3}=13.5} In^{3-}$ 酒红　蓝　酒红	0.5% 的乙醇溶液
吡啶偶氮萘酚（PAN）	$H_2In^+ \xrightarrow{pK_{a1}=1.9} HIn \xrightarrow{pK_{a2}=12.2} In^-$ 黄绿　黄　淡红	0.1% 或 0.3% 的乙醇溶液
磺基水杨酸	$H_2In \xrightarrow{pK_{a2}=2.7} HIn^- \xrightarrow{pK_{a3}=13.1} In^{2-}$ 无色	1% 或 10% 的水溶液
钙镁试剂	$H_2In^- \xrightarrow{pK_{a2}=9.2} HIn^{2-} \xrightarrow{pK_{a3}=12.4} In^{3-}$ 红　蓝　红橙	0.5% 水溶液

（3）氧化还原指示剂

指示剂名称	$E^{\ominus}$/V $c(H^+)=1\ mol\cdot L^{-1}$	颜色变化		配制方法
		氧化态	还原态	
二苯胺	0.76	红	无色	1% 浓硫酸溶液
二苯胺磺酸钠	0.85	蓝	无色	0.5% 水溶液（如溶液浑浊，滴加少量盐酸）
亚甲基蓝	0.36	无色	蓝	0.05% 水溶液
中性红	0.24	紫	无色	0.05% 的 60% 乙醇溶液
变胺蓝	0.59（pH = 2）	紫红	无色	0.05% 水溶液
N-邻苯胺基苯甲酸	1.08	紫红	无色	0.1 g 指示剂加 20 mL 5% 的 Na_2CO_3 溶液，用水稀释至 100 mL
邻二氮菲-Fe(Ⅱ)	1.06	浅蓝	红	1.485 g 邻二氮菲加 0.965 g $FeSO_4$，溶于 100 mL 水中（0.025 $mol\cdot L^{-1}$）
5-硝基邻二氮菲-Fe(Ⅱ)	1.25	浅蓝	紫红	1.608 g 5-硝基邻二氮菲加 0.695 g $FeSO_4$，溶于 100 mL 水中（0.025 $mol\cdot L^{-1}$）

（4）沉淀滴定指示剂

指示剂名称	被测离子	滴定剂	滴定条件	配制方法
荧光黄	Cl^-	Ag^+	pH7～10（一般 7～8）	0.2% 乙醇溶液
曙红	Cl^-	Ag^+	pH4～10（一般 5～8）	0.5% 水溶液
溴甲酚绿	Br^-，I^-，SCN^-	Ag^+	pH4～5	0.1% 水溶液
甲基紫	Ag^+	Cl^-	酸性溶液	0.1% 水溶液
罗丹明-6G	Ag^+	Br^-	酸性溶液	0.1% 水溶液
溴酚蓝	Hg_2^{2+}	Cl^-，Br^-	酸性溶液	0.1% 水溶液
钍试剂	SO_4^{2-}	Ba^{2+}	pH 7～10	0.5% 水溶液

附录Ⅰ 特殊试剂的配制

试剂	配制方法
10% $SnCl_2$ 溶液	称取 10 g $SnCl_2\cdot 2H_2O$ 溶于 10 mL 热浓 HCl 中，煮沸使溶液澄清后，加水至 100 mL，加少许锡粒，保存在棕色瓶中
1.5% $TiCl_3$ 溶液	加 10 mL 原瓶装 $TiCl_3$，用 1∶4 盐酸稀释至 100 mL
0.5% 淀粉溶液	5 g 可溶性淀粉，用少量水搅成糊状后，倾入约 1 L 沸水中，搅匀并煮沸至完全透明。现配现用
镍试剂	溶解 1 g 丁二酮肟于 100 mL 乙醇中
镁试剂Ⅰ	溶解 0.001 g 对硝基苯-偶氮间苯二酚于 100 mL 1 $mol\cdot L^{-1}$ NaOH 中
0.2% 铝试剂	溶解 0.2 g 铝试剂于 100 mL 水中

续附录 I

试　剂	配制方法
醋酸铀酰锌	溶解 10 g $UO_2(Ac)_2 \cdot 2H_2O$ 于 6 mL 30% 的 HAc 中，略微加热使其溶解，稀释至 50 mL（溶液 A）。另溶解 30 g $Zn(Ac)_2 \cdot 2H_2O$ 于 6 mL 30% 的 HAc 中，搅拌后稀释至 50 mL（溶液 B）。将这两种溶液加热至 70 °C 后混合，静置 24 h，取其澄清溶液储于棕色瓶中
奈斯勒试剂	将 11.5 g HgI_2 及 8 g KI 溶于水中稀释至 50 mL，加入 6 mol·L^{-1} NaOH 50 mL，静置后取其澄清溶液储于棕色瓶中
钼酸铵试剂	5 g $(NH_4)_2MoO_4$ 加 5 mL 浓 HNO_3 加水至 100 mL
铁铵矾试剂	铁铵矾饱和水溶液加浓 HNO_3 至溶液变澄清
5% 硫代乙酰胺	溶解 5 g 硫代乙酰胺于 100 mL 水中，浑浊需过滤
钴亚硝酸钠试剂	溶解 $NaNO_2$ 23 g 于 50 mL 水中，加 6 mol·L^{-1} HAc 16.5 mL 及 $Co(NO_3)_2 \cdot 6H_2O$ 3 g，静置过夜，取其清液稀释至 100 mL 储于棕色瓶中
0.25% 邻菲罗啉	0.25 g 邻菲罗啉加几滴 6 mol·L^{-1} H_2SO_4，溶于 100 mL 水中
硫氰酸汞铵	8 g $HgCl_2$ 和 9 g NH_4SCN 溶于 100 mL 水中
碘化钾-亚硫酸钠溶液	将 50 g KI 和 200 g $Na_2SO_3 \cdot 7H_2O$ 溶于 1 000 mL 水中

附录 J　常用缓冲溶液的组成及配制

缓冲溶液组成	pK_a	缓冲液 pH	配制方法
氨基乙酸-HCl	2.35	2.3	取 150 g 氨基乙酸溶于 500 mL 水中后，加 80 mL 浓 HCl，水稀释至 1 L
H_3PO_4-柠檬酸盐		2.5	取 113 g $Na_2HPO_4 \cdot 12H_2O$ 溶于 200 mL 水中后，加 387 g 柠檬酸，溶解，过滤，稀释至 1 L
一氯乙酸-NaOH	2.86	2.8	取 200 g 一氯乙酸溶于 200 mL 水中后，加 40 g NaOH 溶解，稀释至 1 L
邻苯二甲酸氢钾-HCl	2.95	2.9	取 500 g 邻苯二甲酸氢钾溶于 500 mL 水中后，加 80 mL 浓 HCl，水稀释至 1 L
甲酸-NaOH	3.76	3.7	取 95 g 甲酸和 40 g NaOH 溶于 500 mL 水中，水稀释至 1 L
NaAc-HAc	4.74	4.2	取 3.2 g 无水 NaAc 溶于水中，加 50 mL 冰 HAc，水稀释至 1 L
NH_4Ac-HAc		4.5	取 77 g NH_4Ac 溶于 200 mL 水中，加 59 mL 冰 HAc，水稀释至 1 L
NaAc-HAc	4.74	4.7	取 83 g 无水 NaAc 溶于水中，加 60 mL 冰 HAc，水稀释至 1 L
NaAc-HAc	4.74	5.0	取 160 g 无水 NaAc 溶于水中，加 60 mL 冰 HAc，水稀释至 1 L
六亚甲基四胺-HCl	5.15	5.4	取 40 g 六亚甲基四胺溶于 200 mL 水中，加 100 mL 浓 HCl，水稀释至 1 L
NH_4Ac-HAc		6.0	取 600 g NH_4Ac 溶于水中，加 20 mL 冰 HAc，水稀释至 1 L
NaAc-H_3PO_4 盐		8.0	取 50 g 无水 NaAc 和 50 g $Na_2HPO_4 \cdot 12H_2O$ 溶于水中，水稀释至 1 L
NH_3-NH_4Cl	9.26	9.2	取 54 g NH_4Cl 溶于水中，加 63 mL 浓氨水，水稀释至 1 L
NH_3-NH_4Cl	9.26	9.5	取 54 g NH_4Cl 溶于水中，加 126 mL 浓氨水，水稀释至 1 L
NH_3-NH_4Cl	9.26	10.0	取 54 g NH_4Cl 溶于水中，加 350 mL 浓氨水，水稀释至 1 L

附录 K　化合物的摩尔质量

化合物	M/g·mol^{-1}	化合物	M/g·mol^{-1}	化合物	M/g·mol^{-1}
Ag_3AsO_4	462.52	$FeSO_4 \cdot 7H_2O$	278.01	$(NH_4)_2C_2O_4$	124.10
$AgBr$	187.77	$Fe(NH_4)_2(SO_4)_2 \cdot 6H_2O$	392.13	$(NH_4)_2C_2O_4 \cdot H_2O$	142.11
$AgCl$	143.32	H_3AsO_3	125.94	NH_4SCN	76.12
$AgCN$	133.89	H_3AsO_4	141.94	NH_4HCO_3	79.06
$AgSCN$	165.95	H_3BO_3	61.83	$(NH_4)_2MoO_4$	196.01
$AlCl_3$	133.34	HBr	80.91	NH_4NO_3	80.04
Ag_2CrO_4	331.73	HCN	27.03	$(NH_4)_2HPO_4$	132.06
AgI	234.77	$HCOOH$	46.03	$(NH_4)_2S$	68.14
$AgNO_3$	169.87	CH_3COOH	60.05	$(NH_4)_2SO_4$	132.13
$AlCl_3 \cdot 6H_2O$	241.43	H_2CO_3	62.02	NH_4VO_3	116.98
$Al(NO_3)_3$	213.00	$H_2C_2O_4$	90.04	Na_3AsO_3	191.89
$Al(NO_3)_3 \cdot 9H_2O$	375.13	$H_2C_2O_4 \cdot 2H_2O$	126.07	$Na_2B_4O_7$	201.22
Al_2O_3	101.96	$H_2C_4H_4O_4$（丁二酸）	118.09	$Na_2B_4O_7 \cdot 10H_2O$	381.37
$Al(OH)_3$	78.00	$H_2C_4H_4O_6$（酒石酸）	150.09	$NaBiO_3$	279.97
$Al_2(SO_4)_3$	342.14	$H_3C_6H_5O_7 \cdot H_2O$（柠檬酸）	210.14	$NaCN$	49.01
$Al_2(SO_4)_3 \cdot 18H_2O$	666.41	$H_2C_4H_4O_5$（D, L-苹果酸）	134.09	$NaSCN$	81.07
As_2O_3	197.84	$HC_3H_6NO_2$（D, L-α-丙氨酸）	89.10	Na_2CO_3	105.99
As_2O_5	229.84	HCl	36.46	$Na_2CO_3 \cdot 10H_2O$	286.14
As_2S_3	246.03	HF	20.01	$Na_2C_2O_4$	134.00
$BaCO_3$	197.34	HI	127.91	CH_3COONa	82.03
BaC_2O_4	225.35	HIO_3	175.91	$CH_3COONa \cdot 3H_2O$	136.08
$BaCl_2$	208.24	HNO_2	47.01	$Na_3C_6H_5O_7$（柠檬酸钠）	258.07
$BaCl_2 \cdot 2H_2O$	244.27	HNO_3	63.01	$NaC_5H_8NO_4 \cdot H_2O$（L-谷氨酸钠）	187.13
$BaCrO_4$	253.32	H_2O	18.015	$NaCl$	58.44
BaO	153.33	H_2O_2	34.02	$NaClO$	74.44
$Ba(OH)_2$	171.34	H_3PO_4	98.00	$NaHCO_3$	84.01
$BaSO_4$	233.39	H_2S	34.08	$Na_2HPO_4 \cdot 12H_2O$	358.14
$BiCl_3$	315.34	H_2SO_3	82.07	$Na_2H_2C_{10}H_{12}O_8N_2$（EDTA 二钠盐）	336.21

续附录 K

化合物	M/g·mol^{-1}	化合物	M/g·mol^{-1}	化合物	M/g·mol^{-1}
$BiOCl$	260.43	H_2SO_4	98.07	$Na_2H_2C_{10}H_{12}O_8N_2 \cdot 2H_2O$	372.24
CO_2	44.01	$Hg(CN)_2$	252.63	$NaNO_2$	69.00
CaO	56.08	$HgCl_2$	271.50	$NaNO_3$	85.00
$CaCO_3$	100.09	Hg_2Cl_2	472.09	Na_2O	61.98
CaC_2O_4	128.10	HgI_2	454.40	Na_2O_2	77.98
$CaCl_2$	110.99	$Hg_2(NO_3)_2$	525.19	$NaOH$	40.00
$CaCl_2 \cdot 6H_2O$	219.08	$Hg_2(NO_3)_2 \cdot 2H_2O$	561.22	Na_3PO_4	163.94
$Ca(NO_3)_2 \cdot 4H_2O$	236.15	$Hg(NO_3)_2$	324.60	Na_2S	78.04
$Ca(OH)_2$	74.09	HgO	216.59	$Na_2S \cdot 9H_2O$	240.18
$Ca_3(PO_4)_2$	310.18	HgS	232.65	Na_2SO_3	126.04
$CaSO_4$	136.14	$HgSO_4$	296.65	Na_2SO_4	142.04
$CdCO_3$	172.42	Hg_2SO_4	497.24	$Na_2S_2O_3$	158.10
$CdCl_2$	183.82	$KAl(SO_4)_2 \cdot 12H_2O$	474.38	$Na_2S_2O_3 \cdot 5H_2O$	248.17
CdS	144.47	KBr	119.00	$NiCl_2 \cdot 6H_2O$	237.70
$Ce(SO_4)_2$	332.24	$KBrO_3$	167.00	NiO	74.70
$Ce(SO_4)_2 \cdot 4H_2O$	404.30	KCl	74.55	$Ni(NO_3)_2 \cdot 6H_2O$	290.80
$CoCl_2$	129.84	$KClO_3$	122.55	NiS	90.76
$CoCl_2 \cdot 6H_2O$	237.93	$KClO_4$	138.55	$NiSO_4 \cdot 7H_2O$	280.86
$Co(NO_3)_2$	182.94	KCN	65.12	$Ni(C_4H_7N_2O_2)_2$（丁二酮肟合镍）	288.91
$Co(NO_3)_2 \cdot 6H_2O$	291.03	$KSCN$	97.18	P_2O_5	141.95
CoS	90.99	K_2CO_3	138.21	$PbCO_3$	267.21
$CoSO_4$	154.99	K_2CrO_4	194.19	PbC_2O_4	295.22
$CoSO_4 \cdot 7H_2O$	281.10	$K_2Cr_2O_7$	294.18	$PbCl_2$	278.10
$CO(NH_2)_2$（尿素）	60.06	$K_3Fe(CN)_6$	329.25	$PbCrO_4$	323.19
$CS(NH_2)_2$（硫脲）	76.116	$K_4Fe(CN)_6$	368.35	$Pb(CH_3COO)_2 \cdot 3H_2O$	379.30
C_6H_5OH	94.113	$KFe(SO_4)_2 \cdot 12H_2O$	503.24	$Pb(CH_3COO)_2$	325.29
CH_2O	30.03	$KHC_2O_4 \cdot H_2O$	146.14	PbI_2	461.01
$C_{14}H_{14}N_3O_3SNa$（甲基橙）	327.33	$KHC_2O_4 \cdot H_2C_2O_4 \cdot H_2O$	254.19	$Pb(NO_3)_2$	331.21
$C_6H_5NO_3$（硝基酚）	139.11	$KHC_4H_4O_6$（酒石酸氢钾）	188.18	PbO	223.20
$C_4H_8N_2O_2$（丁二酮肟）	116.12	$KHC_8H_4O_4$（邻苯二甲酸氢钾）	204.22	PbO_2	239.20

续附录 K

化合物	M/g·mol^{-1}	化合物	M/g·mol^{-1}	化合物	M/g·mol^{-1}
$(CH_2)_6N_4$（六亚甲基四胺）	140.19	$KHSO_4$	136.16	$Pb_3(PO_4)_2$	811.54
$C_7H_6O_6S \cdot 2H_2O$（磺基水杨酸）	254.22	KI	166.00	PbS	239.30
C_9H_6NOH（8-羟基喹啉）	145.16	KIO_3	214.00	$PbSO_4$	303.30
$C_{12}H_8N_2 \cdot H_2O$（邻菲罗啉）	198.22	$KIO_3 \cdot HIO_3$	389.91	SO_3	80.06
$C_2H_5NO_2$（氨基乙酸、甘氨酸）	75.07	$KMnO_4$	158.03	SO_2	64.06
$C_6H_{12}N_2O_4S_2$（L-胱氨酸）	240.30	$KNaC_4H_4O_6 \cdot 4H_2O$	282.22	$SbCl_3$	228.11
$CrCl_3$	158.36	KNO_3	101.10	$SbCl_5$	299.02
$CrCl_3 \cdot 6H_2O$	266.45	KNO_2	85.10	Sb_2O_3	291.50
$Cr(NO_3)_3$	238.01	K_2O	94.20	Sb_2S_3	339.68
Cr_2O_3	151.99	KOH	56.11	SiF_4	104.08
CuCl	99.00	K_2SO_4	174.25	SiO_2	60.08
$CuCl_2$	134.45	$MgCO_3$	84.31	$SnCl_2$	189.60
$CuCl_2 \cdot 2H_2O$	170.48	$MgCl_2$	95.21	$SnCl_2 \cdot 2H_2O$	225.63
CuSCN	121.62	$MgCl_2 \cdot 6H_2O$	203.30	$SnCl_4$	260.50
CuI	190.45	MgC_2O_4	112.33	$SnCl_4 \cdot 5H_2O$	350.58
$Cu(NO_3)_2$	187.56	$Mg(NO_3)_2 \cdot 6H_2O$	256.41	SnO_2	150.69
$Cu(NO_3) \cdot 3H_2O$	241.60	$MgNH_4PO_4$	137.32	SnS_2	150.75
CuO	79.54	MgO	40.30	$SrCO_3$	147.63
Cu_2O	143.09	$Mg(OH)_2$	58.32	SrC_2O_4	175.64
CuS	95.61	$Mg_2P_2O_7$	222.55	$SrCrO_4$	203.61
$CuSO_4$	159.06	$MgSO_4 \cdot 7H_2O$	246.47	$Sr(NO_3)_2$	211.63
$CuSO_4 \cdot 5H_2O$	249.68	$MnCO_3$	114.95	$Sr(NO_3)_2 \cdot 4H_2O$	283.69
$FeCl_2$	126.75	$MnCl_2 \cdot 4H_2O$	197.91	$SrSO_4$	183.69
$FeCl_2 \cdot 4H_2O$	198.81	$Mn(NO_3)_2 \cdot 6H_2O$	287.04	$ZnCO_3$	125.39
$FeCl_3$	162.21	MnO	70.94	$UO_2(CH_3COO)_2 \cdot 2H_2O$	424.15
$FeCl_3 \cdot 6H_2O$	270.30	MnO_2	86.94	ZnC_2O_4	153.40
$FeNH_4(SO_4)_2 \cdot 12H_2O$	482.18	MnS	87.00	$ZnCl_2$	136.29
$Fe(NO_3)_3$	241.86	$MnSO_4$	151.00	$Zn(CH_3COO)_2$	183.47

续附录 K

化合物	M/g·mol^{-1}	化合物	M/g·mol^{-1}	化合物	M/g·mol^{-1}
$Fe(NO_3)_3 \cdot 9H_2O$	404.00	$MnSO_4 \cdot 4H_2O$	223.06	$Zn(CH_3COO)_2 \cdot 2H_2O$	219.50
FeO	71.85	NO	30.01	$Zn(NO_3)_2$	189.39
Fe_2O_3	159.69	NO_2	46.01	$Zn(NO_3)_2 \cdot 6H_2O$	297.48
Fe_3O_4	231.54	NH_3	17.03	ZnO	81.38
$Fe(OH)_3$	106.87	CH_3COONH_4	77.08	ZnS	97.44
FeS	87.91	$NH_2OH \cdot HCl$（盐酸羟氨）	69.49	$ZnSO_4$	161.54
Fe_2S_3	207.87	NH_4Cl	53.49	$ZnSO_4 \cdot 7H_2O$	287.55
$FeSO_4$	151.91	$(NH_4)_2CO_3$	96.09		

附录 L　常见阴阳离子鉴定方法

离子	鉴定方法
Ag^+	取 2 滴试液，加入 2 滴 2 mol·L^{-1} HCl。若有白色沉淀，离心分离，取沉淀，滴加 6 mol·L^{-1} $NH_3 \cdot H_2O$，使沉淀溶解，再加 6 mol·L^{-1} HNO_3 酸化，白色沉淀又出现，示有 Ag^+ 存在
Ba^{2+}	在试液中加入 0.2 mol·L^{-1} K_2CrO_4 溶液，生成黄色的 $BaCrO_4$ 沉淀，示有 Ba^{2+} 存在
NH_4^+	取 1 滴试液置于表面皿上，加 6 mol·L^{-1} $NH_3 \cdot H_2O$ 使其显碱性，迅速用另一个粘有一小块湿润 pH 试纸的表面皿盖上，置于水浴中加热，pH 试纸变蓝色，示有 NH_4^+ 存在
Ca^{2+}	取试液加饱和草酸铵溶液，如有白色沉淀，示有 Ca^{2+} 存在
Al^{3+}	取 2 滴试液，分别加 4～5 滴水、2 滴 2 mol·L^{-1} HAc 和 2 滴铝试剂，振荡，置于 70 °C 水浴上加热片刻，滴加 1～2 滴氨水，出现红色絮状沉淀，示有 Al^{3+} 存在
Fe^{3+}	取 2 滴试液于点滴板上，加 2 滴硫氰酸铵溶液，有血红色；或取 1 滴试液于点滴板上，加 1 滴 $K_4[Fe(CN)_6]$ 溶液，有蓝色沉淀，示有 Fe^{3+} 存在
Fe^{2+}	取 2 滴试液于点滴板上，加铁氰化钾溶液，生成蓝色沉淀，示有 Fe^{2+} 存在
Cr^{3+}	取 2 滴试液，加入 1 滴 6 mol·L^{-1} NaOH，生成沉淀，继续加入 NaOH 溶液至沉淀溶解，再滴加 3 滴 3% H_2O_2 溶液，加热，溶液变黄色，表明有 CrO_4^{2-}。继续加热，除去 H_2O_2，冷却，用 6 mol·L^{-1} HAc 酸化，加 2 滴 0.1 mol·L^{-1} $Pb(NO_3)$ 溶液，有黄色沉淀，示有 Cr^{3+} 存在
Zn^{2+}	取 2 滴试液，加入 5 滴 NaOH 和 10 滴二苯硫腙，振荡，置于水浴中加热，显粉红色，示有 Zn^{2+} 存在
Mn^{2+}	取 1 滴试液，加入数滴 6 mol·L^{-1} HNO_3 溶液，再加入 $NaBiO_3$ 固体，溶液变为紫色，示有 Mn^{2+} 存在
Pb^{2+}	取 2 滴试液，加入 2 滴 0.1 mol·L^{-1} K_2CrO_4 溶液，有黄色沉淀，示有 Pb^{2+} 存在
Ni^{2+}	取 1 滴试液于点滴板上，加 2 滴丁二酮肟试剂，生成鲜红色沉淀，示有 Ni^{2+} 存在
Co^{2+}	取 2 滴试液，加入 0.5 mL 丙酮，再加入饱和硫氰酸铵溶液，显蓝色，示有 Co^{2+} 存在
Cd^{2+}	在定量滤纸上加 1 滴 0.2 g·L^{-1} 镉试剂，烘干，再加 1 滴试液，烘干，加 1 滴 2 mol·L^{-1} KOH，斑点呈红色，示有 Cd^{2+} 存在

续附录 L

离子	鉴定方法
Cu^{2+}	取 1 滴试液于点滴板上，加 1 滴 $K_4[Fe(CN)_6]$溶液，有棕红色沉淀；或取 5 滴试液，加氨水，有蓝色沉淀，再加过量氨水，沉淀溶解，产生蓝色溶液，示有 Cu^{2+}存在
K^+	在点滴板上加 1 滴试液，加入 1～2 滴钴亚硝酸钠（$Na_3[Co(NO_2)_6]$），生成黄色沉淀，示有 K^+存在（如不立即生成黄色沉淀，可放置）
$S_2O_3^{2-}$	取 2 滴试液，加入 2 滴 2 mol·L^{-1} HCl，加热，有白色或浅黄色浑浊出现；或取 2 滴试液，加入 0.1 mol·L^{-1} $AgNO_3$ 溶液，振摇，放置片刻，白色沉淀迅速变黄、变棕、变黑，示有 $S_2O_3^{2-}$存在
SO_3^{2-}	取 2 滴试液于点滴板上，加入 2 滴 2 mol·L^{-1} HCl，加 1 滴品红试剂，褪色，示有 SO_3^{2-}存在
PO_4^{3-}	取 2 滴试液，加入 8～10 滴饱和钼酸铵试剂，有黄色沉淀生成，示有 PO_4^{3-} 存在
S^{2-}	取试液加酸，用湿润 $Pb(Ac)_2$ 试纸检验气体，显黑色，示有 S^{2-}存在。
NO_3^-	取 2 滴试液于点滴板上，加 1 粒 $FeSO_4 \cdot H_2O$ 固体，加入 2 滴浓硫酸，片刻，固体外表有棕色，示有 NO_3^- 存在